计算机辅助设计系列丛书

Pro/ENGINEER Wildfire 4.0 三维机械设计（含上机指导）

杨月英　刘敏杰　主　编
李淑玉　莫正波　张效伟　副主编
林　静　马晓丽　滕绍光　张丽化　参　编

中国建材工业出版社

图书在版编目（CIP）数据

Pro/ENGINEER Wildfire 4.0 三维机械设计：含上机指导/杨月英，刘敏杰主编．—北京：中国建材工业出版社，2009.9

ISBN 978-7-80227-593-5

Ⅰ.P… Ⅱ.①杨…②刘… Ⅲ.三维—机械设计：计算机辅助设计—应用软件，Pro/ENGINEER Wildfire 4.0 Ⅳ.TH122

中国版本图书馆 CIP 数据核字（2009）第 150092 号

内 容 简 介

Pro/ENGINEER 是一款功能强大的计算机三维辅助设计软件，是当今主流的 CAD/CAM/CAE 软件之一，广泛应用于机械制造、模具、汽车、航天航空、消费电子产品、通信产品、家电和玩具等行业，是工程技术人员必须掌握的基本技能之一。

为了使读者更快地掌握该软件的基本功能，书中结合大量的图例来对 Pro/ENGINEER 软件中一些抽象的概念、命令和功能进行讲解。在每一章节中还安排了上机指导，以示例的形式讲述了典型零部件的设计过程，能使读者较快地进入设计状态；每一章节的操作练习，便于读者进一步巩固所学的知识。本书主要内容：Pro/ENGINEER Wildfire 4.0 的基本操作，草绘环境的设置，基准特征，实体建模特征，复制特征，曲面造型，钣金造型，立体装配和生成工程图等内容。

本书可作为工程技术人员的 Pro/ENGINEER 自学入门教程和参考书籍，也可作为大中专院校学生和各类培训学校学员的 Pro/ENGINEER 课程上课或上机练习教材。

Pro/ENGINEER Wildfire 4.0
三维机械设计（含上机指导）
杨月英　刘敏杰　主编

出版发行：中国建材工业出版社
地　　址：北京市西城区车公庄大街 6 号
邮　　编：100044
经　　销：全国各地新华书店
印　　刷：北京鑫正大印刷有限公司
开　　本：787mm×1092mm　1/16
印　　张：13.25
字　　数：339 千字
版　　次：2009 年 9 月第 1 版
印　　次：2009 年 9 月第 1 次
书　　号：ISBN 978-7-80227-593-5
定　　价：25.00 元

本社网址：www.jccbs.com.cn
本书如出现印装质量问题，由我社发行部负责调换。联系电话：（010）88386906

前　言

Pro/ENGINEER是一款功能强大的计算机三维辅助设计软件，为用户提供了一套从设计到制造的完整的CAD解决方案，是当今主流的CAD/CAM/CAE软件之一，广泛应用于机械制造、模具、汽车、航天航空、消费电子产品、通信产品、家电和玩具等行业，是工程技术人员必须掌握的基本技能之一。

Pro/ENGINEER Wildfire 4.0是目前最新版本的软件，本书针对目前最新版本Pro/ENGINEER Wildfire 4.0，主要介绍了软件的基本操作，草图绘制，基本实体特征、基准特征、放置特征等的创建，特征的复制、镜像、阵列等操作，曲面造型、钣金造型、装配造型以及二维工程图等内容。为了使读者更快地掌握该软件的基本功能，书中结合大量的图例对Pro/ENGINEER Wildfire 4.0中一些抽象的概念、命令和功能进行讲解。

本书的最大特色是在每一章节中还安排了上机指导，以示例的形式讲述了典型零部件的设计过程，结合工程实例，介绍命令操作，能使读者较快地进入设计状态；对应每一章节的教学内容所安排的操作练习，难易适当，内容丰富，而且均为成套的部件零件图，便于读者进行装配模型的创建，进一步巩固所学的知识。

在写作方式上，本书紧贴软件的实际操作界面，采用软件中真实的对话框、操控栏和按钮等进行讲解，使初学者能够直观、准确地操作软件进行学习，从而尽快地上手，提高学习效率。读者在学习本书后，能够迅速地运用Pro/ENGINEER软件来完成一般产品的设计工作，并为进一步学习高级和专业模块打下坚实的基础。

本书内容全面、条理清晰、实例丰富、讲解详细，可作为工程技术人员的Pro/ENGINEER自学入门教程和参考书籍，也可作为大中专院校学生和各类培训学校学员的Pro/ENGINEER课程上课或上机练习教材。

本书由青岛理工大学的杨月英、刘敏杰任主编，李淑玉、莫正波、张效伟任副主编，青岛理工大学的滕绍光、马晓丽，青岛新都市设计集团有限公司的林静也参与了本书的编写。

在本书的编写过程中吸纳了许多同仁的宝贵意见和建议，在此表示衷心的感谢。

书中如有不妥之处，恳请读者不吝指教。

编者

2009年6月

目　录

第1章　绪　　论

教学目标

通过对本章的学习，读者应理解中文版Pro/ENGINEER的基本特点，熟悉软件的界面组成和各组成部分的功能，以及对图形文件进行管理等基本操作方法。

教学要点

Pro/ENGINEER的基本特点

Pro/ENGINEER Wildfire 4.0的安装与启动

Pro/ENGINEER Wildfire 4.0的工作界面

Pro/ENGINEER Wildfire 4.0的基本操作

计算机辅助设计（Computer Aided Design，CAD）是一种用计算机硬、软件系统辅助人们对产品或工程进行设计的方法与技术，包括设计、绘图、工程分析与文档制作等设计活动，它是一种新的设计方法，也是一门多学科综合应用的新技术。它的产生和不断发展，对工业生产、工程设计、科学研究等领域的技术进步和发展产生了巨大影响。

1.1　Pro/ENGINEER简介

1.1.1　常用CAD软件

目前工作站和微机平台的CAD软件占据了主导地位，并出现了大量优秀的商业化软件，这里只列出其中的几种。

（1）AutoCAD

AutoCAD是Autodesk公司的主导产品，是当今最流行的二维绘图软件，它在二维绘图领域拥有广泛的用户群。AutoCAD有强大的二维功能，如绘图、编辑、剖面线和图案绘制、尺寸标注以及二次开发等功能，同时有部分三维功能。AutoCAD提供AutoLISP，ADS，ARX作为二次开发的工具。在许多实际应用领域（如机械、建筑、电子）中，一些软件开发商在AutoCAD的基础上已开发出许多符合实际应用的软件。在我国，工业设计平面绘图基本上以AutoCAD为主。

（2）Solidworks

Solidworks是生信国际有限公司推出的机械设计软件，是以Windows为平台，以Solidworks为核心的各种应用的集成，包括结构分析、运动分析、工程数据管理和数控加工等。Solidworks是全参数化特征造型软件，它可以十分方便地实现复杂的三维零件实体造型、复杂装配和生成工程图。

（3）Unigraphics（UG）

UG是UGS公司的拳头产品，UG最早应用于美国麦道飞机公司，它是从二维绘图、数控加工编程、曲面造型等功能发展起来的软件。20 世纪 90 年代初，美国通用汽车公司选中 UG 作为全公司的 CAD/CAE/CAM/CIM 主导系统，这进一步推动了 UG 的发展。在 UG 中，优越的参数化和变量化技术与传统的实体、线框和表面功能结合在一起，并被大多数 CAD/CAM 软件厂商所采用。

（4）Pro/ENGINEER

Pro/ENGINEER 是美国参数技术公司（简称 PTC）的产品。该公司提出的单一数据库、参数化、基于特征、全相关的概念改变了机械 CAD/CAE/CAM 的传统观念，这种全新的概念已成为当今世界机械 CAD/CAE/CAM 领域的主要标准。Pro/ENGINEER 软件能将设计至生产的全过程集成到一起，让所有的用户能够同时进行同一产品的设计制造工作，即实现所谓的并行工程。

此外，还有带来第一次 CAD 技术革命的 CATIA、美国 SDRC 公司开发的 I-DEAS（已与 UG 合并），UG 公司的 Solid Edge 等软件都得到了广泛应用。我国也开发了多种 CAD 软件，如浙江大天电子信息工程有限公司开发的 GS-CAD 系统，也是基于特征的参数化造型系统，能实现三维零件设计与装配设计、工程图生成的全程关联，还有广州红地技术有限公司开发的基于 STEP 标准的金银花系统、华中理工大学机械学院开发的开目 CAD 等，都占据了一定的领域，并发挥着越来越多的作用。

1.1.2 Pro/ENGINEER 的特点

Pro/ENGINEER 是 PTC 公司开发的以三维实体建模为主要功能的 CAD 软件，使用它可以进行造型设计、机械设计、模具设计、加工制造、机构分析、有限元分析以及关系数据库管理等。Pro/ENGINEER 可以与机械系统动力学分析软件（如：ADAMS）和有限元分析软件（如：ANSYS、I-DEAS）联合起来，构成一个有机的设计开发环境，从产品的造型设计、功能仿真，一直到有限元分析等设计阶段都在计算机上完成，从而可优化产品的结构，提高产品的设计水平，降低产品的开发费用，缩短产品的研制周期。该软件具有以下主要技术特点：

（1）采用单一数据库设计

Pro/ENGINEER 的每个零件都由唯一的一个数据库确定，对于零件的修改可以通过模块之间的相互关联扩展到整个设计过程中，通常称为相关性。它可以让在某一模块中的修改和重定义能够作用到其他的模块中。例如，在 Pro/ENGINEER 装配模块中对某个零件进行了修改，则在零件模块中就会发现该零件也做了相应的修改，反之亦然。

（2）采用基于特征的建模技术

在 Pro/ENGINEER 中建立的三维实体模型是由若干特征构成的，这些特征就像制造实际产品的加工工艺一样，如打孔、倒角等，逐步建立零件的模型。设计人员使用这些特征创建模型，具有更大的随意性和创造性，可以很方便地创建和更改模型。

（3）采用参数化设计技术

Pro/ENGINEER 可以将模型中的每一个尺寸定义为参数，通过修改参数可以达到修改模型的目的。Pro/ENGINEER 还可以将相关的参数定义为逻辑关系式或数学表达式以建立尺寸之间的关系式，将它们关联起来，修改其中的一个尺寸，其相关尺寸也会相应被修改。

（4）采用全尺寸约束技术

将特征的形状和尺寸结合起来，通过尺寸约束实现对几何形状的控制，造型必须具有完整的尺寸参数，不能欠约束，也不能过约束。

1.1.3　Pro/ENGINEER 的基本模块

Pro/ENGINEER 4.0 是个集成的、并且完全相关的软件，包括了用于工业设计、机械设计、数据管理等各种领域的模块，其基本部分是 Pro/ENGINEER 软件包，可以实现零件模型、装配模型、二维工程图等的创建。本书主要介绍该软件包的使用方法。

(1) 草绘模块

该模块用于创建草绘图元，供后续建模环境使用。

(2) 零件模块

该模块是创建各种特征和零件的主要环境。通常零件模块是设计和制造的核心，在该模块中创建的对象可以在下游应用程序中使用，例如 Pro/ENGINEER 的绘图模块和制造模块。

(3) 绘图模块

该模块是 Pro/ENGINEER 中创建工程图的主要方法，可以把已有的零件或者装配体生成二维工程图。

(4) 组件模块

该模块组件可以把设计元件组合起来，形成所需的装配模型，并建立起已有零件、特征和部件之间的关系。

(5) Pro/Tookit 模块

该模块提供二次开发工具，支持 C 语言程序库，支持 Pro/ENGINEER 的接口，直接读取 Pro/ENGINEER 数据库。

(6) Pro/Interface 模块

该模块用于 Pro/ENGINEER 与其他计算机辅助设计软件之间进行各种标准数据交换。

1.1.4　基于特征的参数化设计

Pro/ENGINEER 软件的参数化设计技术结合单一数据库的功能，可使零件模块、装配模块、工程图模块或者其他任何模块中修改特征参数，相对应的零件立即得到更新，大大简化了零件的修改过程。

(1) 特征建模技术

特征建模技术是选用那些对设计制造有意义的形体作为基本单元拼合成零件，例如孔、壳等特征，使模型不仅包含几何信息，还包含设计制造所需的一些非几何信息，如材料信息，尺寸、形状公差信息，热处理及表面粗糙度信息，刀具信息，管理信息等。这样就能以工程师所熟悉的方式进行设计，相比实体造型有更高的设计效率，并且形成了符合 STEP 标准的产品信息模型，从而为 CIMS 及并行工程（CE）打下了良好基础。

通常将特征定义为“零件或部件上一组相关联的具有特定形状和属性的几何实体，有着特定的设计或制造意义”，任何复杂的机械零件都可以看成是一些简单特征的组合，通常有叠加、切割、相交三种基本组合形式，如图 1-1 所示。一个零件的建模过程也就是将特征进行组合的过程，图 1-2 所示的简单例子说明了 Pro/ENGINEER 的零件建模过程。

(a)　(b)　(c)

图 1-1　特征组合形式

(a) 叠加；(b) 切割；(c) 相交

图 1-2　Pro/ENGINEER 的零件建模过程

(2) 参数化设计技术

参数化是指创建的零件模型完全使用参数来进行约束。它包括截面图形的参数化、零件模型的参数化以及装配体模型的参数化。

截面图形的参数化是指在草绘的二维截面图形中，每一个尺寸对应唯一的参数，如图 1-3所示，通过修改参数可改变图形几何元素的大小和形状。

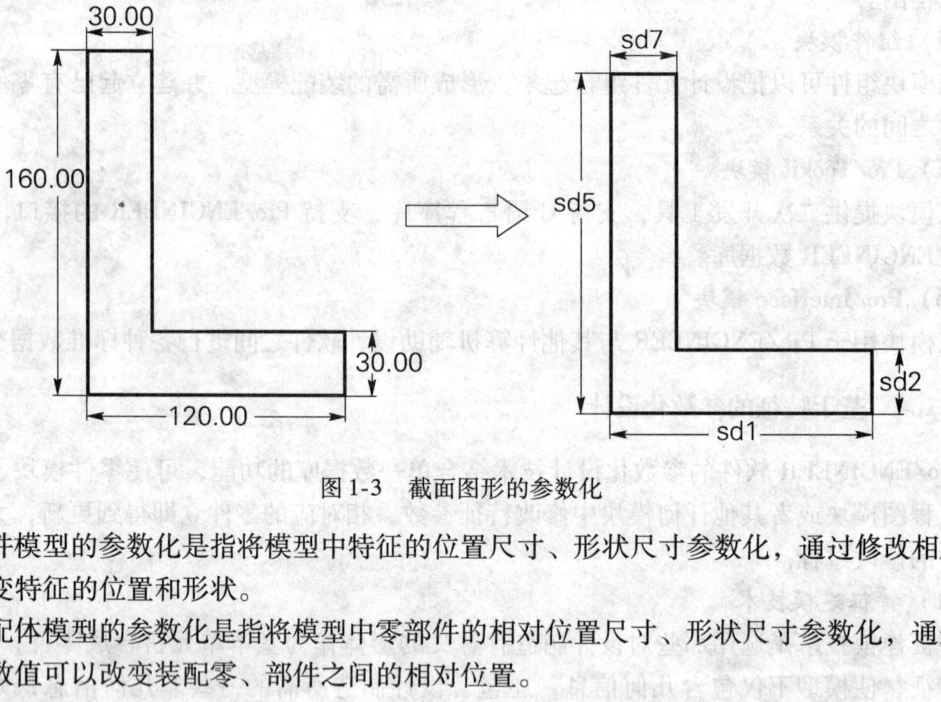

图 1-3　截面图形的参数化

零件模型的参数化是指将模型中特征的位置尺寸、形状尺寸参数化，通过修改相应参数可以改变特征的位置和形状。

装配体模型的参数化是指将模型中零部件的相对位置尺寸、形状尺寸参数化，通过修改这些参数值可以改变装配零、部件之间的相对位置。

1.2　Pro/ENGINEER Wildfire 4.0 安装与启动

(1) 软件环境

Pro/ENGINEER Wildfire 4.0 可在 Windows 2000 Professional、Windows NT 以及 Windows XP 操作系统中稳定运行。

(2) 硬件环境

CPU 处理器：800MHz 以上；

内存：512MB 以上（最低需求 256MB）；

硬盘空间：Pro/ENGINEER Wildfire 4.0 至少需 2.7GB；

显卡：独立并支持 Open GL；

网卡：独立网卡；

鼠标：三键鼠标或带滚轮鼠标。

(3) 安装注意事项

安装之前要认真检查以下重要环节：

①网卡是否正常工作，网络设置是否正确。

②授权文件（License. dat）是否已经复制到机器硬盘中，每次运行 Pro/ENGINEER Wildfire 4. 0 时都会自动检索授权文件和网络设置。

③设置环境变量

鼠标右键单击“我的电脑” >“属性” >“高级” >“环境变量” >“新建输入变量名 lang，变量值 chs” >“确定”。

(4) 安装步骤

①复制 CRACK 文件夹到机器硬盘中

将 Pro/ENGINEER Wildfire 4. 0 的光盘放入光驱，双击“我的电脑”，在对话框中选择该光盘，单击鼠标右键，在快捷菜单中选择“打开”，找到光盘中的 CRACK 文件夹，将其复制到机器硬盘中。

②运行安装程序

光盘放入光驱后 Windows 系统会自动运行安装程序，出现如图 1-4 所示的安装初始界面，界面左下角显示为用户主机名和网卡号，由安装程序自动识别并显示。用“记事本”打开已复制到硬盘中的 License. dat 文件，将文件中 Host-ID 修改为界面中显示的网卡号，并保存文件。

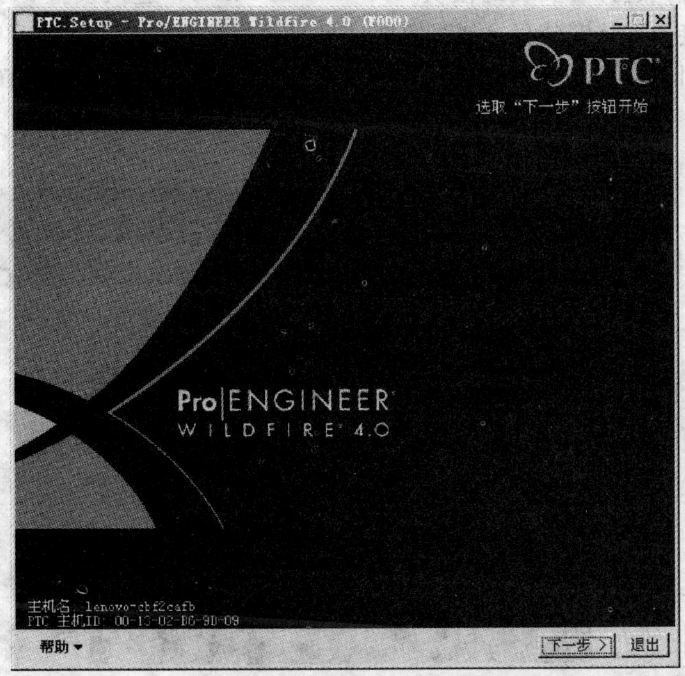

图 1-4 安装初始界面

如果光盘不能自动播放，则在“我的电脑”对话框中选择该光盘，单击鼠标右键，在快捷菜单中选择“打开”，找到光盘中的 setup. exe 文件运行即可。

③安装 PTC License Server

继续单击“下一步”按钮，弹出许可证协议界面，勾选“接受许可证协议的条款和条件”，单击“下一步”按钮，弹出如图 1-5 所示的开始安装界面。

图 1-5　开始安装界面

在这个界面中，选择要安装的模块 PTC License Server，进入设置 PTC License Server 安装目录的界面，接受默认安装目录或浏览指定到其他目录，若该目录不存在，系统会询问是否新建此目录？回答：是。单击“安装”按钮，弹出如图 1-6 所示的 PTC License Server 安装界面。

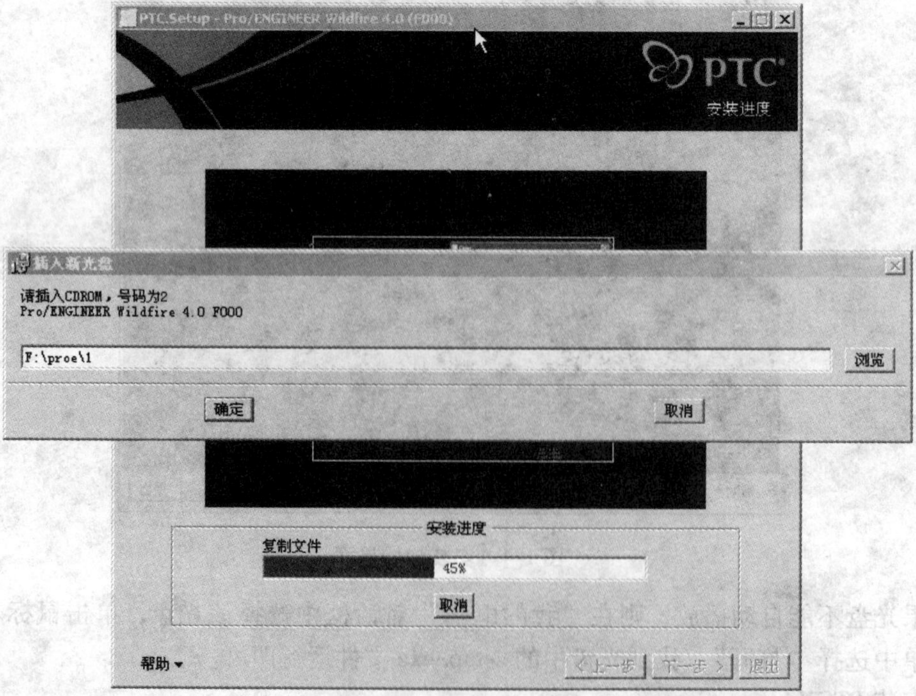

图 1-6　PTC License Server 安装界面

在 PTC License Server 安装过程中，根据系统提示的 CDROM 号码选择对应的文件夹，并单击“确定”按钮，直到安装完成。

④安装 Pro/ENGINEER

PTC License Server 安装完成后，单击“下一步”按钮，即回到图 1-5 所示的开始安装界面。选择要安装的 Pro/ENGINEER 模块，进入设置安装目录、语种与组件的对话框，接受默认安装目录或浏览指定到其他目录，若该目录不存在，系统会询问是否新建此目录？回答：是。选取要安装的组件，单击“下一步”按钮，弹出如图 1-7 所示的许可证服务器对话框。

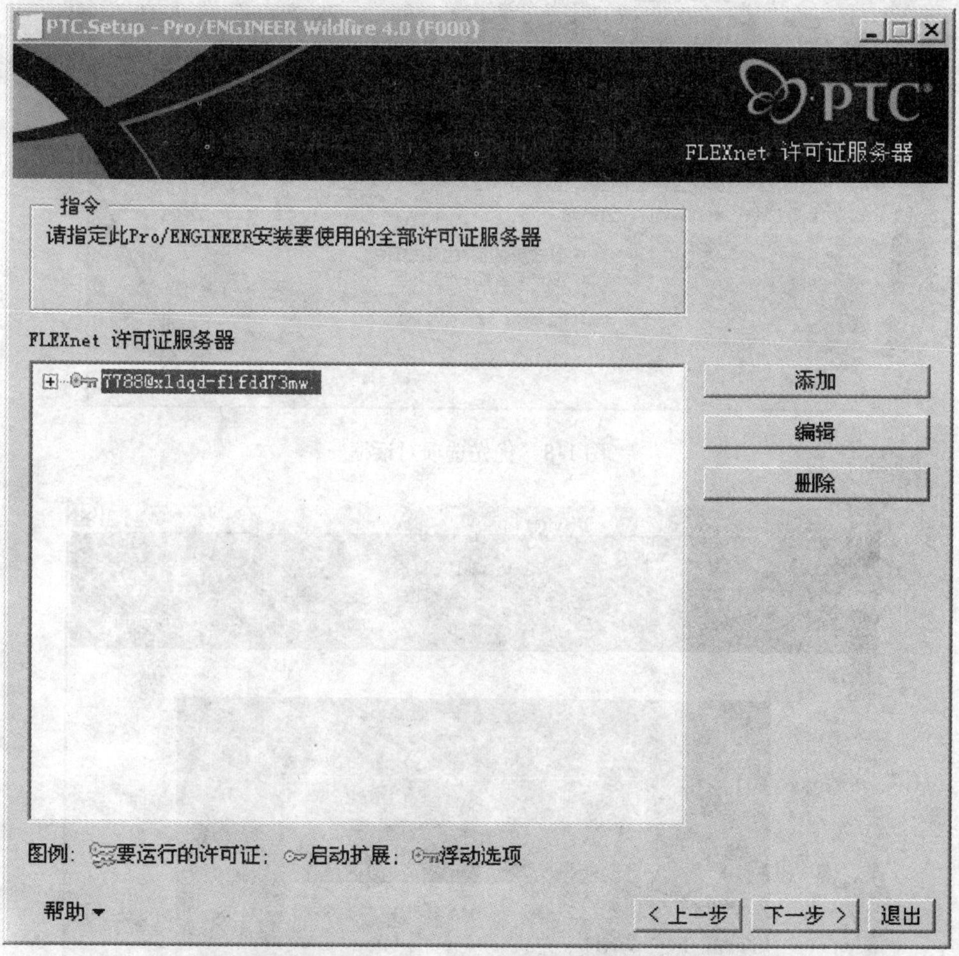

图 1-7　许可证服务器对话框

单击“添加”按钮，在系统弹出的对话框中选择第三项“锁定的许可证文件（服务器未运行）”，单击“浏览”按钮找到修改保存的 License. dat 文件。单击“确定”按钮，并单击图 1-7 中按钮“下一步”。

在随后出现的优先选项对话框中接受全部默认选项（图 1-8），并单击“下一步”按钮，进入可配置选项对话框，勾选上“OLE 设置”，单击“下一步”按钮，进入 Pro/ENGINEER 安装界面（图 1-9）。在安装过程中，同样需要根据系统提示的 CDROM 号码选择对应的文件夹。安装完毕后单击如图 1-10 所示界面中的按钮“退出”完成安装。

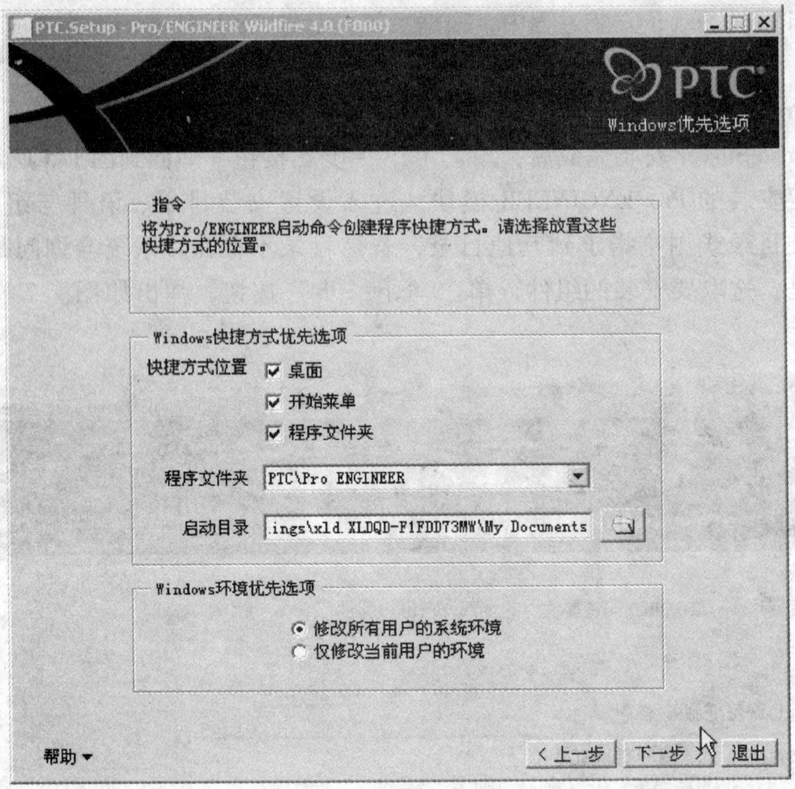

图 1-8 优先选项对话框

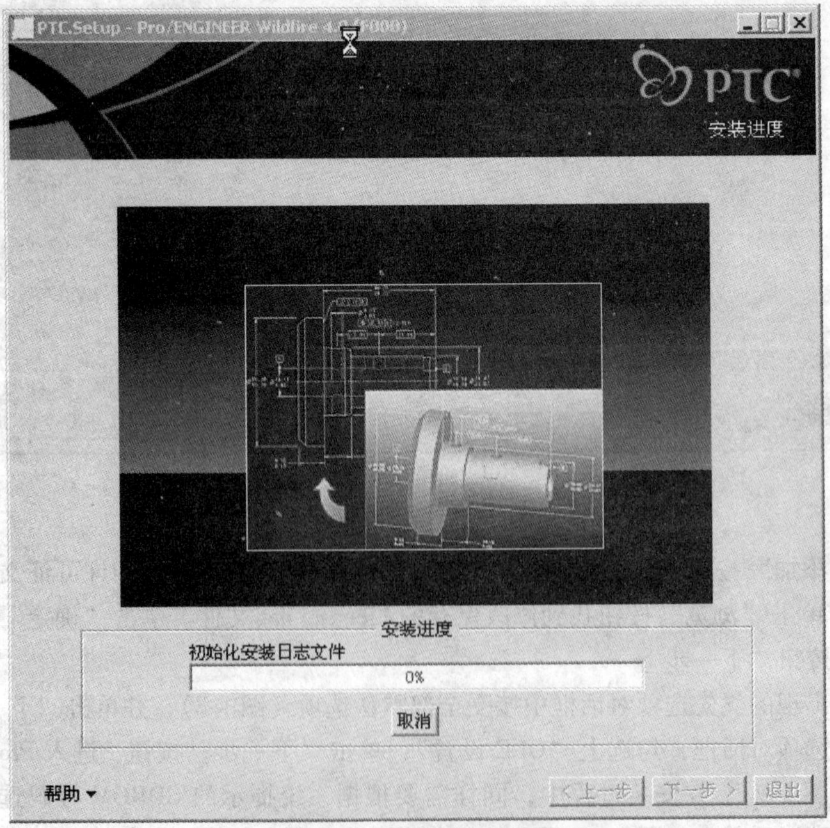

图 1-9 Pro/ENGINEER 安装界面

图 1-10 Pro/ENGINEER 安装完成界面

1.3 Pro/ENGINEER Wildfire 4.0 工作界面

Pro/ENGINEER Wildfire 4.0 启动后，将显示主界面，如图 1-11 所示。由于没有打开或新建文件，界面中的命令和按钮大多是灰色不能使用。

打开或新建零件模型后，界面如图 1-12 所示，界面主要由标题栏、主菜单栏、常用工具栏、导航器、图形区、特征工具栏、操控栏、上滑面板、信息提示区、命令解释行、选择过滤器等组成。

（1）标题栏

标题栏位于界面顶部，其左端显示软件的图标、名称或显示当前图形的文件名称，右端的三个按钮，可以最小化、最大化或者关闭 Pro/ENGINEER 软件。

右键单击标题栏，系统弹出快捷菜单，选取其中的命令，可以完成移动、还原、改变界面大小的功能。

（2）主菜单栏

在 Pro/ENGINEER Wildfire 4.0 零件模式环境中，主菜单栏由若干个菜单项组成，分别为“文件”、“编辑”、“视图”、“插入”、“分析”、“信息”、“应用程序”、“工具”、“窗口”和“帮助”。单击任何一个菜单项，都会弹出下拉菜单，菜单中的命令可分为以下几种形式：

①左侧带有命令图标的，表示该命令有对应的工具按钮。

②右侧带有“...”的命令，表示选择该命令时将弹出一个对话框。

③右侧带有“▸”的命令，表示该命令还有一个次级子菜单。

④右侧没有任何符号的命令，表示选择该命令即可执行相应命令。

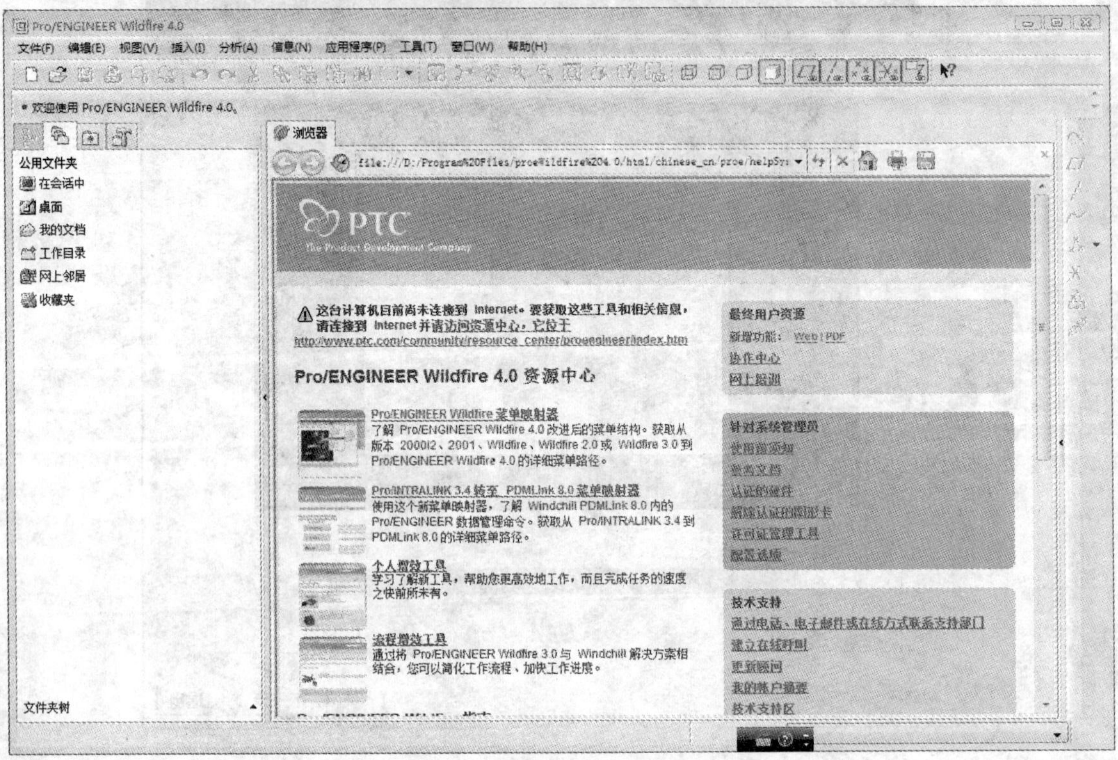

图 1-11　Pro/ENGINEER Wildfire 4.0 主界面

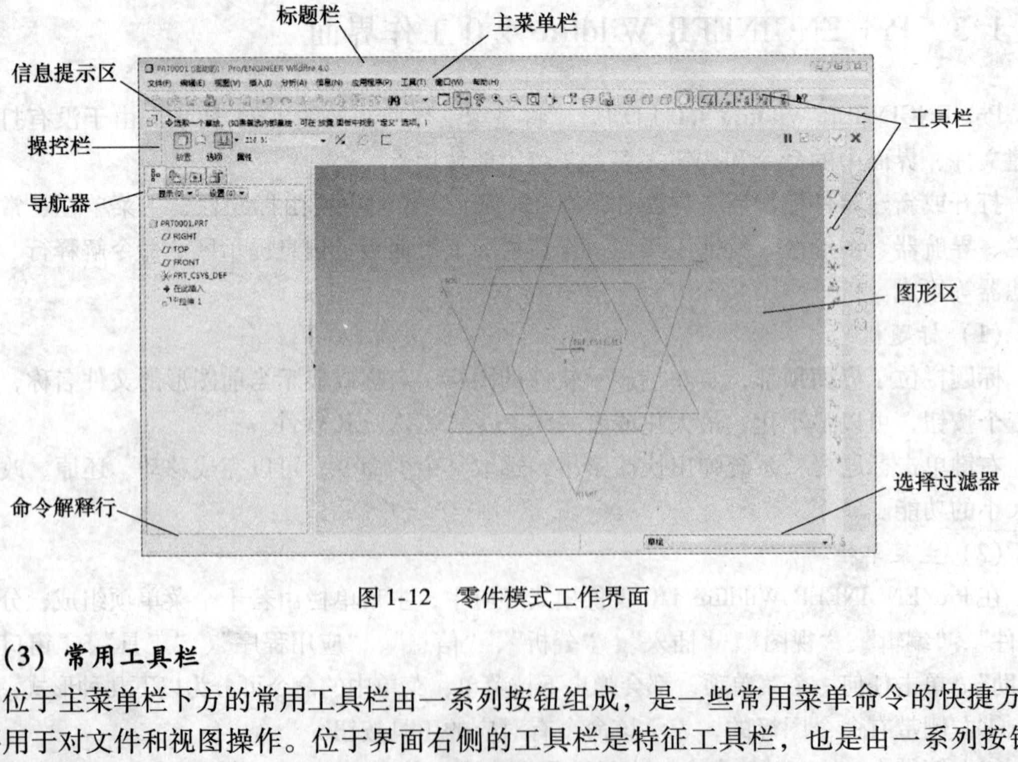

图 1-12　零件模式工作界面

(3) 常用工具栏

位于主菜单栏下方的常用工具栏由一系列按钮组成，是一些常用菜单命令的快捷方式，主要用于对文件和视图操作。位于界面右侧的工具栏是特征工具栏，也是由一系列按钮组成，用于各种特征的创建。如果将鼠标停留在按钮处，鼠标附近和命令解释行中都将显示该按钮的功能说明，用户可由此了解各项命令。

(4) 导航器

导航器中包括模型树、文件夹浏览器、收藏夹、连接等选项卡，较常用的是“模型树”选项卡。

模型树中显示了当前模型的所有特征及零件，以树结构形式显示特征、零件的层次关系。当用鼠标右键在某个特征或零件上单击时，将弹出右键快捷菜单，从中可以选择相应命令进行编辑操作。

(5) 图形区

图形区就是草图、模型或工程图等的显示区域，是用户进行绘图、建模等工作的场所，它相当于绘图板。该区域还具有浏览器功能，可浏览当前模型的有关信息。用户可单击该区域两侧的分界条进行切换。

(6) 操控栏

操控栏位于图形区的上方，创建某些特征时才显示，可以通过其中的选项对特征的有关内容进行设置，以完成特征的创建工作，有的选项还会弹出上滑面板。目前仍有一些特征的创建没有操控栏，而是采用菜单管理器和对话框的形式。

(7) 信息提示区

信息提示区主要显示系统提示的重要消息和要求用户输入的必要参数。在该区域向用户提示当前状态、下一步要如何操作以及警告信息。当执行了多项操作后，还可通过信息提示区右边的滚动条浏览当前状态前后的操作。

(8) 命令解释行

命令解释行位于图形区的下方。如果将鼠标停留在某菜单选项或按钮上，则命令解释行显示该命令功能的简要说明，在命令操作过程中还会显示完成命令的相关信息。

(9) 选择过滤器

选择过滤器位于命令解释行最右端，可通过过滤的方式使图形区中对象的选取变得更方便。随着具体操作的不同，过滤器中提供的可选择对象的类型也将有所不同。

1.4　Pro/ENGINEER Wildfire 4.0 基本操作

1.4.1　文件的新建、打开与保存

(1) 设置工作目录

在 Pro/ENGINEER Wildfire 4.0 中进行相关操作时，系统都是从内存和当前所在的目录中调用文件，该目录称为工作目录，将常用的文件夹设置为工作目录可方便文件操作。

从“文件”菜单中选择“设置工作目录”命令，然后在系统弹出的“选取工作目录”对话框中选择目录并确定即可。

(2) 新建文件

从“文件”菜单中选择“新建”命令，或直接按下快捷键“Ctrl + N”，也可以单击常用工具栏中的□按钮，系统弹出如图 1-13 所示的“新建”对话框。在对话框中需要对工作模式进行选择，它位于“类型”选区中，默认选择是“零件”模式。与计算机辅助设计有关的模式主要有以下几种：

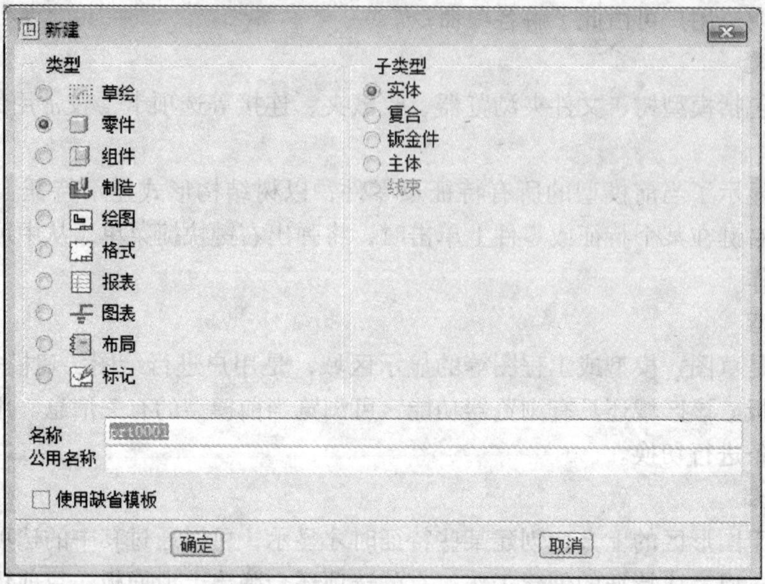

图 1-13 “新建”对话框

①草绘模式：创建二维参数化草图，文件扩展名为 . sec。

②零件模式：创建三维零件模型，文件扩展名为 . prt。

③组件模式：创建装配图模型，文件扩展名为 . asm。

④绘图模式：创建二维工程图，文件扩展名为 . drw。

⑤格式模式：创建图纸格式，文件扩展名为 . frm。

有的模式又包含多种形式，体现在右边的“子类型”选区中，用户根据需要进行选择即可。选择后在下面的“名称”文本框中输入文件名，系统将自动添加文件扩展名。

在图 1-13 中有个“使用缺省模板”复选项。如果选中它，单击“确定”按钮，将直接进入到所选模式的工作界面中。如果去掉前面的“√”，则系统将弹出一个选择模板文件的“新文件选项”对话框，如图 1-14 所示，用户可以从对话框的列表中选择所需模板，然后单击“确定”按钮进入零件模式。

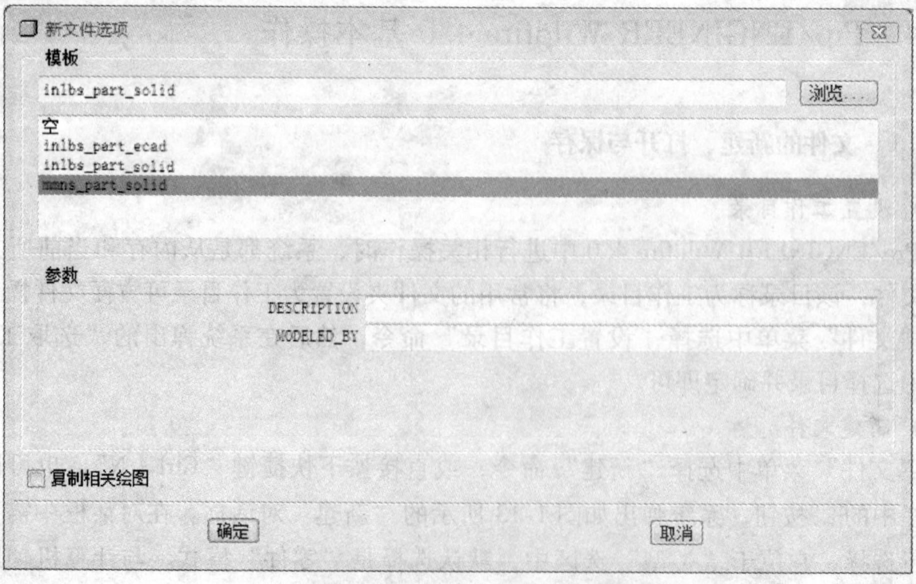

图 1-14 “新文件选项”对话框

(3) 打开文件

从"文件"菜单中选择"打开"选项，或者单击工具栏中的按钮，也可以直接按下快捷键"Ctrl + O"，弹出如图1-15所示的"文件打开"对话框，可从中选择文件名。

图1-15 "文件打开"对话框

在Pro/ENGINEER Wildfire 4.0中，只要未退出软件环境，文件即使关闭后，也仍将驻留在内存中，当用户再次使用时可以重新从内存中打开它，此时可单击对话框"公用文件夹"列表框中的，将显示当前内存中的文件，从中选择文件名。

(4) 保存文件

①直接保存文件

从"文件"主菜单中选择"保存"选项，或者单击工具栏中的按钮，也可以使用快捷键"Ctrl + S"，系统弹出"保存对象"对话框，选择目录后确定即可，此时无法修改文件名称。

在不断的保存中会生成同一文件的多个版本，系统按保存顺序通过递增数字进行区别，用第二个扩展名表示，如base.prt.1、base.prt.2、base.prt.3等。

②保存副本

从"文件"主菜单中选择"保存副本"选项，弹出如图1-16所示"保存副本"对话框，在"新建名称"文本框中输入新的文件名并单击"确定"按钮即可。

此外，还可在"类型"后的文本框中选择所需文件格式类型，以便与其他软件进行数据交换。

③备份文件

从"文件"主菜单中选择"备份"选项，在弹出的"备份到"对话框中选择目录并确定即可。与直接保存文件不同的是，备份文件还处理内存中的文件。

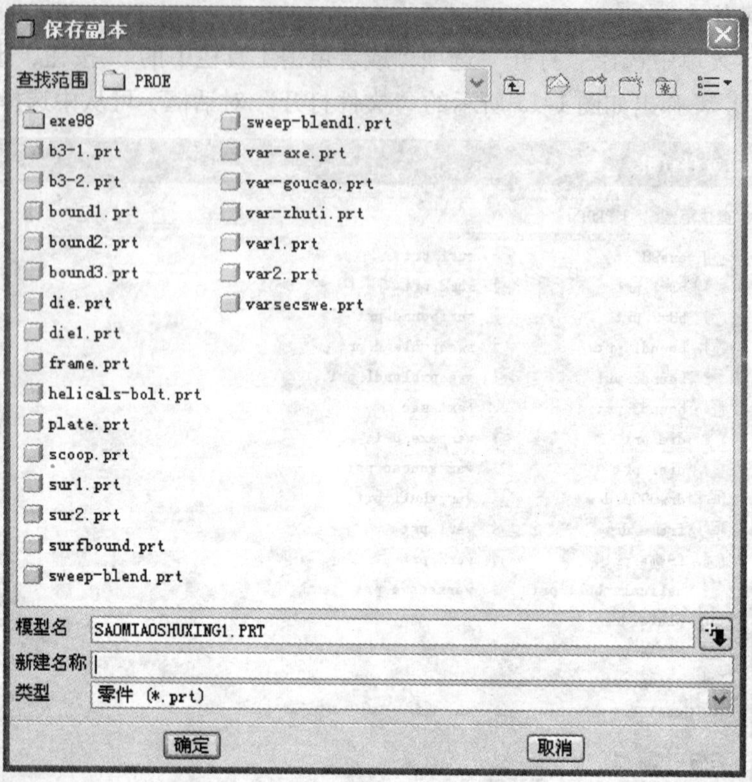

图 1-16　“保存副本”对话框

1.4.2　文件的拭除与删除

当打开多个文件后，占用内存大，将影响操作速度，而且即使关闭了某个文件，只要不退出软件环境，该文件始终会驻留在内存中，所以需要对不用的文件进行拭除或删除。

(1) 拭除文件

从“文件”主菜单中选择“拭除”选项，在弹出的子菜单中，选择“当前”选项，可将当前激活的模型从内存中清除。如果是拭除非激活模型，可以选择“不显示”选项，在弹出的“拭除未显示的”对话框中选择要拭除的文件。如果是拭除装配体中的某个元件，可以选择“元件表示”选项。

(2) 删除文件

拭除是从内存中清除文件，而删除操作则是从硬盘上删除掉文件。

从“文件”主菜单中选择“删除”选项，在弹出的子菜单中选择命令。

如果选择“旧版本”选项，可在信息提示区的文本框中输入文件名后回车，将删除该文件的所有旧版本。

如果选择“所有版本”选项，系统弹出“删除所有确认”的警告对话框，提示用户将在工作进程和工作目录中将有关该文件的所有版本删除。

1.4.3　设置系统配置文件

如果用户需要设置自己的工作环境，可以通过 config. pro 文件实现。先创建一个 config. pro 配置文件，再把它复制到 Pro/ENGINEER Wildfire 4.0 安装目录中的 text 子目录下，就可以在每次启动 Pro/ENGINEER 软件时都打开需要的工作环境。

如果用户在当前的工作目录中设置 config. pro 文件，则 Pro/ENGINEER 软件启动时首先执行 text 子目录下的 config. pro 文件，然后执行当前的 config. pro 文件，发生冲突时以当前的 config. pro 文件为准。

(1) 创建配置文件

从“工具”主菜单中选择“选项”命令，系统将弹出“选项”对话框，在对话框中去掉“仅显示从文件载入的选项”前面的“√”，就可以显示所有的选项值，如图 1-17 所示。

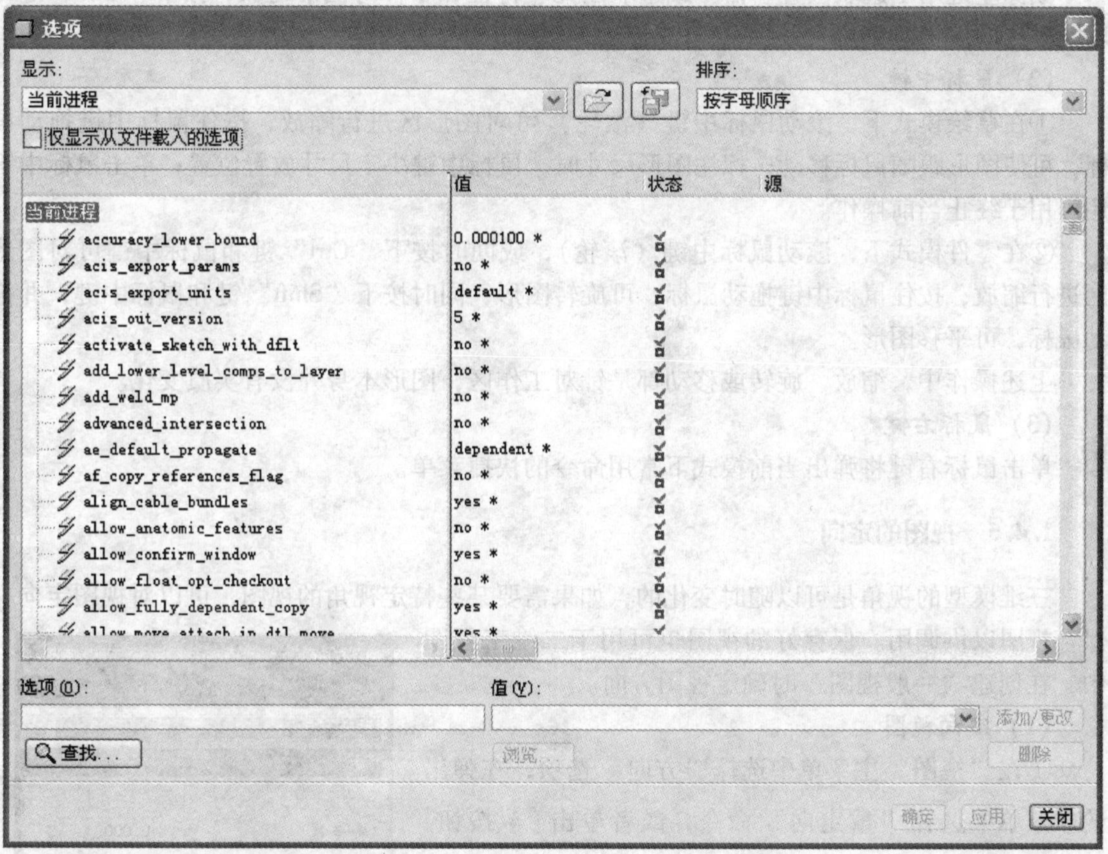

图 1-17　“选项”对话框

选择某个选项后，在“值”文本框中选择合适的选项值，然后单击“添加/更改”按钮，增加或修改该选项值。单击“应用”按钮，将设置值应用到当前的系统中。如果不清楚具体的选项名称，可以单击“查找”按钮，进入“查找选项”对话框进行查找。

最后单击按钮，将当前的配置保存，保存的文件名扩展名必须是 . pro，单击“关闭”按钮关闭对话框。

(2) 修改配置文件

对已存在的配置文件，可以进行修改。同样在“工具”主菜单中选择“选项”命令，打开“选项”对话框。

单击对话框中的“打开”按钮，从弹出的“打开”对话框中选择要打开的配置文件。在选项框中选中要更改的选项，单击“值”文本框右侧的下拉箭头，为当前的选项设置不同的值，然后单击“添加/更改”按钮可以更改当前值。若选中选项后，单击“删除”按钮则可以删除相应选项。

单击“应用”按钮，将当前设置值应用到当前的系统中。最后单击按钮，将修改后的配置保存，单击“关闭”按钮关闭对话框。。

1.4.4　鼠标的功能

（1）鼠标左键

鼠标左键用于选取位置、命令或选取图元、特征和零件等图形对象，按下“Ctrl”键可以同时选取多个对象。

（2）鼠标中键

①在草绘模式下，滚动鼠标中键（滚轮）可对图形区进行缩放；按住鼠标中键拖动鼠标，可使图形跟随鼠标移动；标注图形尺寸时，鼠标中键决定尺寸放置位置；单击鼠标中键还可用于终止当前操作。

②在零件模式下，滚动鼠标中键（滚轮），或同时按下“Ctrl”键和鼠标中键可对图形区进行缩放；按住鼠标中键拖动鼠标，可旋转图形；同时按下“Shift”键和鼠标中键，并拖动鼠标，可平移图形。

上述操作中，缩放、旋转或移动都是针对工作区，图形本身并没有实质变化。

（3）鼠标右键

单击鼠标右键将弹出当前模式下常用命令的快捷菜单。

1.4.5　视图的定向

三维模型的视角是可以随时变化的，如果需要某些特定视角的视图，可以对视图定向并保存视图以供调用。保存好的视图也可用于二维工程图中，在创建“一般视图”时确定视图方向。

（1）定向视图

①在“视图”主菜单中选择“方向”选项，在弹出的子菜单中选择“重定向”命令，或者单击按钮，在弹出的对话框中选择“类型”列表中的“动态定向”方式，如图1-18所示。

②在“平移”选区中分别拖动H、V中的滑块，或者在其后的数值框中输入数值，就可以改变模型在显示窗口中的水平和垂直位置。

③在“缩放”选区中拖动滑块，或者在其后的数值框中输入数值，就可以改变模型在显示窗口中的大小。

④在“旋转”选区中如果单击按钮，将围绕显示窗口中心轴的水平、垂直和正交轴旋转；分别拖动H、V、C中的滑块，或者在其后的数值框中输入数值，就可以改变模型在显示窗口中的观察角度。如果单击按钮，将围绕所选择的旋转中心轴的水平、垂直和正交

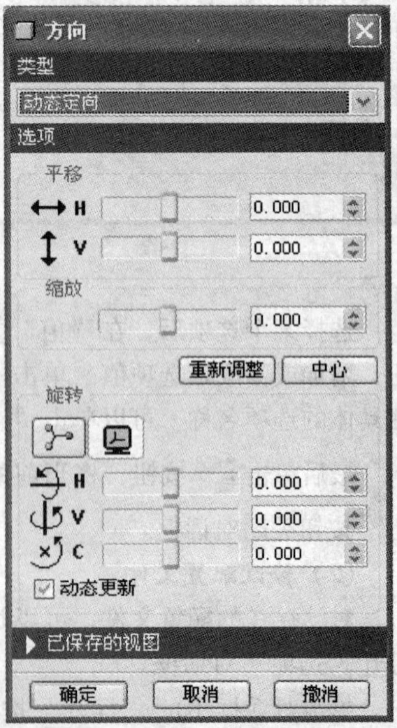

1-18　“动态定向”对话图框

轴旋转；分别拖动X、Y、Z中的滑块，或者在其后的数值框中输入数值，就可以改变模型在显示窗口中的观察角度，如果要回到缺省的观察角度，需要同时按下“Ctrl+D”。

⑤此外，还可以选择参照定位或优先选项方式进行视图定向。

(2) 保存视图

如果要对某个特定视角的视图进行保存，可以在图1-18中单击“已保存的视图”菜单条，对话框扩展如图1-19所示。在“名称”文本框中输入视图名称，单击“保存”按钮完成视图保存。

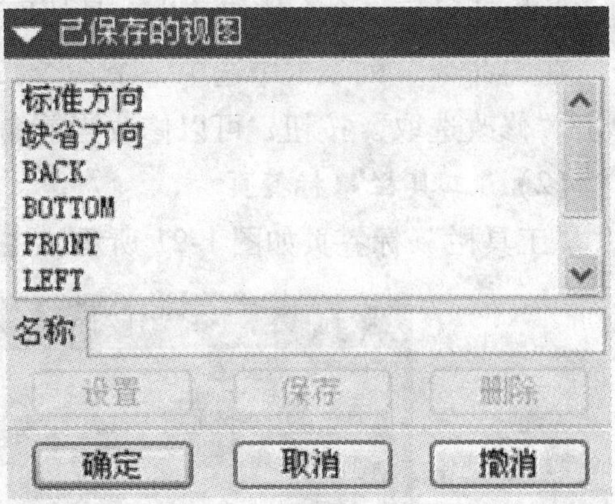

图1-19　“保存视图”对话框

(3) 调用视图

当需要某个视角的视图时，在工具栏上单击按钮，然后在弹出的菜单中选择需要的视图即可。

1.4.6　屏幕定制

用户可以根据需要，对工作界面屏幕进行自定义。在“工具”主菜单栏中选择“定制屏幕”命令，系统将弹出如图1-20所示的“定制”对话框。

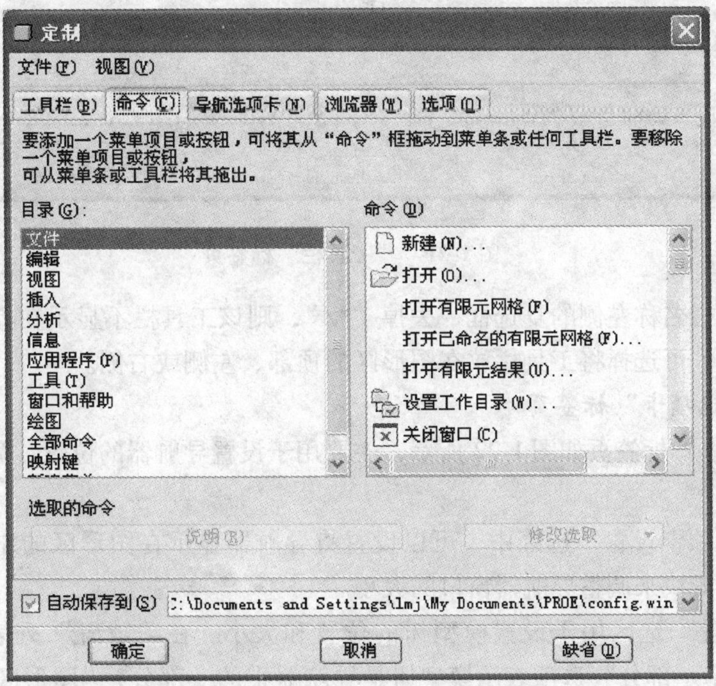

图1-20　“定制”对话框

(1) “命令”标签页

“定制”对话框的首页为“命令”标签页，如图1-20所示，主要用于添加或减少工具栏中的命令按钮。在“目录”列表框中选中一个命令，系统将在“命令”列表框中显示此命令中所有子命令的按钮，使用鼠标选中一个命令按钮，并拖动到工具栏中，系统将自动在工具栏中添加该命令按钮。如果要取消操作，只要在常用工具栏中使用鼠标选中一个命令按钮，并拖动鼠标将命令按钮移出工具栏即可。

在“命令”列表框中选中一个命令按钮后，单击“说明”按钮可显示该命令的功能，单击“修改选取”按钮，可以修改当前命令按钮。

(2)“工具栏”标签页

“工具栏”标签页如图 1-21 所示，主要用于设置工具栏的显示与位置。

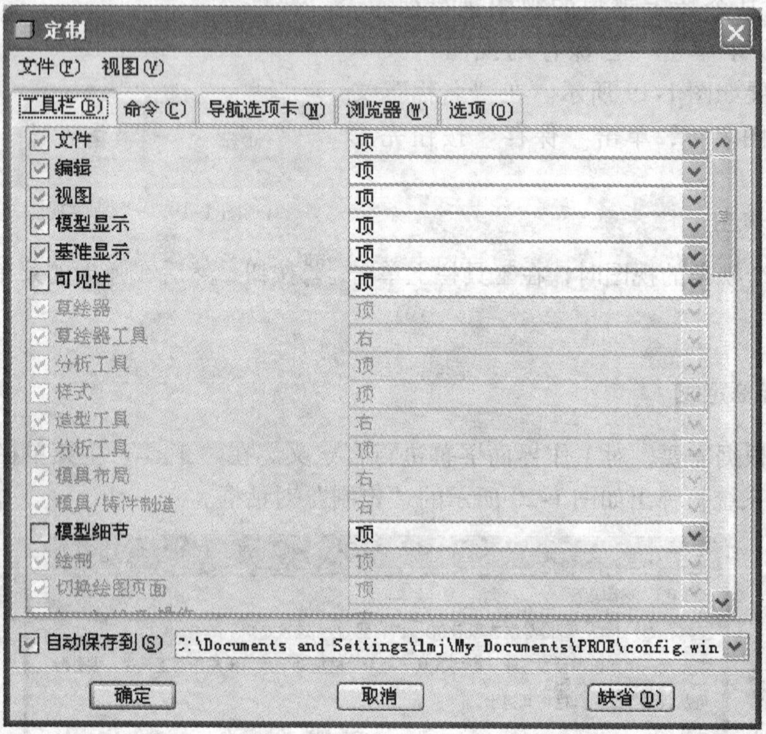

图 1-21 “工具栏”标签页

单击某工具栏名称左侧的复选框，去掉“√”，则该工具栏不显示在界面中。单击工具栏右侧下拉列表，可选择将工具栏放在图形区的顶部、左侧或右侧。

(3)“导航选项卡”标签页

“导航选项卡”标签页如图 1-22 所示，主要用于设置导航器的位置、宽度，以及模型树的位置和大小。

在“导航选项卡设置”选区中，可以设置将导航器显示在图形区的左侧或右侧，可以拖动该选区内的滑块来调整导航器窗口的大小。

“模型树设置”选区用于设置模型树的位置和大小。在“放置”列表中有 3 个选项，“作为导航选项卡一部分”选项表示模型树是导航器中的一部分；“图形区域上方”选项表示将模型树放置在图形区之上；“图形区域下方”选项表示将模型树放置在图形区之下，此时窗口添加“高度”选项，用于调整模型树的高度。

(4)“浏览器”标签页

“浏览器”标签页如图 1-23 所示，用于设置浏览器的宽度和打开、关闭时的显示效果。

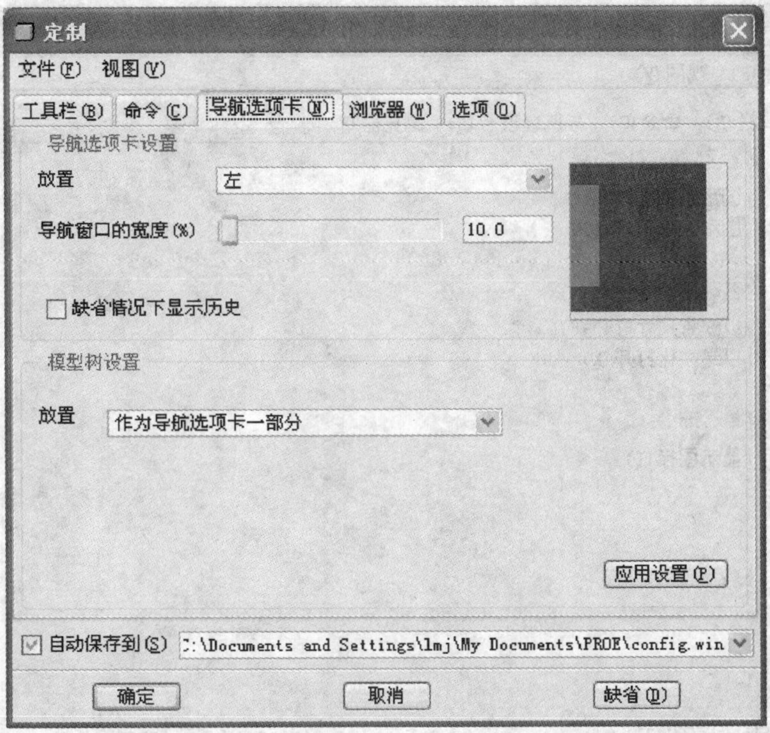

图 1-22 “导航选项卡”标签页

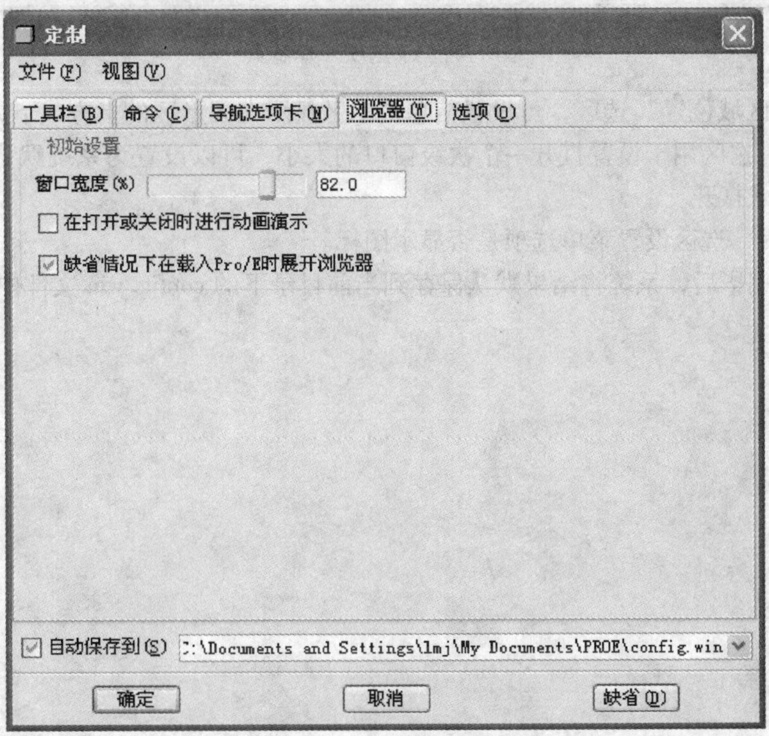

图 1-23 “浏览器”标签页

(5)“选项”标签页

“选项”标签页如图 1-24 所示，主要用于设置信息提示区的位置、次级窗口的大小。

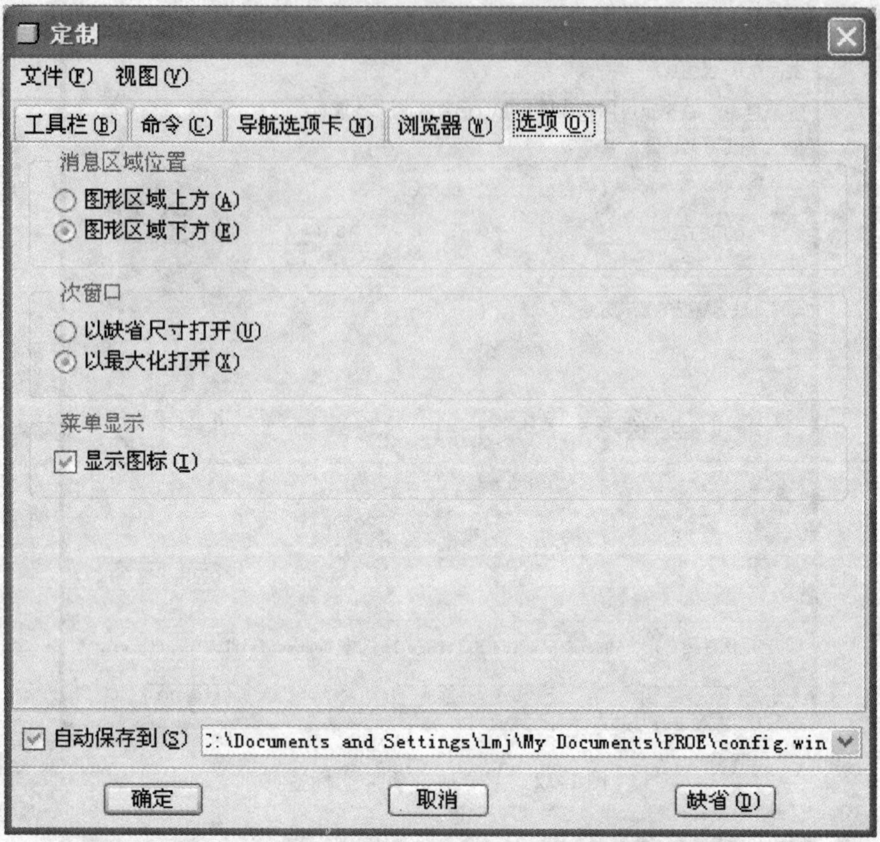

图 1-24 “选项”标签页

在“消息区域位置”选区，可设置信息提示区显示在图形区的上方或下方。

“次窗口”选区用于设置打开一个次级窗口的大小，可以设置为系统默认的尺寸，也可以最大化的形式打开。

“菜单显示”选区设置菜单选项是否显示图标。

各项设置完毕后，系统将结果默认保存到当前目录下的 config. win 文件中。

第2章　草图绘制

教学目标

通过对本章的学习，读者应掌握Pro/ENGINEER Wildfire 4.0在草绘模块下绘制和编辑草图的基本方法和使用技巧，以及各种参数的具体设置。

教学要点

绘制点、直线、矩形、圆、圆弧

对图元倒角和圆角

移动、旋转与缩放图元

复制、镜像与修剪图元

图元尺寸标注与修改

约束图元

使用Pro/ENGINEER Wildfire 4.0创建三维模型，有时需要以二维几何图形为基础。这些二维几何图形既可以来自外部文件，也可通过Pro/ENGINEER Wildfire 4.0的草绘模块进行绘制。

2.1　草绘环境简介

单击“新建”按钮，或在“文件”下拉菜单中选择“新建”命令，在弹出的“新建”对话框中选择“草绘”类型，并在“名称”文本框中输入草图名称，单击“确定”按钮，便可进入草绘环境（图2-1）。此外，创建三维特征时，在完成绘图平面及参考平面的选择后，系统将自动进入草绘环境。

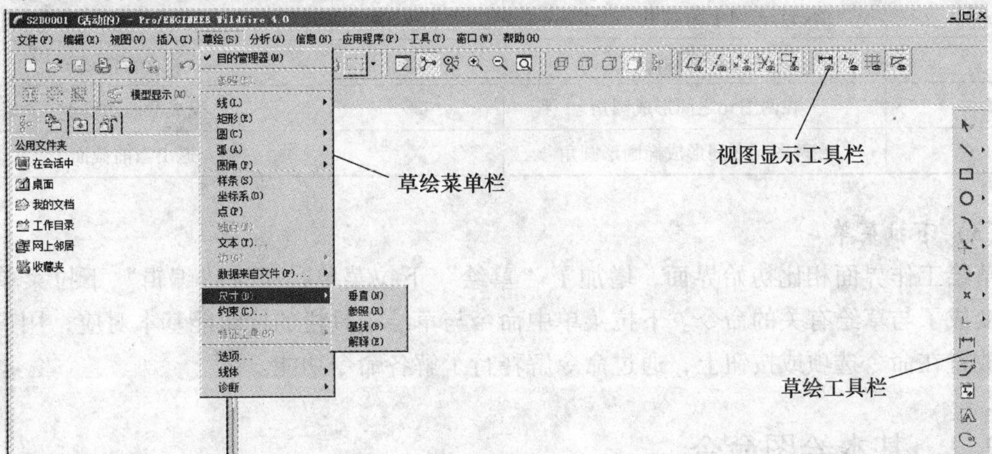

图2-1　草绘工作界面

进入草绘环境后，工作界面在初始界面的基础上增加了与草图绘制相关的工具栏和菜单项。

（1）视图显示工具栏

视图显示工具栏各按钮如图2-2所示，从左往右分别为控制尺寸、约束、栅格、截面顶点的显示，按钮凹陷则显示控制对象，否则隐藏。

图2-2　视图显示工具按钮

（2）草绘工具栏

在草绘工具栏中，灰色显示的按钮表示暂不可使用，右侧带有“▸”的按钮表示含有级联按钮菜单。各按钮具体功能介绍见表2-1。

表2-1　草绘工具栏按钮功能

按钮	功能介绍	按钮	功能介绍
	选取图元		绘制样条曲线
	绘制直线		绘制点
	绘制中心线		创建坐标系
	绘制与两图元相切的直线		以其他特征的边创建图元
	绘制矩形		通过偏移其他特征边的方式创建图元
	通过圆心和圆上一点绘制圆		创建尺寸
	绘制同心圆		修改尺寸值，样条曲线或文本图元
	选取位于圆上的两个点绘制圆		添加约束
	绘制与另两个图元相切的圆		创建文本
	绘制椭圆		添加已有常用图形
	通过确定两点或相切端的方式绘制圆弧		动态裁剪图元
	绘制同心圆弧		裁剪或延伸图元
	通过确定圆心和端点的方式绘制圆弧		分割图元
	绘制与另两个图元相切的圆弧		镜像图元
	绘制圆锥线		缩放及旋转图元
	在两图元之间形成圆角		完成截面的绘制
	在两图元之间形成椭圆形圆角		退出当前截面

（3）下拉菜单

草绘工作界面相比初始界面，增加了“草绘”下拉菜单，而且“编辑”下拉菜单的内容也变成了与草绘有关的命令。下拉菜单中命令与草绘工具栏的按钮能基本对应，用户可将鼠标放置在命令选项或按钮上，通过命令解释行了解各命令功能。

2.2　基本绘图命令

系统默认“目的管理器”为开启状态，此时激活各项绘图命令时，可以在草绘工具栏中单击相应按钮，或在草绘下拉菜单中单击对应选项，部分命令还可以从右键快捷菜单中选取。命令激活后的操作基本相同，因此以下主要针对前两种方法进行介绍。用符号“>”

表示进入下一级菜单。

2.2.1 直线

草绘环境下可以绘制三种情况的直线，对应有三种不同的图标。

(1) 绘制直线

①单击按钮，或单击“草绘” > “线” > “线”。

②在图形区任意一点单击鼠标左键，确定直线的起点。

③移动鼠标至另一点，单击鼠标左键确定直线终点，完成第一条直线绘制。

④移动鼠标可继续绘制第二条直线，此时第一条直线的终点自动作为第二条直线的起点。

⑤单击鼠标中键，结束该命令。

(2) 绘制与两图元相切的直线

①单击按钮，或单击“草绘” > “线” > “直线相切”。

②选取要相切的第一个图元。

③选取要相切的第二个图元，可绘制出一条与两图元相切的直线。

④单击鼠标中键，结束该命令。

(3) 绘制中心线

中心线可用作图元镜像时的对称轴、旋转特征的中心轴以及构造线等。

①单击按钮，或单击“草绘” > “线” > “中心线”。

②在图形区选取中心线通过的第一点。

③在图形区选取中心线通过的第二点，绘制出一条中心线。

④单击鼠标中键，结束该命令。

2.2.2 矩形

①单击按钮，或单击“草绘” > “矩形”。

②在图形区选取矩形的一个角点。

③在图形区选取另一个对角点，绘制出一个矩形。

④单击鼠标中键，结束该命令。

2.2.3 圆

草绘环境下可以绘制五种情况的圆，对应有五种不同的图标。

(1) 通过圆心和圆上一点绘制圆

①单击按钮，或单击“草绘” > “圆” > “圆心和点”。

②在图形区选取圆心。

③在图形区选取另一点作为圆上的点，绘制出一个圆。

④单击鼠标中键，结束该命令。

(2) 绘制同心圆

①单击按钮，或单击“草绘” > “圆” > “同心圆”。

②选取要同心的圆或圆弧。

③移动鼠标到适当位置，再选取一点，绘制出一个同心圆。

④单击鼠标中键，结束该命令。

（3）通过三点绘制圆

①单击按钮，或单击“草绘”>“圆”>“2点”。

②在图形区选取三个点，绘制出一个圆。

③单击鼠标中键，结束该命令。

（4）绘制与三个图元相切的圆

①单击按钮，或单击“草绘”>“圆”>“2相切”。

②选取要与圆相切的三个图元，绘制出一个与之相切的圆。

③单击鼠标中键，结束该命令。

（5）绘制椭圆

①单击按钮，或单击“草绘”>“圆”>“椭圆”。

②在图形区选取一点作为椭圆的中心。

③移动鼠标调整椭圆的形状和大小，单击鼠标左键，绘制出一个椭圆。

④单击鼠标中键，结束该命令。

2.2.4 圆弧

草绘环境下可以绘制五种情况的圆弧，对应有五种不同的图标。

（1）通过三点绘制圆弧或绘制一个端点与某图元相切的圆弧

①单击按钮，或单击“草绘”>“弧”>“2点/相切端”。

②在图形区选取圆弧的两个端点。

③再选取一点作为圆弧上的点，绘制出一条圆弧。

④单击鼠标中键，结束该命令。

（2）绘制同心圆弧

①单击按钮，或单击“草绘”>“弧”>“同心弧”。

②选取要同心的圆或圆弧。

③选取圆弧的起点和终点，绘制出一条同心圆弧。

④单击鼠标中键，结束该命令。

（3）通过圆心和端点绘制圆弧

①单击按钮，或单击“草绘”>“弧”>“圆心和端点”。

②在图形区选取一点作为圆弧的中心点。

③在图形区选取圆弧的起点和终点，绘制出一条圆弧。

④单击鼠标中键，结束该命令。

（4）绘制与三个图元相切的圆弧

①单击按钮，或单击“草绘”>“弧”>“2相切”。

②选取要与圆弧相切的三个图元，绘制出一个与之相切的圆弧。

③单击鼠标中键，结束该命令。

（5）绘制圆锥曲线

①单击按钮，或单击“草绘”>“弧”>“圆锥”。

②在图形区选取圆锥曲线的两个端点。

③在图形区再选取一点作为圆锥曲线上的一点，绘制出一条圆锥曲线。

④单击鼠标中键，结束该命令。

2.2.5　圆角

利用圆角命令可绘制圆角和椭圆形圆角。

(1) 绘制圆角

①单击按钮，或单击“草绘”>“圆角”>“圆形”。

②选取要倒圆角的两个图元，绘制出一条与之相切的圆弧。

③单击鼠标中键，结束该命令。

(2) 绘制椭圆形圆角

①单击按钮，或单击“草绘”>“圆角”>“椭圆形”。

②选取要倒椭圆形圆角的两个图元，绘制出一条与之相切的椭圆形圆弧。

③单击鼠标中键，结束该命令。

2.2.6　样条曲线

①单击按钮，或单击“草绘”>“样条曲线”。

②在图形区选取一系列点，绘制出一条样条曲线。

③单击鼠标中键，结束该命令。

2.2.7　点和坐标系

利用点和坐标系图标可以分别创建图元点和二维坐标系。

(1) 点

①单击按钮，或单击“草绘”>“点”。

②在图形区选取一点，绘制出一个点。

③单击鼠标中键，结束该命令。

(2) 坐标系

①单击按钮，或单击“草绘”>“坐标系”。

②在图形区选取一点作为坐标系原点，绘制出一个坐标系。

③单击鼠标中键，结束该命令。

2.2.8　文本

利用文本命令可以注写文字。

①单击按钮，或单击“草绘”>“文本”。

②在图形区绘制一条直线作为参考线，文本高度等于参考线的长度，文本方向则由参考线的角度决定。绘制完参考线后，系统弹出“文本”对话框，如图2-3所示。

③在对话框中输入要绘制的文本，单击对话框中“确定”按钮即可创建文字。

④单击鼠标中键，结束该命令。

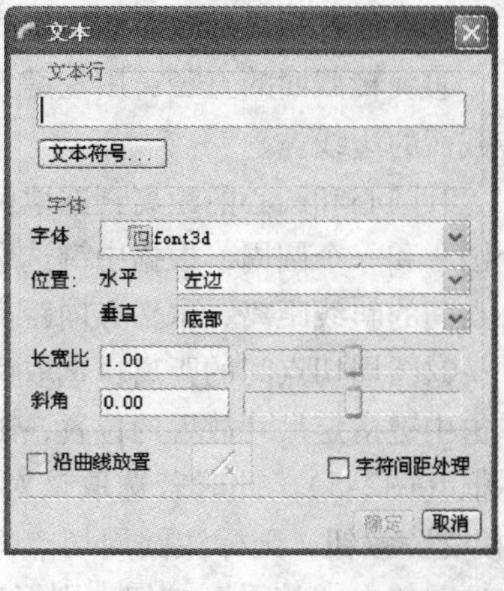

图2-3　“文本”对话框

“文本”对话框简介如下：

"文本行"文本框用于输入文本内容；"字体"下拉列表用于选择文本的字体；"长宽比"数值框用于设置文本的长宽比，其比值范围是"0.10～10"，默认值为"1.00"，用户可以直接在数值框中输入长宽比的数值，也可以拖动其右侧的滑块，动态调整文本的长宽比；"斜角"数值框用于设置文本的倾斜角度，其值范围是"－60°～60°"，默认值为"0.00"，用户同样可以直接输入倾斜角度值，也可以拖动其右侧的滑块来调整倾斜角度。如果选择"沿曲线放置"选项，则需要选择一条已有曲线，文字将随着曲线走向变化，如图2-4所示。

图2-4 沿曲线放置文本

文本创建完成后，若需要修改，可单击 按钮，或单击"编辑">"修改"，然后选取要修改的文本图元，系统将弹出该文本图元的"文本"对话框，对相应内容进行修改。

2.3 草图尺寸标注

若目的管理器开启，绘制草图时系统将自动进行尺寸标注，这些尺寸以灰色显示，称为弱尺寸；用户自己标注的尺寸或对弱尺寸进行修改得到的尺寸称为强尺寸，以高亮颜色显示。

2.3.1 尺寸类型及标注方法

尺寸标注的方法通常是先单击 按钮，再用鼠标左键选取图元，然后用鼠标中键指定尺寸所要放置的位置。以下主要介绍各种类型尺寸标注时要选取的图元。

①线段的长度：选取线段（或线段的两个端点）。

②点到线段的距离：选取一条线段和一个点。

③两平行线距离：选取两条平行线。

④两点的距离：选取两点。

⑤线段和圆（或圆弧）的距离：选取线段和圆心，标注线段和圆心的垂直距离；选取线段和圆周，则标注线段和圆周上某切点之间距离。切点由选取圆周时鼠标单击位置决定。

⑥两线段夹角：选取两条非平行线段。

⑦圆弧角度：选取圆弧两端点，再选取圆弧上任意一点。

⑧半径：选取圆或圆弧。

⑨直径：用鼠标左键双击圆或圆弧。

⑩旋转截面的直径：用左键先单击旋转截面的边线，接着单击中心线，然后再次单击旋转截面的边线。

⑪圆心和圆心的距离：选取两个圆或圆弧的圆心，或选取一个圆心和一个圆周，根据中键选取尺寸位置的不同可标注成两圆心点间的斜线距离、水平方向距离或竖直方向距离。

⑫圆周切点间的距离：选取两个圆（或圆弧）的圆周，然后单击中键指定尺寸放置的位置，随后系统将弹出"尺寸定向"对话框（图2-5）。此时若选取该对话框中的"竖直"选项并单击"接受"按钮，则标注圆周切点间的竖直距离；若选取"水平"选项并单击"接受"按钮，则标注圆周切点间的水平距离。切点

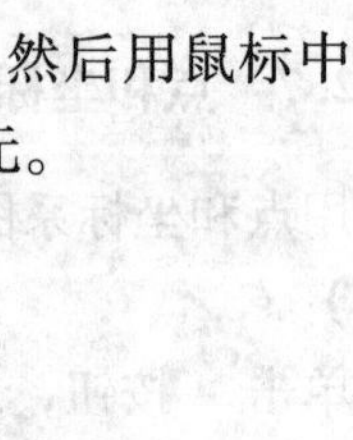

图2-5 "尺寸定向"对话框

由选取圆周时鼠标单击位置决定。

标注尺寸时，若指定的参数或尺寸不够，下一个步骤再生时会将标注不够的位置用红色标记显示出来，此时再补齐尺寸。若指定的参数或尺寸过多，同样会受到警告提示，此时系统将弹出“解决草绘”对话框，如图 2-6 所示，单击“删除”按钮可以将选中的多余尺寸参数删除。

2.3.2　尺寸的修改

单击按钮，或在主菜单栏单击“编辑”>“修改”选项，然后在绘图窗口中选取要修改的尺寸值，系统将弹出“修改尺寸”对话框，如图 2-7 所示，该对话框各选项解释如下：

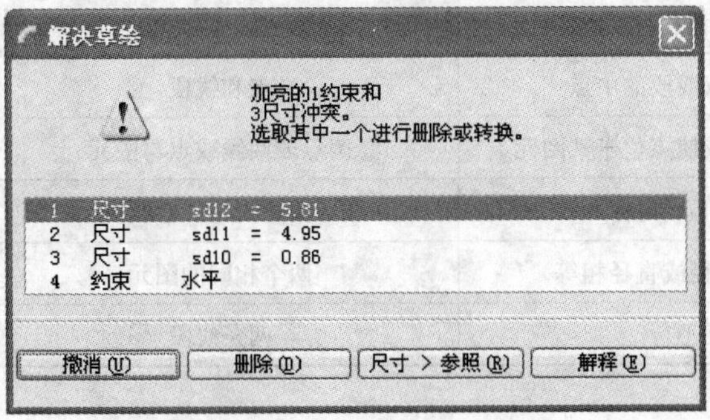

图 2-6　“解决草绘”对话框

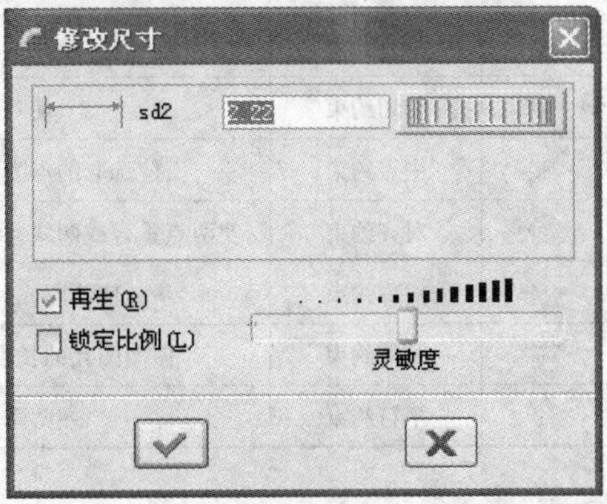

图 2-7　“修改尺寸”对话框

①在“修改尺寸”对话框中，可以直接在数值框中输入尺寸的数值，或使用鼠标左键按住尺寸调整按钮，然后左右移动来调整尺寸的数值，到达合适数值时松开鼠标即可。

②“再生”复选项用于尺寸修改后再生草图。选中该复选项，系统将根据调整的数值立即在绘图窗口中再生草图（即草图随尺寸数值同步变化）。取消该复选项，草图将不会实时地根据调整的数值变化。

③“锁定比例”复选项用于所有尺寸按相同比例变化的情况。选中该复选项，修改某个尺寸后，则其他尺寸相应变化，使整个图形成比例缩放。

④“灵敏度”滑块用于修改草图再生的显著性。当灵敏度较高时，较小的尺寸数值修改将会导致草图有很大的变化。

⑤修改尺寸时，也可以先选中要修改的尺寸，然后再单击按钮，或在主菜单栏单击“编辑”>“修改”选项，系统同样将会弹出“修改尺寸”对话框。另外，还可以使用鼠标直接双击尺寸数值，该尺寸数值将出现于一个小编辑框中，此时输入新的数值，并按回车键即可修改尺寸值。

⑥使用鼠标单击尺寸数值，并按住不放，移动鼠标，该数值和尺寸线将跟随鼠标移动，在合适的位置松开鼠标即可定位尺寸。

⑦可以一次选取多个尺寸，即同时对多个尺寸值进行修改。

2.4　草图的约束

约束用来确定截面草图中各图元之间的相互关系。在目的管理器开启的情况下，与尺寸标注类似，系统会对草图自动施加约束假设，这些约束称为弱约束，以灰色显示；用户自己施加的约束称为强约束，以高亮颜色显示。

2.4.1 约束的种类

约束的种类如表2-2所示。

表2-2 约束的种类

约束按钮	约束名称	约束实现的功能	应选取的图元
	竖直约束	使线段竖直或使两点在同一竖直线上	线段或两点
	水平约束	使线段水平或使两点在同一水平线上	线段或两点
	垂直约束	使两线段互相垂直	两条线段
	相切约束	使两图元相切	圆或圆弧与线段
	中点约束	使选取的点为所选取线段的中点	点和线段
	对齐约束	使两点重合或两线共线，或使点位于某图元上	两点或两线或点与图元
	对称约束	使两图元关于中心线对称	两图元与中心线
	相等约束	使两图元的长度、半径或直径相等	两个相同的图元
	平行约束	使两图元相互平行	两条线段

2.4.2 约束的创建

利用约束命令可以对图元的位置特征进行限制。

①单击 按钮，或单击“草绘” > “约束”。

②在系统弹出的“约束”对话框中选择要创建的约束类型。

③根据提示选择要建立约束的图元。

④可继续创建约束。

⑤完成后单击“关闭”按钮，关闭“约束”对话框。

2.5 草图的编辑

2.5.1 修剪

单击“草绘”工具栏按钮 右侧的按钮，系统将弹出级联按钮菜单，利用图中的按钮可以修剪图元；或者在主菜单中单击“编辑” > “修剪”，系统将弹出“修剪”命令子菜单，利用该菜单中的选项也可以修剪图元。

（1）动态删除图元

单击 按钮，或选择“删除段”选项，然后选取要删除的图元即可，最后单击鼠标中键结束操作。

（2）剪切或延伸

单击 按钮，或选择“拐角”选项，然后选取要保留或要延伸的图元即可，最后单击鼠标中键结束操作。

（3）分割

单击按钮，或选择“分割”选顶，此时鼠标位置出现点符号，将该点放置于要进行分割的图元上，系统即可在放置的位置上分割该图元，最后单击鼠标中键结束操作。

2.5.2 镜像

该命令可以帮助用户绘制对称的图元。

①选取需要镜像的图元，使其处于红色显亮状态。

②单击按钮，或单击主菜单栏“编辑”>“镜像”。

③选取一条已有的中心线作为镜像中心，即可镜像所选取的图元。

2.5.3 平移、比例缩放和旋转图元

该命令可以帮助用户实行图元的平移、比例缩放和旋转。

①选取需要进行操作的图元，使其处于红色显亮状态。

②单击按钮右侧的按钮，在弹出的级联按钮菜单中单击按钮，或单击“编辑”>“缩放和旋转”，屏幕上出现图元编辑操作图和“缩放旋转”对话框，如图2-8所示。

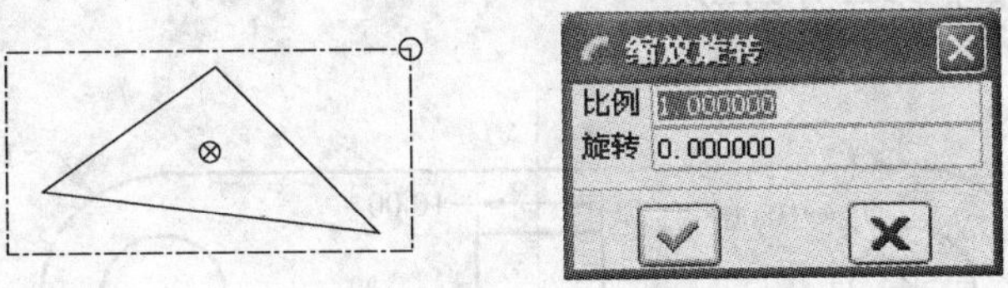

图2-8 图元编辑操作图和“缩放旋转”对话框

③操作不同的手柄，可分别实现图元的平移、比例缩放和旋转，也可在对话框中设置比例值与旋转角度。

④单击对话框中按钮，或单击鼠标中键，完成操作，退出命令。

2.5.4 复制

该命令可以帮助用户绘制重复的图元。

①选取需要复制的图元，使其处于红色显亮状态。

②单击“编辑”>“复制”，再单击“编辑”>“粘贴”，然后在需要放置副本的位置单击，系统将在绘图窗口产生一个副本，并同时显示图元编辑操作图和“缩放旋转”对话框。

③与2.5.3类似，操作不同的手柄，可分别实现副本图元的平移、比例缩放和旋转，也可在对话框中设置比例值与旋转角度。

④单击按钮，并单击鼠标中键，完成操作，退出命令。

2.5.5 构造图元与几何图元的转换

构造图元只作为绘图时的参考，用虚线显示。选取要编辑的图元，再单击“编辑”>“切换构造”，可实现构造图元与几何图元的相互转换。

2.5.6　撤销与重做

（1）撤销

在绘制草图时，若需要撤销上一步操作，可以单击工具栏中的按钮，或直接按快捷键“Ctrl + Z”，或单击主菜单“编辑”>“撤销××”选项，其中的“××”为上一步操作的具体名称。

（2）重做

在绘制草图时，若需要恢复上一步撤销的操作，可以单击工具栏中的按钮，或者直接按快捷键“Ctrl + Y”，或者单击主菜单“编辑”>“重做××”选项，其中的“××”为上一步撤销操作的具体名称。

2.5.7　删除

选取要进行删除的图元，再单击“编辑”>“删除”选项，或者直接单击键盘上的“Delete”键即可删除选中的图元。

2.6　上机指导（草图绘制）

例题： 创建如图2-9所示的图形。

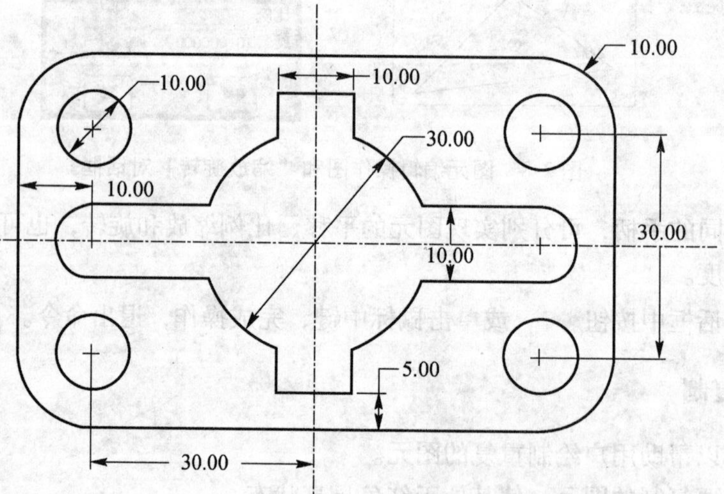

图2-9　平面图形

操作步骤如下：

图2-9所示的图形具有对称性，可以先绘制图形右上角的1/4部分，再用镜像的方式完成其余部分。

（1）建立新文件

单击按钮，在弹出的“新建”文件对话框中选择“草绘”类型，并在“名称”文本框中输入文件名称caohui1。单击“确定”按钮，进入草绘环境。

（2）绘制对称轴

单击按钮，绘制两条互相垂直的中心线，得到如图2-10所示图形。

图 2-10　对称轴

(3) 绘制图形的 1/4

为避免图形区显示杂乱，可关闭约束和弱尺寸的显示。单击按钮可关闭约束显示；单击“草绘” > “选项”，打开“草绘器优先选项”对话框，在“杂项”标签页中去掉“弱尺寸”前面复选框中的勾号，可关闭弱尺寸的显示。

①单击按钮，在图形区依次绘制直线，得到如图 2-11 所示图形。

②单击按钮，选择需要倒圆角的边，得到如图 2-12 所示图形。

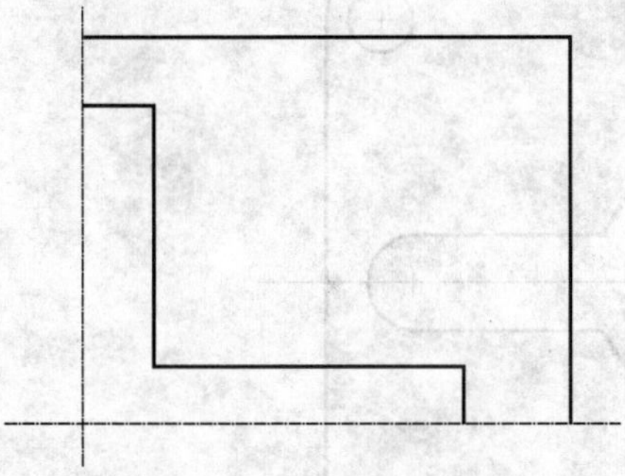

图 2-11　1/4 图形大致形状

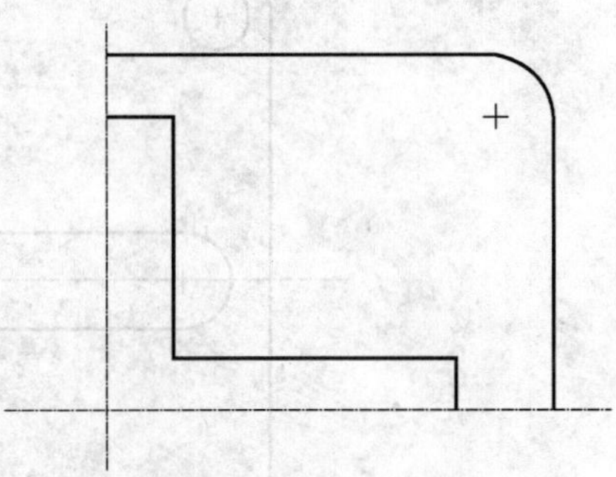

图 2-12　倒圆角后的图形

③单击按钮，选择倒角圆弧，绘制圆 1（右上角）；单击按钮，绘制圆 2 得到如图 2-13 所示图形。

④单击按钮，以图形对称中心为圆心绘制圆弧，得到如图 2-14 所示图形。

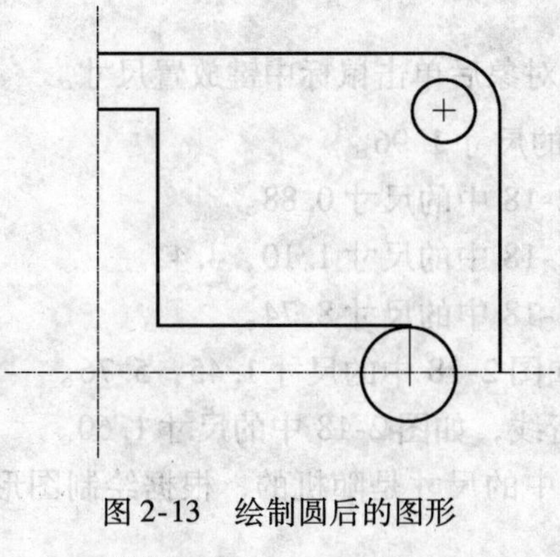

图 2-13　绘制圆后的图形

图 2-14　绘制圆弧后的图形

⑤单击按钮，选择要修剪的部分，得到如图 2-15 所示图形。

（4）镜像图元

在图形区按下鼠标左键并拖动，选择绘制完成的部分，单击按钮，选取对称中心线（纵轴），得到如图 2-16 所示图形。

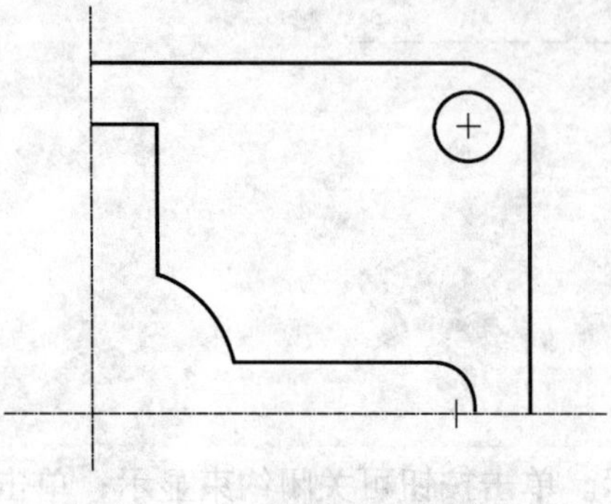

图 2-15　执行修剪命令后的图形

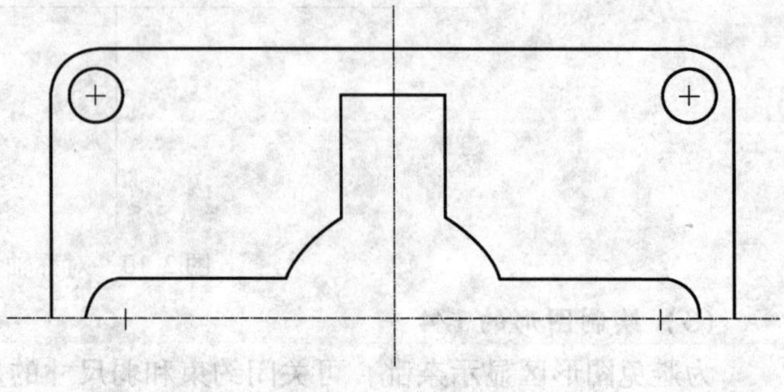

图 2-16　图形的 1/2

在图形区按下鼠标左键并拖动，选择绘制完成的部分，单击按钮，选取对称中心线（横轴），得到如图 2-17 所示图形。

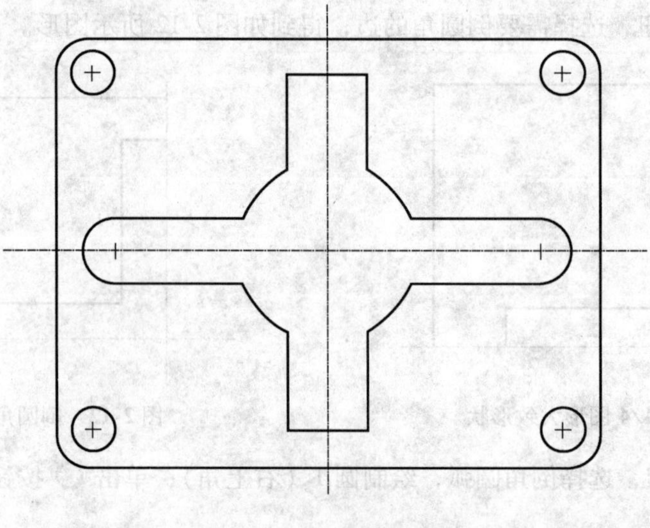

图 2-17　完整图形

（5）标注尺寸

①单击按钮，激活尺寸标注命令，选择标注对象后单击鼠标中键放置尺寸。

②标注直线长度，直接选取直线，如图 2-18 中的尺寸 1. 96。

③标注圆或圆弧的半径，选择圆或圆弧，如图 2-18 中的尺寸 0. 88。

④标注圆或圆弧的直径，双击圆或圆弧，如图 2-18 中的尺寸 1. 10，4. 42。

⑤标注两点之间的距离，分别选取两点，如图 2-18 中的尺寸 8. 74。

⑥标注点与直线的距离，分别选取点和直线，如图 2-18 中的尺寸 1. 45，5. 76。

⑦标注两平行线之间的距离，分别选取两条平行线，如图 2-18 中的尺寸 1. 60。

得到如图 2-18 所示图形，需要注意的是，图形中的尺寸是随机的，根据绘制图形时鼠标选取点的变化而有所不同。

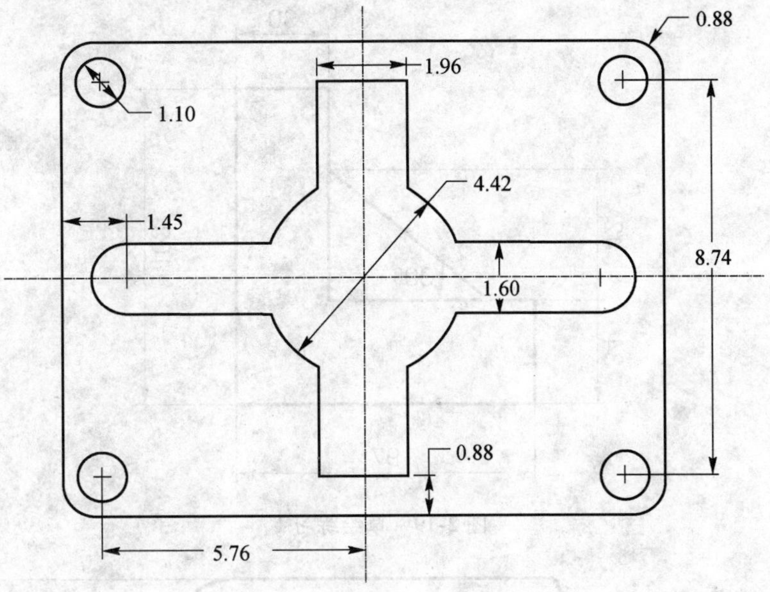

图 2-18　标注尺寸后的图形

(6) 修改截面草图的尺寸

单击按钮，选择要修改的尺寸文本，按图 2-9 修改各个尺寸，所有尺寸修改完毕后，单击按钮，完成修改，调整尺寸到图形的合适位置。

(7) 保存文件

单击按钮，打开"保存对象"对话框，以当前文件名称保存。

(8) 特别提示

①通常先修改对截面外观影响不大的尺寸。如果需要对图形进行约束，尺寸的修改应安排在建立完约束以后进行。

②为避免单个尺寸变化太大影响整体图形的生成，可在"修改尺寸"对话框中，去掉"再生"复选项前面的勾号，可使图形不随尺寸的调整而变化。

③如果要修改的尺寸大小与设计的尺寸相差太大，应该用变换图元的方法将要修改尺寸的图元变换到与设计尺寸相近，然后再修改尺寸值。

2.7　操作练习

在草绘模式下完成图 2-19 ~ 图 2-28 所示的图形。

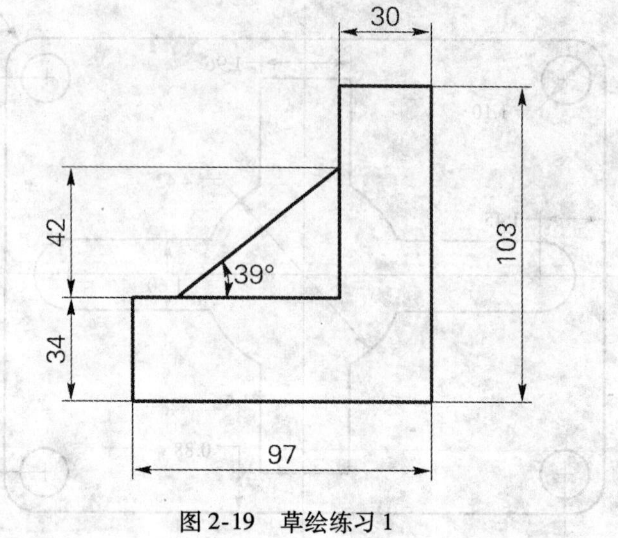

图 2-19　草绘练习 1

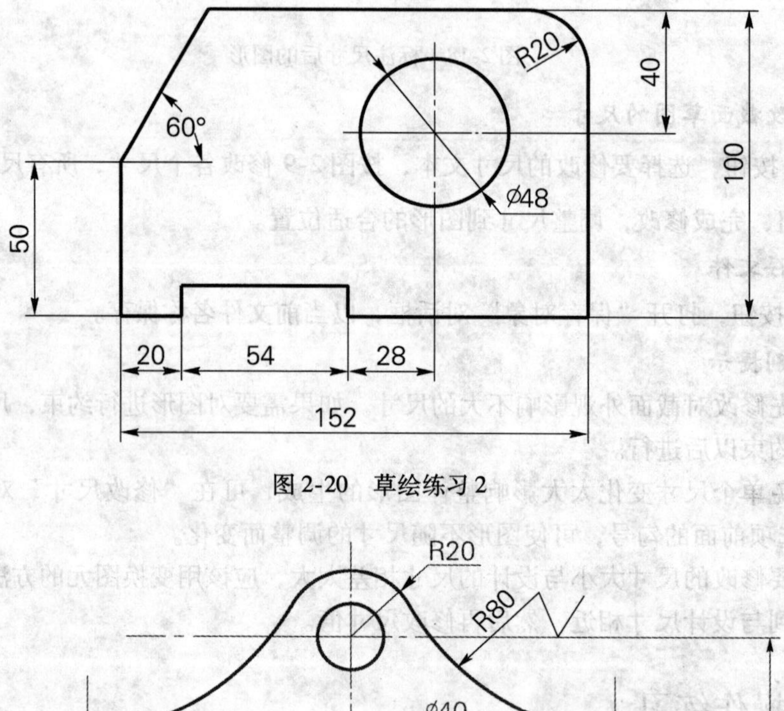

图 2-20　草绘练习 2

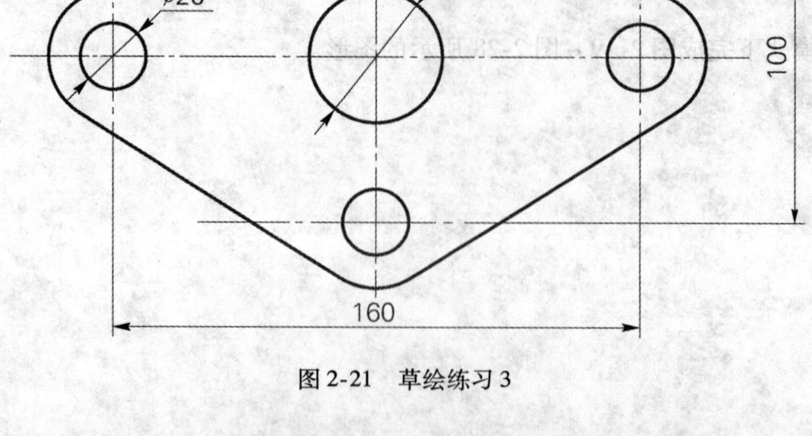

图 2-21　草绘练习 3

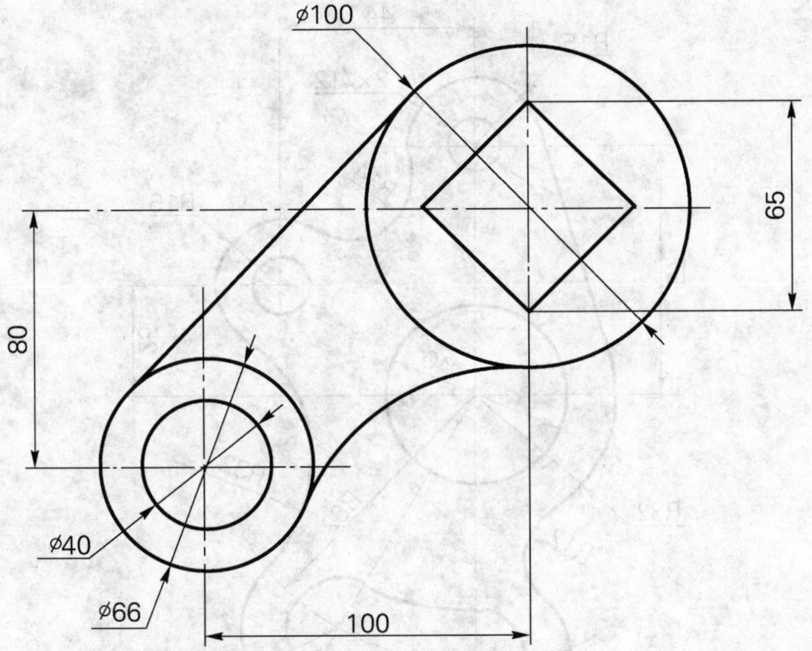

图 2-22　草绘练习 4

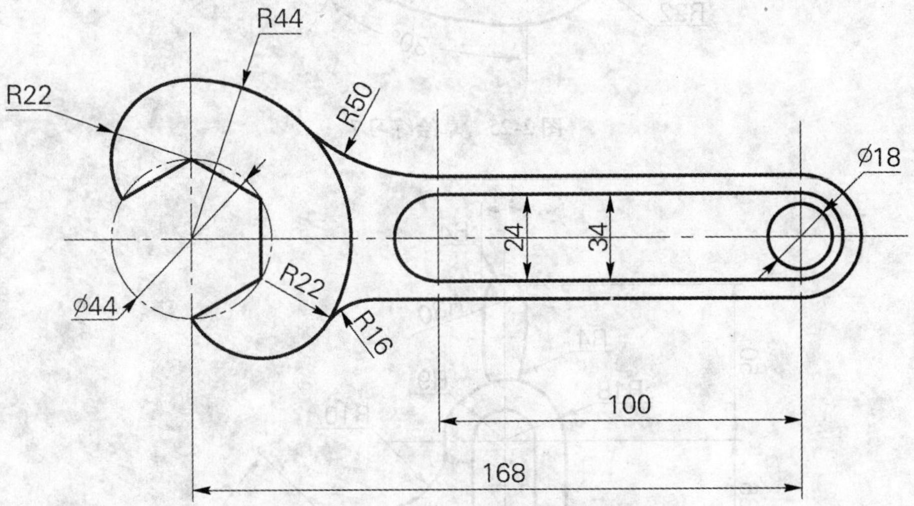

图 2-23　草绘练习 5

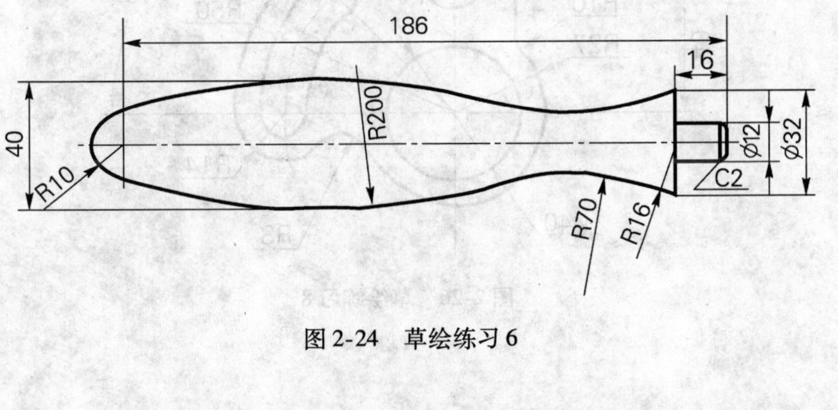

图 2-24　草绘练习 6

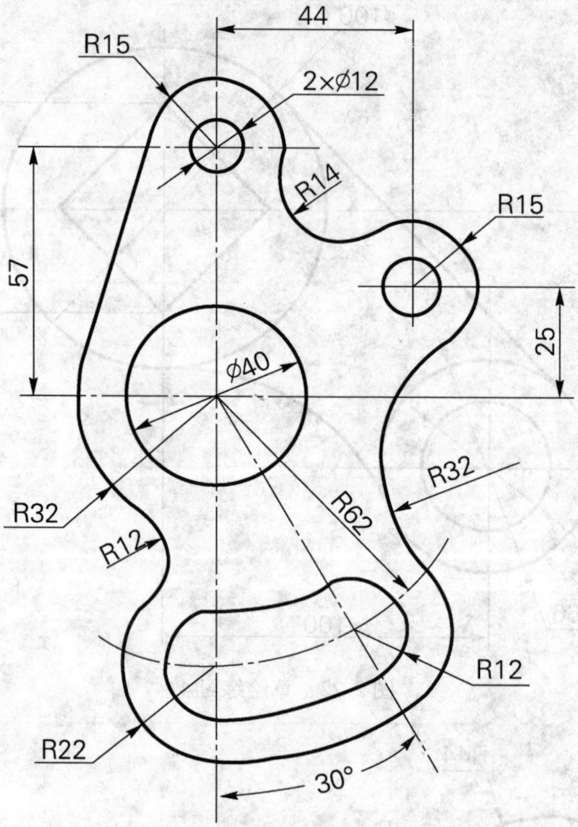

图 2-25 草绘练习 7

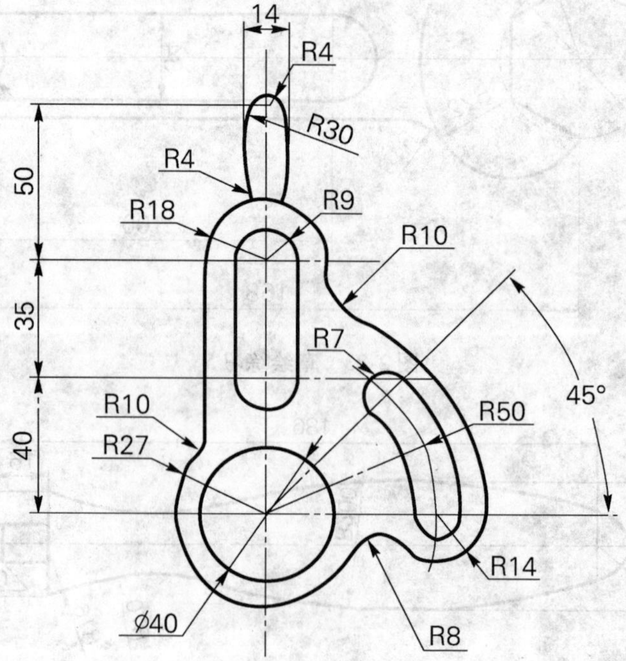

图 2-26 草绘练习 8

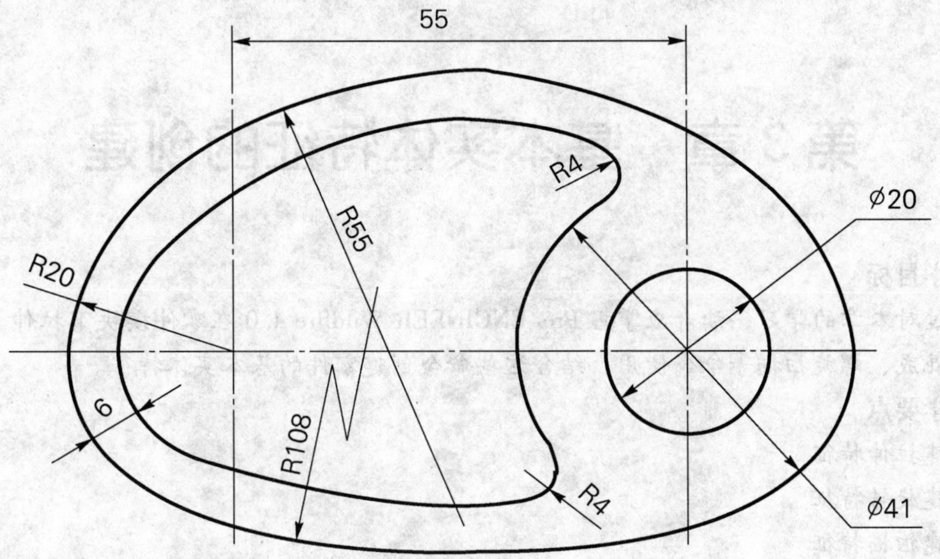

图2-27　草绘练习9

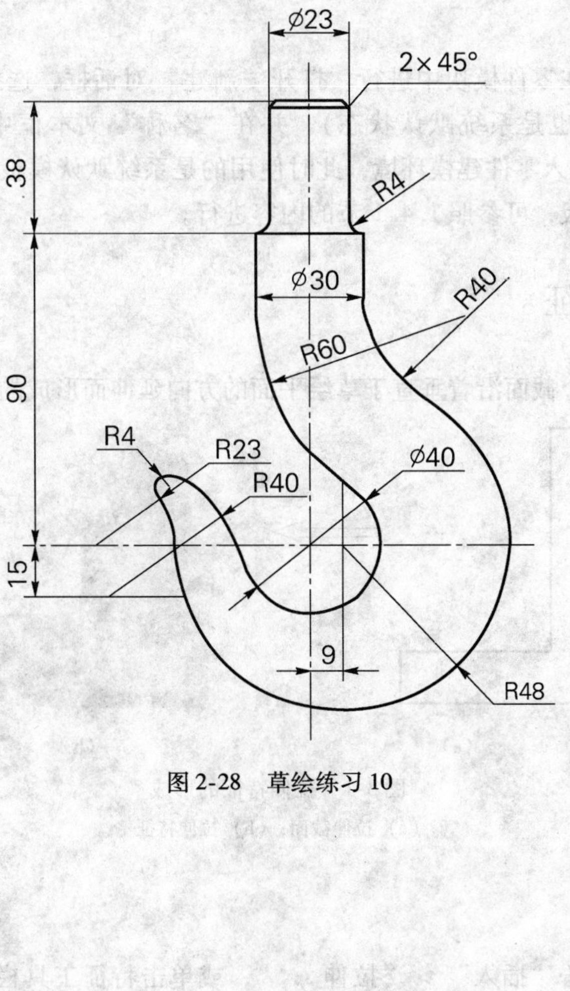

图2-28　草绘练习10

第 3 章　基本实体特征的创建

教学目标

通过对本章的学习，读者应掌握 Pro/ENGINEER Wildfire 4.0 在零件模块下拉伸、旋转、扫描、混成、螺旋扫描等命令使用，结合这些命令创建零件的基本实体特征。

教学要点

创建拉伸特征

创建旋转特征

创建扫描特征

创建混成特征

创建螺旋扫描特征

特征的创建需要在零件模块中进行。打开“新建”对话框，选择“零件”类型、“实体”子类型（该选择也是系统默认状态），并在“名称”文本框中输入文件名称，单击“确定”按钮，便可进入零件建模环境，此时使用的是系统默认模板，即 inlbs_part_solid 模板，若要选择其他模板，可参照 1.4.1 节的内容进行。

3.1　拉伸特征

拉伸特征是由一个截面沿着垂直于草绘平面的方向延伸而形成的特征，如图 3-1 所示。

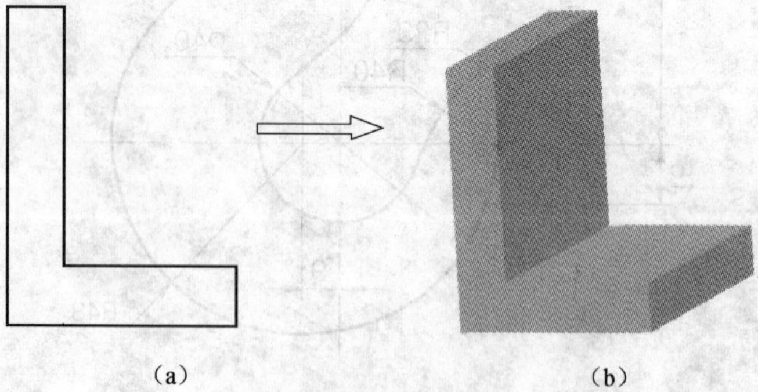

（a）　　（b）

图 3-1　拉伸特征的形成

（a）拉伸截面；（b）拉伸特征

3.1.1　基本操作

在主菜单栏中单击“插入” > “拉伸 ...”，或单击特征工具栏中的拉伸按钮，系统将会出现如图 3-2 所示的拉伸特征操控栏，确定了截面形状、拉伸方向、拉伸深度等内容后即可创建出拉伸特征。

图 3-2　拉伸特征操控栏

拉伸特征操控栏上各按钮含义如下：

①按钮：生成实体拉伸特征。

②按钮：生成曲面拉伸特征。

③按钮：单击按钮，可以展开显示拉伸深度的形式，其后的数值框可输入拉伸的深度值。

④按钮：将拉伸方向反向。

⑤按钮：生成切除材料特征，图形区存在实体特征时可用。

⑥按钮：生成薄板拉伸特征，要与按钮同时按下。

在操控栏上选择不同的类型按钮，可分别生成实体拉伸特征、曲面拉伸特征或薄板拉伸特征。如果图形区已经存在实体模型，那么新创建的拉伸特征还可以用来生成切除材料特征，即从已有的模型上挖去一块材料。

3.1.2　拉伸截面

绘制特征截面时，需要选择草绘平面，设置草绘平面的视图方向和放置方位，并选择截面的参照。在特征操控栏上单击“放置”，打开“放置”面板，单击“定义”按钮，系统将弹出如图 3-3 所示的“草绘”对话框。

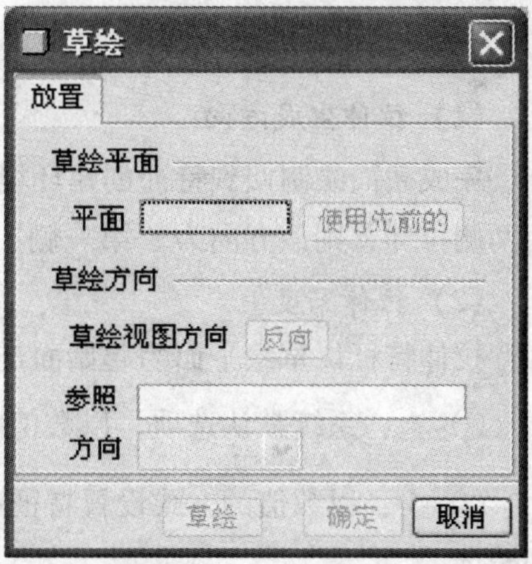

图 3-3　“草绘”对话框

(1) 草绘平面

草绘平面用来定义截面放置的平面。创建第一个特征时，必须选择图形区中的一个基准面作为草绘平面，再次创建特征时可选择图形区已有实体特征的表面作为草绘平面，单击“使用先前的”按钮，则表示仍使用上次创建特征时选择的草绘平面。

将鼠标靠近某个平面时，该面的边线处出现蓝色加亮边线，单击鼠标左键，则该面被定义为草绘平面，这时对话框中“平面”后面的文本框出现所选平面的名称。

(2) 草绘平面的视图方向

选择草绘平面后，会看到一个黄色箭头出现在该平面上，箭头方向就是草绘平面的视图方向，可通过对话框中的“反向”按钮进行反向。

(3) 草绘平面的放置方位

选择草绘平面后，系统将给出默认的草绘平面放置方位，如果需要重新设置，可按以下步骤操作：

①单击对话框中“参照”后的文本框，再在图形区选择一个与草绘平面相垂直的平面，该平面为参考平面。

②单击对话框中“方向”后的按钮，系统弹出位置列表，从中选择所需方位，表示将本节①中所选参考平面作为该方位放置草绘平面。

（4）截面参照

截面参照是绘制图形进行尺寸标注和约束时的基准，用来确定截面在草绘平面中的位置。

确定好上述内容后，单击“草绘”按钮，系统进入截面的草绘环境，此时图形区出现两条棕红色的中心线，是系统默认的截面参照，如果需要重新设置，可在主菜单栏中单击“草绘”>“参照”，打开如图3-4所示的“参照”对话框，可以继续选择所需参照，也可从列表中删除参照，但要确保“参照状态”为“完全放置的”，完成后单击“关闭”按钮。

图3-4　“参照”对话框

（5）截面的绘制

截面的绘制按照第2章中介绍的方法进行。若要创建的基体类型为实体，则要求截面必须封闭；若要创建的基体类型为曲面或薄板，则允许截面开放。完成截面绘制后，单击按钮，即可返回到特征创建环境。

3.1.3　拉伸生成方向和深度

（1）拉伸生成方向

完成截面绘制回到特征创建环境后，图形区显示的箭头方向为拉伸特征生成方向，若采用两侧拉伸，则该方向为“第一侧”，可单击特征操控栏上的按钮进行反向。

（2）拉伸深度

拉伸特征以草绘平面为起始面进行拉伸，其深度共有六种类型。

①：系统默认选项，以数值的方式设置特征的深度。

②：以数值的方式设置特征的深度，特征关于草绘平面对称，两端面的距离即为拉伸深度。

③：沿拉伸方向拉伸到与草绘平面相邻的下一个实体的表面。

④：沿拉伸方向穿过模型的所有表面。

⑤：沿拉伸方向拉伸至指定的一个曲面或实体表面。

⑥：沿拉伸方向拉伸到指定的一个参照，如平面、曲面、曲线或点。

其中本节③、④、⑤要在图形区已经存在实体特征时才可用。

要对草绘平面两侧的拉伸深度分别设置时，打开“选项”面板，通过对“第一侧”和“第二侧”深度的配合使用，可以生成两侧不对称的实体。

上述各项设置完成后，可单击操控栏上的按钮进行预览，单击按钮可退出预览进行必要的修改，完成后单击按钮退出当前特征创建环境，可继续进行下一个特征的创建，此时模型树上显示出已完成特征的名称及图标。

3.1.4　应用示例

例题：应用拉伸特征创建如图 3-5 所示模型。

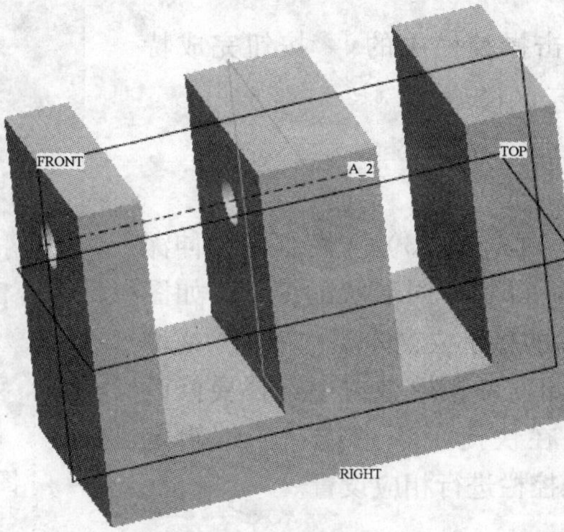

图 3-5　拉伸实体

操作步骤如下：

（1）建立新文件 lashen（方法参见本章上机指导）

（2）使用拉伸特征创建基本体

单击按钮，在拉伸特征操控栏上打开“放置”面板，单击“定义”按钮，在弹出的“草绘”对话框中，选择 FRONT 平面为草绘平面，RIGHT 平面为右方，接受默认的视图方向，绘制如图 3-6 所示形状的截面，不必考虑尺寸，单击✔按钮退出草绘环境。设置拉伸深度类型为，在拉伸深度文本框中输入 200 并回车，单击操控栏中的✔按钮完成特征创建，得到如图 3-7 所示的模型。

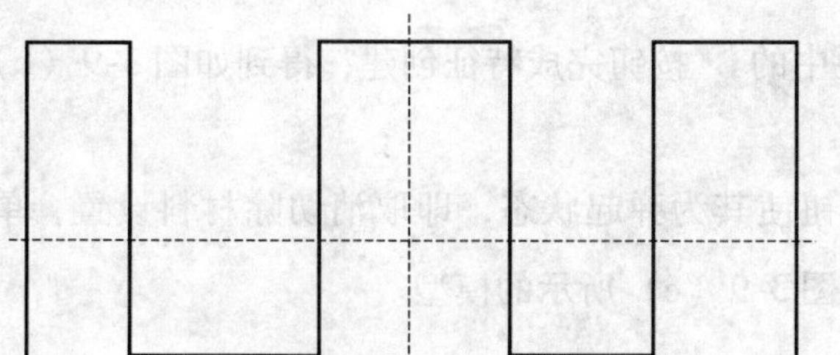

图 3-6　草绘截面 1

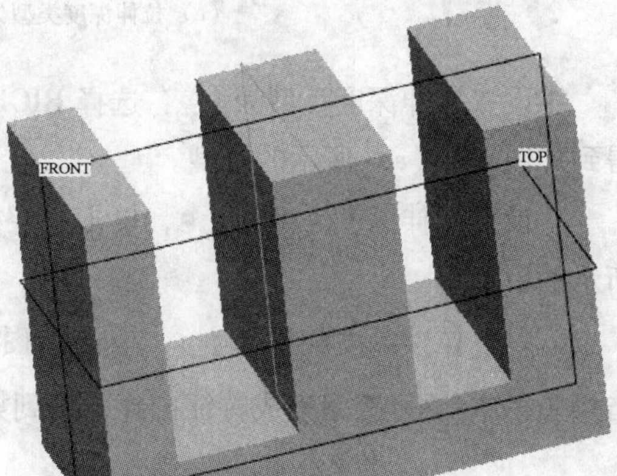

图 3-7　基本体模型

（3）使用拉伸特征创建切除材料部分

单击按钮，在拉伸特征操控栏上打开“放置”面板，单击“定义”按钮，在弹出的“草绘”对话框中，选择基本体模型的左侧表面为草绘平面，前表面为右方，绘制如

图3-8所示形状的截面，单击✔按钮退出草绘环境。按下◿按钮，通过↘按钮使箭头指向要切除材料的方向（截面内部），设置拉伸深度类型为⊥⊥，选择基本体模型中间立柱的右侧面，单击操控栏中的✔按钮完成特征创建，得到如图3-5所示的模型。

（4）保存文件

（5）特别提示

在上述应用示例中，若对本节（3）中特征的拉伸深度类型等内容进行修改，可得到不同形状的模型，如图3-9所示，通过轴名称A_2的显示位置体现材料切除或增加的情况。如操控栏已关闭，可在模型树中选择要修改的特征，单击鼠标右键，在快捷菜单中选择“编辑定义”，打开该特征对应的操控栏进行相应设置。

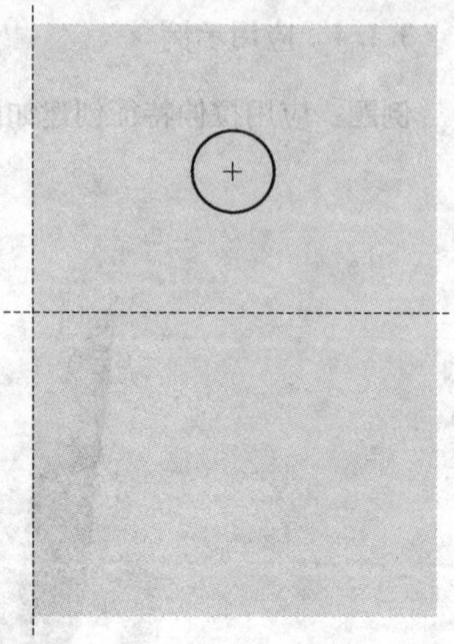

图3-8 草绘截面2

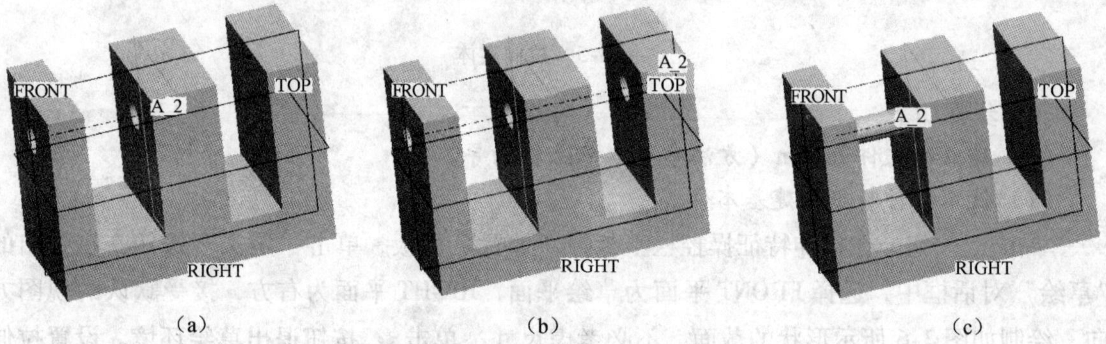

图3-9 不同拉伸深度类型对应的模型

（a）拉伸深度类型为⊥⊥，参照为RIGHT平面时的模型；（b）拉伸深度类型为⫞⊧时的模型；

（c）拉伸深度类型为⊥⊥，增加材料时的模型

①设置拉伸深度类型为⊥⊥，选择RIGHT平面，单击操控栏中的✔按钮完成特征创建，得到如图3-9（a）所示的模型。

②设置拉伸深度类型为⫞⊧，单击操控栏中的✔按钮完成特征创建，得到如图3-9（b）所示的模型。

③设置拉伸深度类型为⊥⊥，单击◿按钮使其为弹起状态，即取消切除材料设置，单击操控栏中的✔按钮完成特征创建，得到如图3-9（c）所示的模型。

3.2 旋转特征

旋转特征是将截面绕着中心线旋转一定角度而形成的特征，如图3-10所示。旋转特征的创建过程与拉伸特征基本相同，区别在于将拉伸特征中的深度改为角度，且截面中必须绘制一条中心线作为旋转轴线，截面图形要位于中心线同一侧，允许有线条与中心线重合。

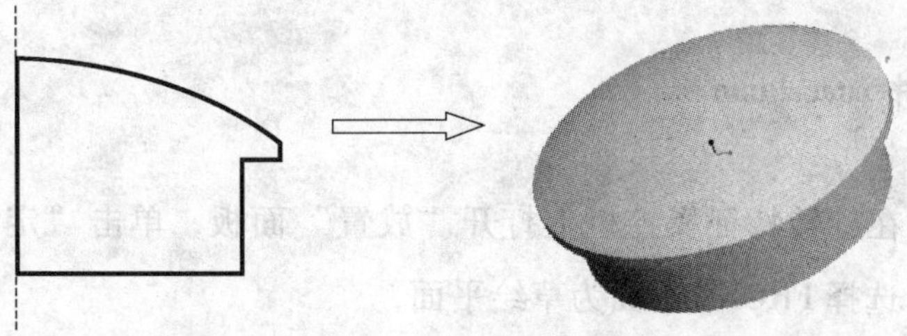

图 3-10　旋转特征的形成
（a）旋转截面；（b）旋转特征

3.2.1　基本操作

在主菜单栏中单击“插入” > “旋转...”，或单击特征工具栏中的按钮，打开旋转特征操控栏，如图 3-11 所示。

图 3-11　旋转特征操控栏

在旋转特征操控栏中，按照创建拉伸特征时的方法确定截面形状、旋转方向后，再设置特征旋转角度即可创建出旋转特征。

3.2.2　旋转角度

旋转特征以草绘平面为起始面进行旋转，其旋转角度共有三种形式。

①：以数值的方式设置特征旋转的角度，系统默认为 360°。

②：以数值的方式设置特征旋转的角度，特征关于草绘平面对称。

③：旋转到指定的一个参照，如平面、曲面或点。

3.2.3　应用示例

例题：应用旋转命令创建如图 3-12 所示模型。

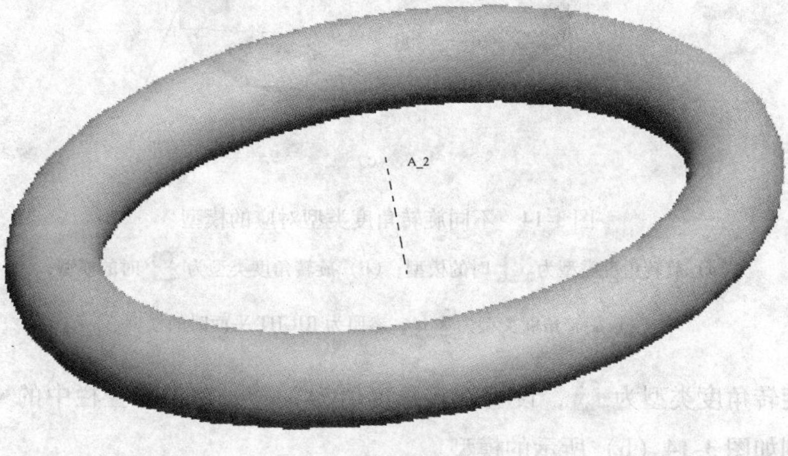

图 3-12　旋转实体

操作步骤如下：

（1）建立新文件 xuanzhuan

（2）创建模型

单击按钮，在旋转特征操控栏上打开“放置”面板，单击“定义”按钮，在弹出“草绘”对话框中，选择FRONT平面为草绘平面，RIGHT平面为右方，接受默认的旋转方向，绘制如图3-13所示截面，注意要绘制一条中心线作为旋转轴（本例中为竖直方向），单击按钮退出草绘环境。接受默认的旋转角度值360°，单击操控栏中的按钮完成特征创建，得到如图3-12所示的模型。

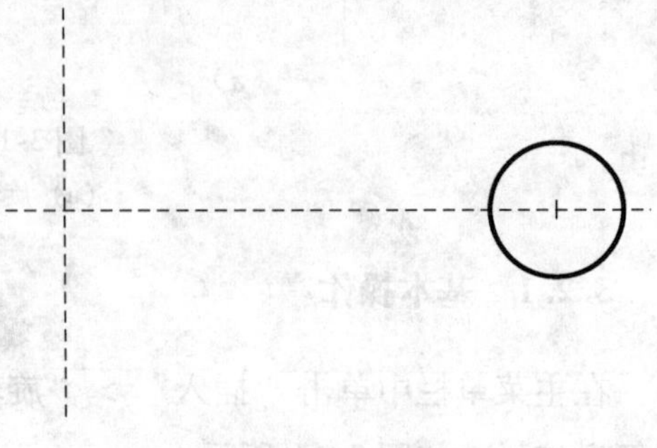

图3-13 草绘截面

（3）保存文件

（4）特别提示

在上述应用示例中，若对本节（2）中旋转角度类型等内容进行修改，也可得到各种不同形状的模型。

①设置旋转角度类型为，设置旋转角度值为120°，单击操控栏中的按钮完成特征创建，得到如图3-14（a）所示的模型。

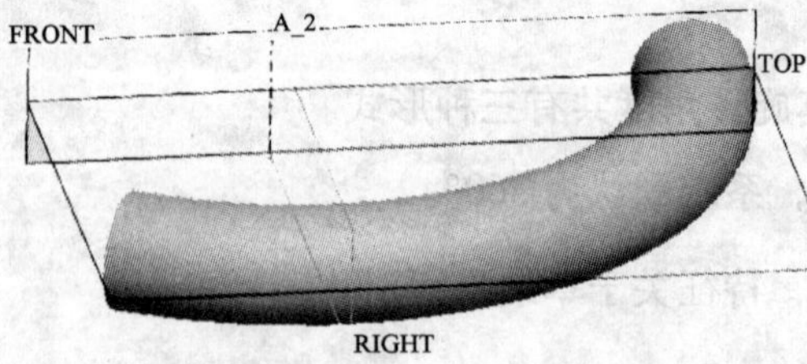

（a）

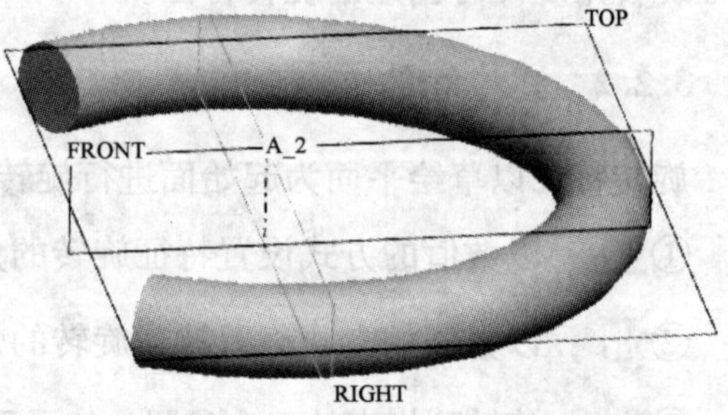

（b）

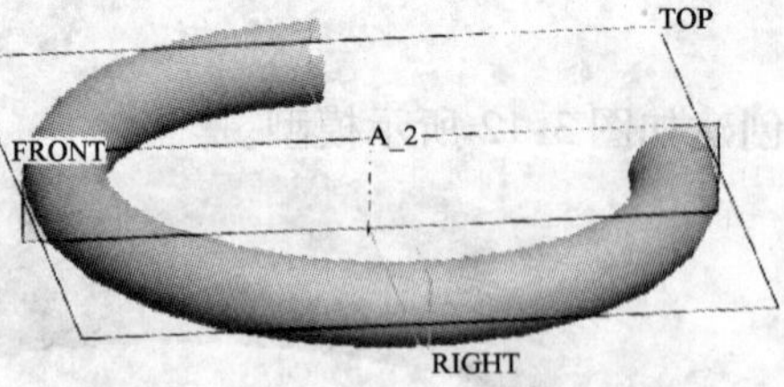

（c）

图3-14 不同旋转角度类型对应的模型

（a）旋转角度类型为时的模型；（b）旋转角度类型为时的模型；

（c）旋转角度类型为，参照为RIGHT平面时的模型

②设置旋转角度类型为，设置旋转角度值为240°，单击操控栏中的按钮完成特征创建，得到如图3-14（b）所示的模型。

③设置旋转角度类型为，选择 RIGHT 平面，单击操控栏中的按钮完成特征创建，得到如图 3-14（c）所示的模型。

3.3　扫描特征

扫描特征是将截面沿着一条轨迹线移动，直到穿越整个轨迹线而形成的一个特征，如图 3-15 所示，创建该特征时需要一个截面和一条轨迹线。

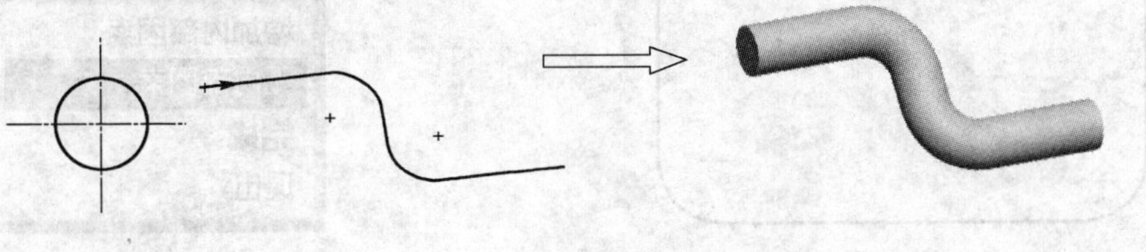

（a）　　　　　　　　（b）

图 3-15　扫描特征的形成

（a）扫描截面和轨迹线；（b）扫描特征

3.3.1　基本操作

在主菜单栏中单击“插入”＞“扫描”＞“伸出项”，弹出如图 3-16 所示的扫描特征对话框和扫描轨迹线菜单，分别确定轨迹线、属性及截面，即可生成特征。

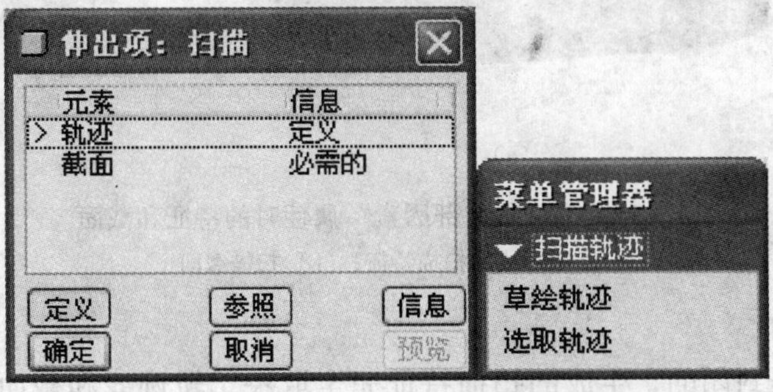

图 3-16　扫描特征对话框和扫描轨迹线菜单

3.3.2　轨迹线

扫描轨迹线可以草绘，也可选择已有曲线。

（1）草绘轨迹

绘制轨迹线，类似于拉伸特征截面绘制，需要选择草绘平面，设置草绘平面的视图方向和放置方位等，不同的是此处通过菜单管理器进行设置，完成后进入草绘环境，使用草绘工具栏中的绘图命令进行绘制，轨迹线起点处显示一方向箭头，表示将从起点沿该方向扫描。

（2）选择轨迹

选取已有的基准曲线或边作为轨迹线。

无论使用哪种方式生成轨迹线，轨迹线都可以是封闭的，也可以是开放的。

3.3.3 扫描属性

绘制（或选取）轨迹线之后，会弹出属性菜单。

（1）轨迹线封闭

若轨迹线封闭，如图 3-17 所示，则弹出的属性菜单如图 3-18 所示。

图 3-17 封闭的轨迹线

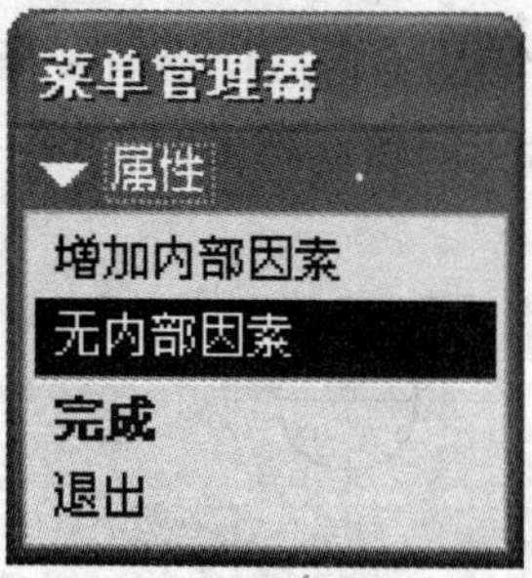

图 3-18 封闭轨迹线属性菜单

①增加内部因素

要求截面必须是开放的，系统将为特征添加顶面和底面，并对内部进行填充使生成的扫描特征为封闭的实体特征，如图 3-19 所示。

（a） （b）

图 3-19 “增加内部因素”属性时的特征和截面

（a）生成的扫描特征；（b）扫描截面

②无内部因素

要求截面必须是封闭的，生成的扫描特征完全取决于轨迹线和截面的形状，如图 3-20 所示。

（a） （b）

图 3-20 “无内部因素”属性时的特征和截面

（a）生成的扫描特征；（b）扫描截面

（2）轨迹线开放

若轨迹线开放，且轨迹线的端点位于已有特征上时，如图 3-21 所示，弹出的属性菜单如图 3-22 所示。

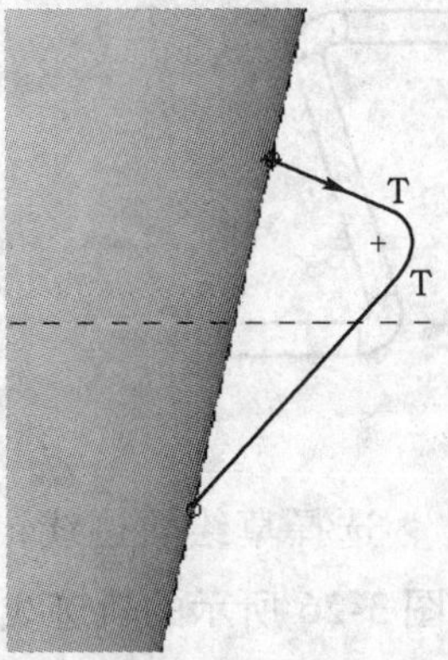

图3-21　开放且位于已有特征上的轨迹线

图3-22　开放轨迹线属性菜单

①自由端点

为系统默认选项，生成的扫描特征与已有特征在连接端不进行合并，处于自由状态，如图3-23所示。

②合并终点

如图3-24所示，生成的扫描特征将与另一个特征在连接端紧密结合。

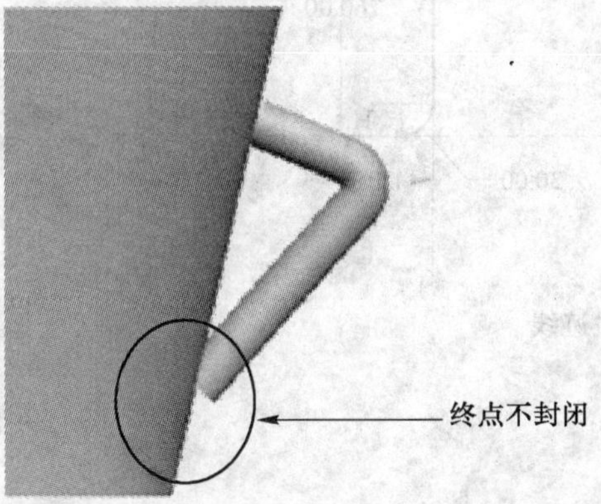

图3-23　“自由端点”属性时的模型

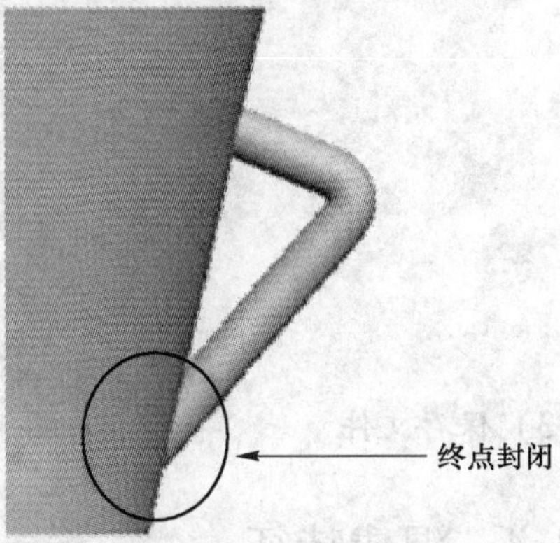

图3-24　“合并终点”属性时的模型

3.3.4　扫描截面

绘制（或选取）轨迹线并进行属性设置后，系统将自动进入草绘环境中，图形区显示的两条棕黄色中心线为截面参照，其交点为轨迹线起始点，使用草绘工具栏中的绘图命令在该处绘制截面。

截面绘制完成后，退出草绘环境，单击对话框中的“预览”按钮对特征进行预览，可选择对话框中的元素，单击“定义”按钮进行相应修改，完成后单击“确定”按钮，生成扫描特征并退出当前特征创建环境。

3.3.5　应用示例

例题： 应用扫描特征创建如图3-25所示的模型。

操作步骤如下：

(1) 建立新文件 saomiao

(2) 创建模型

图 3-25 扫描实体

在主菜单栏中单击“插入” > “扫描” > “伸出项”，选择草绘轨迹线，以 TOP 平面为草绘平面，接受默认方位参照，进入草绘环境，绘制如图 3-26 所示的轨迹线，单击✔按钮系统自动转到截面绘制状态，以两条中心线交点为圆心，绘制直径为 20 的圆，单击✔按钮退出草绘环境。单击扫描特征对话框中的“确定”按钮，完成特征的创建。

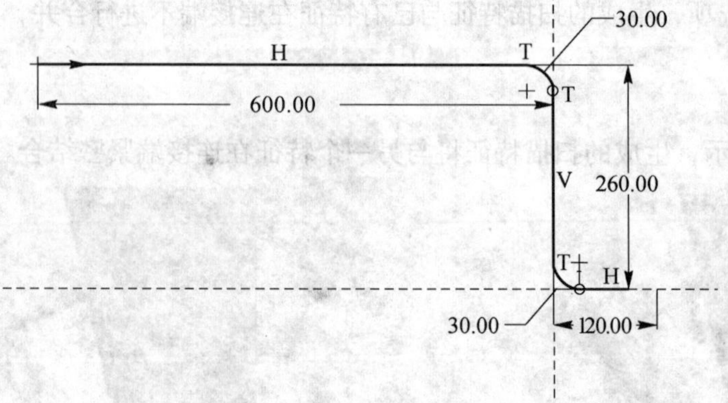

图 3-26 扫描轨迹线

（3）保存文件

3.4 混成特征

混成特征是由两个或多个截面形成的一类特征，截面之间的形状是渐变的，如图 3-27 所示。

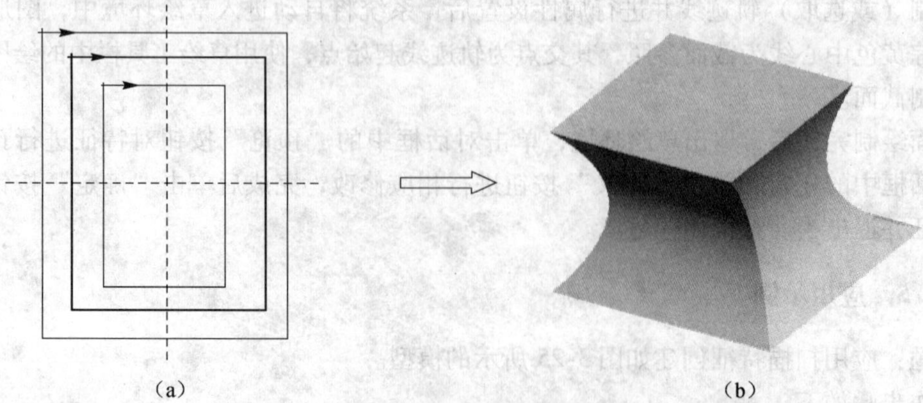

图 3-27 混成特征的形成

（a）混成截面；（b）混成特征

3.4.1　基本操作

在主菜单栏中单击“插入” > “混成” > “伸出项”，系统将弹出混成特征菜单，需要确定混成特征类型、属性以及截面生成方式，再选取截面或进入草绘环境绘制截面，并设置截面之间的距离后才能生成特征。

3.4.2　混成特征类型

(1) 平行混成

所有的混成截面相互平行，且位于相同的草绘平面上。

(2) 旋转混成

截面可绕Y轴旋转，从而与前一个截面形成一定角度（0 ~ 120°）。对每个截面都必须定义一个局部坐标系。

(3) 一般混成

截面可沿X轴、Y轴、Z轴旋转一定角度（-120° ~ +120°），也可沿X轴、Y轴、Z轴平移一段距离。对每个截面也都必须定义一个局部坐标系。

3.4.3　截面生成方式

(1) 规则截面

截面为用草绘平面绘制的面或通过现有零件选取的面。

(2) 投影截面

截面为用草绘平面绘制或通过现有零件选取后再投影所得的面。

(3) 选取截面

选取现有截面作为混成特征的截面。

(4) 草绘截面

进入草绘环境绘制截面。

3.4.4　混成属性

完成混成特征类型和截面生成方式的设置后，系统将弹出属性菜单。

(1) 平行混成或一般混成的属性

①直的

特征各截面以直线连接在一起，其边缘和连接处是平直状态。

②光滑

特征各截面以曲线连接在一起，其边缘和连接处是平滑状态。

图3-28为两种属性的平行混成特征。

(2) 旋转混成的属性

对于旋转混成特征，属性菜单中除了有“直的”和“光滑”两个选项外，还有“开放”和“闭合”两个选项。

①开放

特征的首尾两个截面不连接，即特征是开放状态。

（a）　　（b）

图 3-28　平直的混成特征和平滑的混成特征

（a）平直的混成特征；（b）平滑的混成特征

②闭合

特征的首尾两个截面将按照前面设置的平直或平滑方式进行连接，即特征是封闭状态。

如果要创建闭合的旋转混成特征，必须有 3 个或 3 个以上的截面。对于平滑封闭，首尾两个截面没有角度限制；但是对于平直封闭，首尾两个截面的角度必须小于 120°。

3.4.5　混成截面

对于平行混成特征，若使用草绘截面的方式创建，则确定了属性后，系统将弹出菜单管理器，可进行草绘平面的选择、草绘平面视图方向和放置方位的设置，完成后进入草绘环境。

（1）截面绘制

首先绘制第一个截面，完成后在主菜单栏中单击“草绘” > “特征工具” > “切换截面”，系统将自动切换到第二个截面的绘制平面中，绘制好的第一个截面将变灰（无法进行任何修改操作）；继续绘制第二个截面，以此类推完成所有截面的绘制。混成特征要求各截面线段数相等，对于圆截面或线段数较少的截面可进行打断以满足要求。

（2）截面与前一个截面之间的距离

完成所有截面的绘制后，退出草绘环境，在弹出的深度文本框中，设置相邻截面之间的距离，即第二个截面到第一个截面的距离，第三个截面到第二个截面的距离，以此类推，如果有 M 个截面，那么就必须设置 $M-1$ 个距离数值。

3.4.6　混成特征的几个说明

（1）特征生成方向

特征生成方向通常默认的是草绘视图方向，即在选择草绘平面时就可以定义。如果生成的特征与设计要求相反，则可以在混成特征对话框中选择“方向”，单击“定义”按钮来进行修改。

（2）截面起始点对混成特征的影响

截面起始点的位置对于混成特征的形状有很大影响，如图 3-29 和图 3-30 所示，为两个完全相同的截面因起始点位置不同而生成了完全不同的模型。

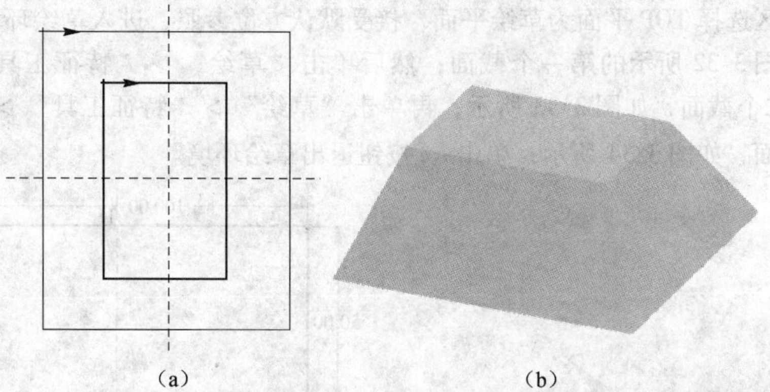

图 3-29　起始点位于同一方位的混成特征

（a）混成截面；（b）混成特征

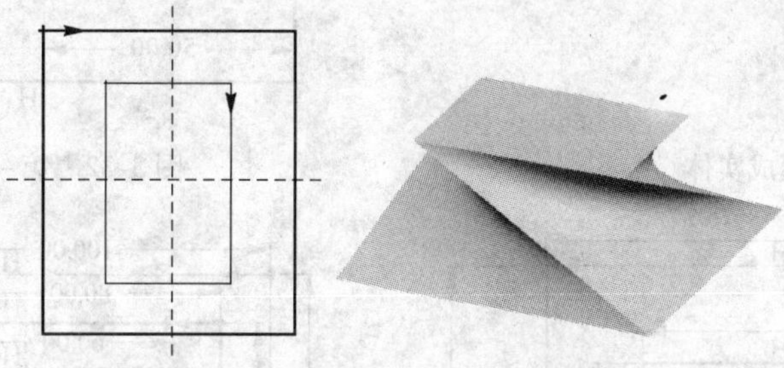

图 3-30　起始点位于不同方位的混成特征

（a）混成截面；（b）混成特征

通常绘制完截面后，系统将自动默认并显示一个起始点。若需要对起始点位置进行修改，可先在截面上单击选中要作为起始点的点（以红色显示），然后在主菜单栏中单击“草绘”>“特征工具”>“起始点”进行变更，若选中点已是起始点，则单击上述命令后，可改变起始点处箭头的方向。

（3）混成顶点的应用

当某个截面线段数较少且不能截断，或是需要生成特定的造型时可以应用混成顶点。创建混成顶点的方法与修改起始点的方法相似，首先在截面上单击选中要作为混成顶点的点（以红色显示），然后在主菜单栏中单击“草绘”>“特征工具”>“混成顶点”即可。

（4）混成特征的收尾方式

建立混成特征时，第一个或最后一个截面可以是一个点，并可以设置在该点的收尾方式：“尖点”或“光滑”。“尖点”是使特征由相邻截面直接连接到该点，而“光滑”是使连接的线相切于该点上。

3.4.7　应用示例

例题：应用混成特征创建如图 3-31 所示的模型。

操作步骤如下：

（1）建立新文件 huncheng

（2）创建模型

在主菜单栏中单击“插入”>“混成”>“伸出项”，在弹出的“混合选项”菜单中接受系统默认选项，单击“完成”按钮；在“属性”菜单中选择“光滑”，单击“完成”

按钮；在图形区选择 TOP 平面为草绘平面，接受默认方位参照，进入草绘环境。

先绘制如图 3-32 所示的第一个截面；然后单击“草绘” > “特征工具” > “切换剖面”，绘制第二个截面，如图 3-33 所示；再单击“草绘” > “特征工具” > “切换剖面”，绘制第三个截面，如图 3-34 所示；单击✔按钮退出草绘环境。

图 3-31 混成实体

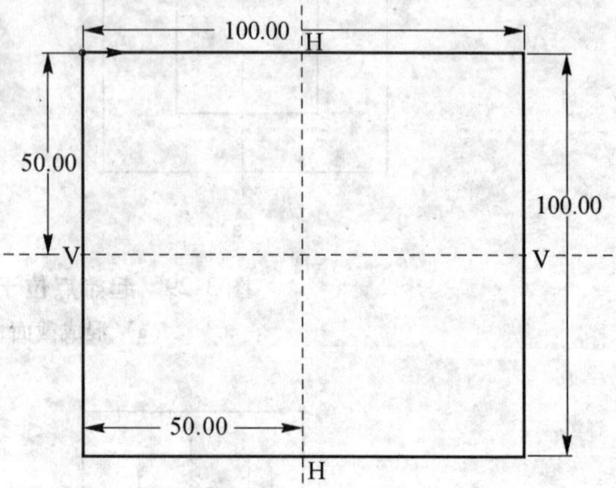

图 3-32 第一个截面

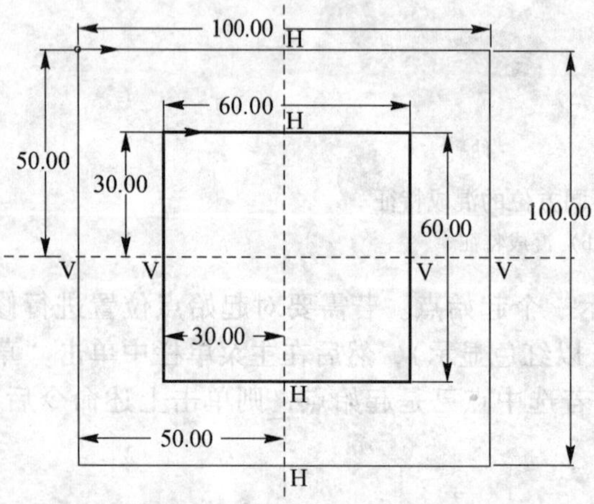

图 3-33 第二个截面

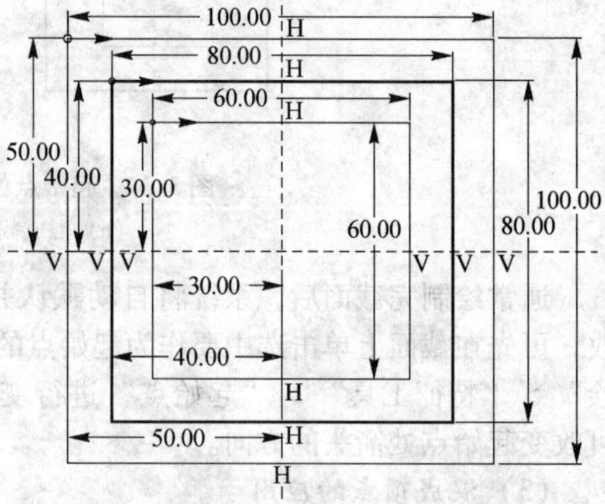

图 3-34 第三个截面

在信息提示区输入第二个截面的深度 40，单击✔按钮确定，继续输入第三个截面的深度 20，单击✔按钮确定，单击混成特征对话框中的“确定”按钮完成特征的创建，结果如图 3-31 所示。

（3）保存文件

3.5 螺旋扫描

螺旋扫描特征是截面沿轨迹线扫描的同时又绕中心轴旋转而形成的一类特征，需要一条轨迹线和一个截面。

3.5.1 基本操作

在主菜单栏中单击“插入” > “螺旋扫描” > “伸出项”激活螺旋扫描特征命令，系统将弹出如图 3-35 所示的螺旋扫描特征对话框和如图 3-36 所示的“属性”菜单。确定了属性、扫描轨迹、螺距、截面后即可生成螺旋扫描特征。

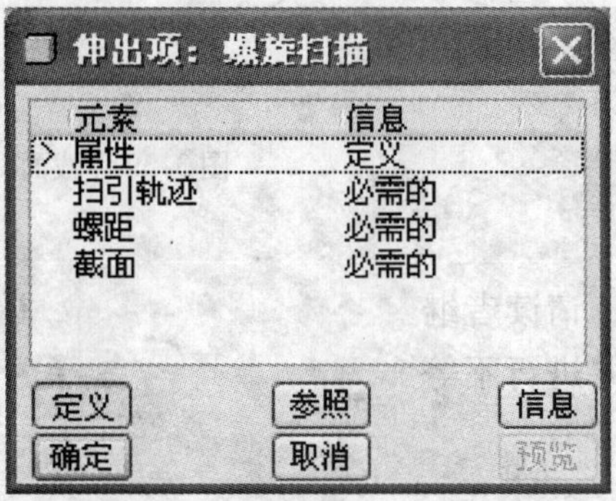

图3-35　螺旋扫描特征对话框

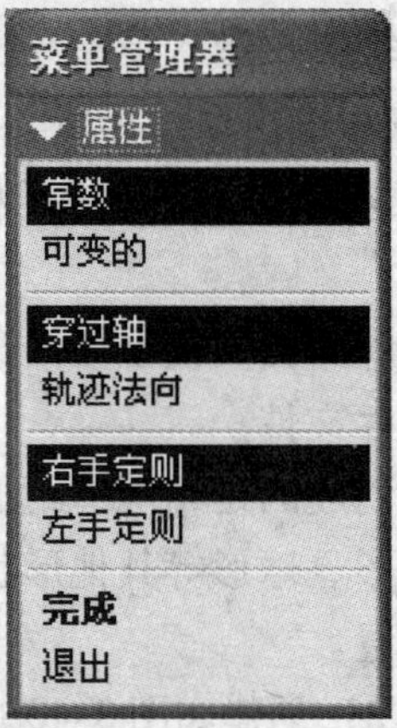

图3-36　“属性”菜单

3.5.2　螺旋扫描属性

①通过“常数”和“可变的”选项，可将螺距设置成常数或可变值。

②通过“穿过轴”和“轨迹法向”可将截面设置成穿过旋转轴或始终垂直于轨迹线。

③通过“右手定则”和“左手定则”可将螺纹旋向设置成右旋或左旋。

3.5.3　轨迹线、截面和螺距

螺旋扫描特征轨迹线和截面的绘制与扫描特征轨迹线和截面的绘制类似，只是螺旋扫描特征的轨迹线中要同时绘制一条中心线作为旋转轴，截面则仍然绘制在轨迹线的起点处。在完成了轨迹线绘制后，可在系统弹出的文本框中输入螺距值。

3.5.4　应用示例

例题1：创建如图3-37所示的弹簧模型。

操作步骤如下：

①建立新文件 tanhuang

②激活螺旋扫描特征命令

③绘制轨迹线

在“属性”菜单中接受系统默认选项，单击“完成”按钮。

选择 FRONT 为草绘平面，接受默认方位与方向，系统进入草绘环境，绘制如图3-38所示的扫描轨迹线及旋转中心线，单击✔按钮退出草绘环境。

图3-37　弹簧模型

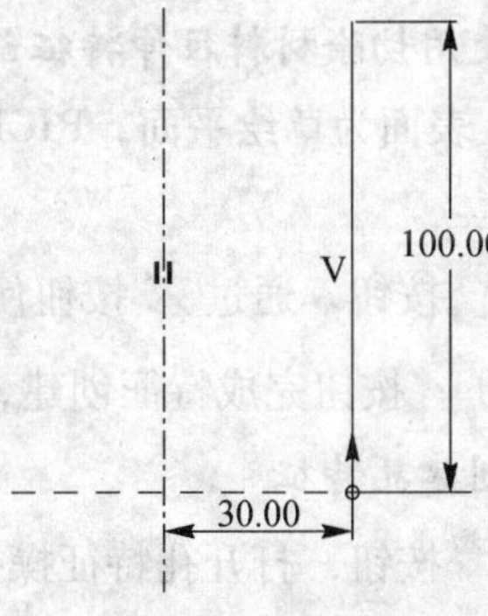

图3-38　轨迹线

④在信息提示区输入螺距值

⑤系统再次进入草绘环境，绘制如图 3-39 所示的截面，单击✔按钮退出草绘环境

⑥在螺旋扫描特征对话框中单击“确定”按钮完成特征的创建

完成后的弹簧模型如图 3-37 所示。

⑦保存文件

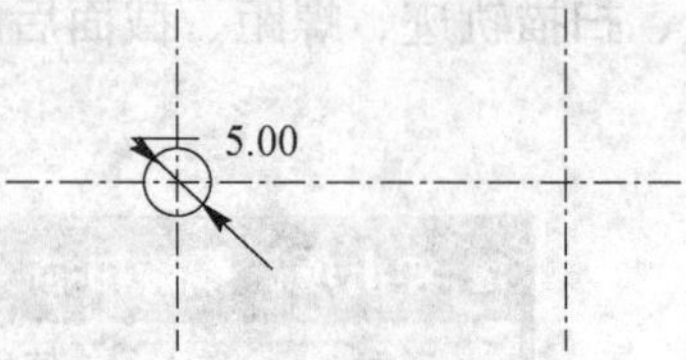

图 3-39　截面

本例创建的是相等节距的圆柱螺旋弹簧模型，请读者继续完成锥形、球形等其他形状螺旋弹簧的创建，并进行不等节距的设置。

例题 2：创建如图 3-40 所示的螺母模型。

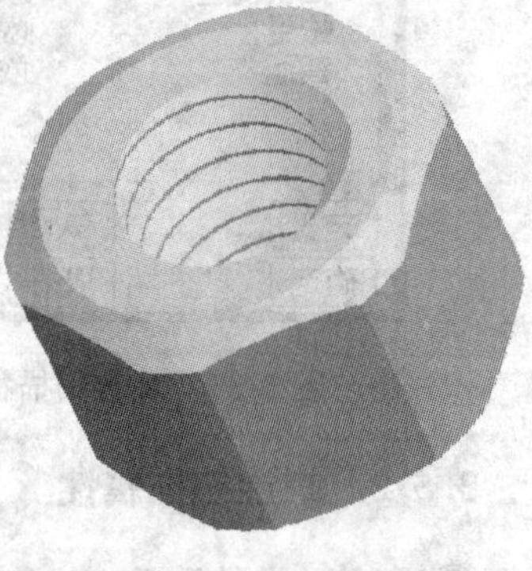

图 3-40　螺母模型

操作步骤如下：

（1）建立新文件 luomu

（2）使用拉伸特征创建基本体

单击按钮，在拉伸特征操控栏上打开“放置”面板，单击“定义”按钮，在弹出的“草绘”对话框中，选择 TOP 平面为草绘平面，RIGHT 平面为右方，绘制直径为 8.63 的圆，如图 3-41 所示，单击✔按钮退出草绘环境。设置拉伸深度为 5.6，单击操控栏中的✔按钮完成特征创建，得到如图 3-42 所示的模型。

单击按钮，选择倒角类型为“$45 \times D$”，设置 D 为 2，选择两端面的圆弧边线，单击操控栏中的✔按钮完成特征创建，得到如图 3-43 所示的模型。

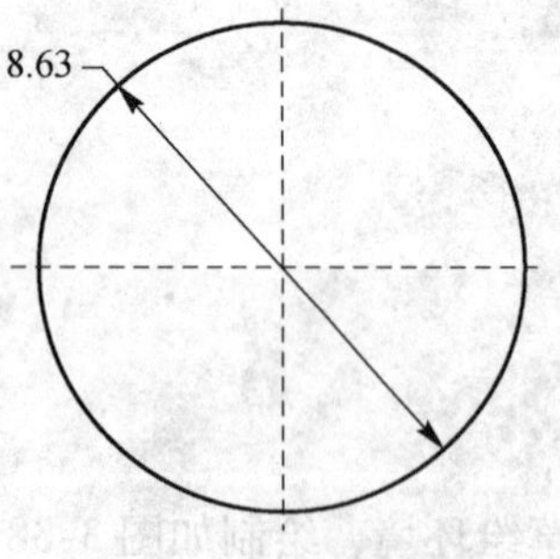

图 3-41　草绘截面

图 3-42　拉伸特征

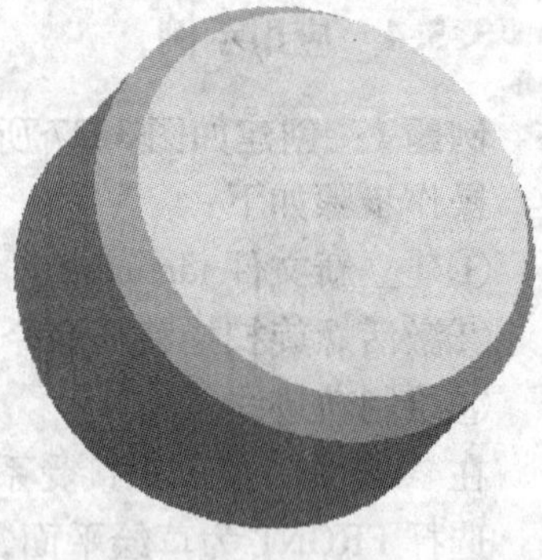

图 3-43　倒角后的模型

（3）使用切除材料拉伸特征创建六角头

选择上表面为草绘平面，RIGHT 平面为右方，绘制如图 3-44 所示截面，单击✔按钮退出草绘环境。

单击按钮，通过按钮使箭头指向要切除材料的方向，设置拉伸深度为，单击操控栏中的✔按钮完成特征创建，得到如图 3-45 所示的模型。

（4）创建孔特征

单击按钮，打开孔特征操控栏，选择上端面为放置平面，打开“放置”面板，设置孔特征定位方式为“同轴”，单击“次参照”文本框，在图形区选择基准轴线。在操控栏中

设置孔直径为4，单击✔按钮完成特征创建，得到如图3-46所示的模型。

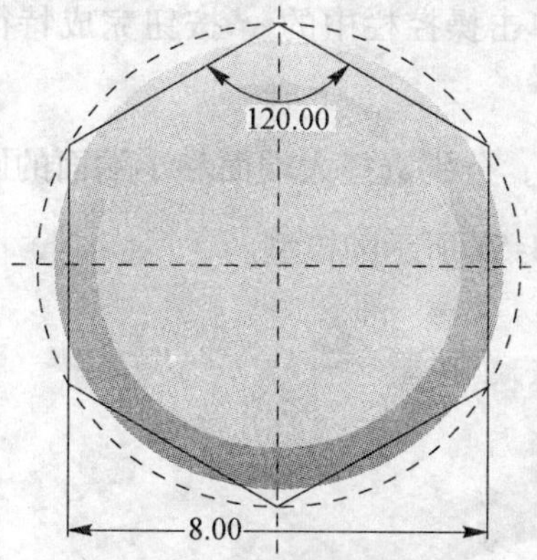

图3-44　草绘截面

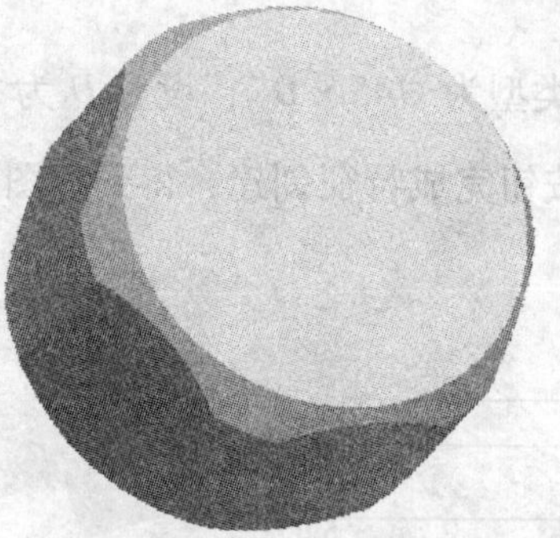

图3-45　切除材料后的模型

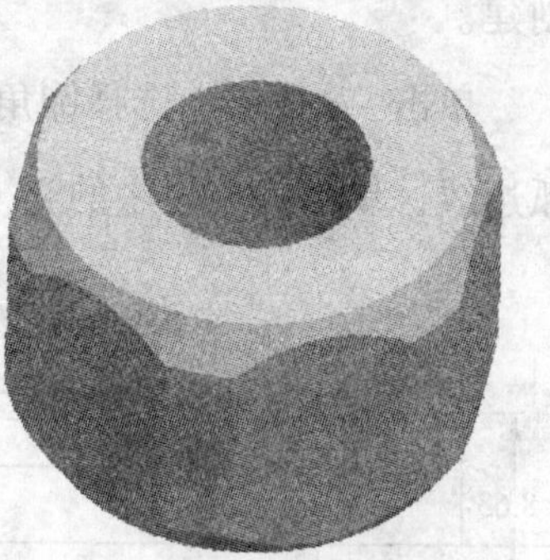

图3-46　创建孔特征后的模型

（5）使用切除材料螺旋扫描特征创建螺纹

在主菜单栏中单击“插入”>“螺旋扫描”>“切出项”激活切除材料螺旋扫描特征命令，接受“属性”菜单默认选项。

以RIGHT平面为草绘平面，TOP平面为右方，绘制如图3-47所示的扫描轨迹线及旋转中心线，单击✔按钮退出草绘环境；在信息提示区输入螺距值为0.8；再次进入草绘环境，绘制如图3-48所示的截面，单击✔按钮退出草绘环境；在对话框中单击“确定”按钮完成特征的创建。

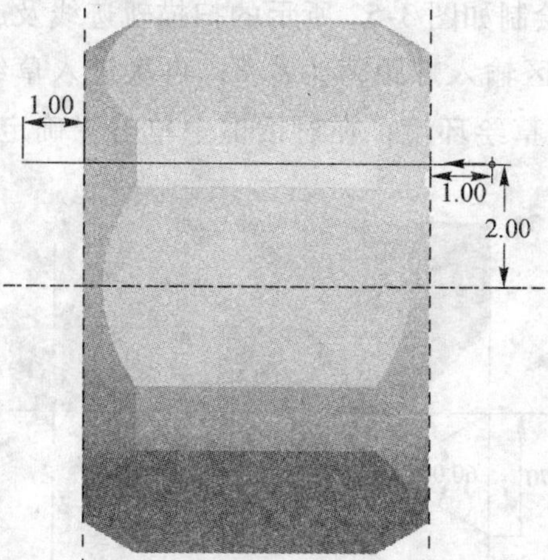

图3-47　轨迹线

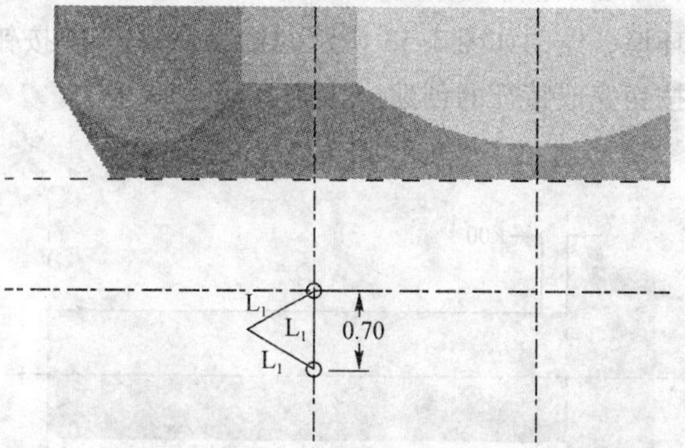

图3-48　截面

完成后的螺母模型如图3-40所示。

（6）保存文件

例题3：创建如图3-49所示的螺栓模型。

操作步骤如下：

（1）建立新文件luoshuan

（2）使用旋转特征创建基本体

单击按钮，在旋转特征操控栏上打开“放置”面板，单击“定义”按钮，在弹出“草

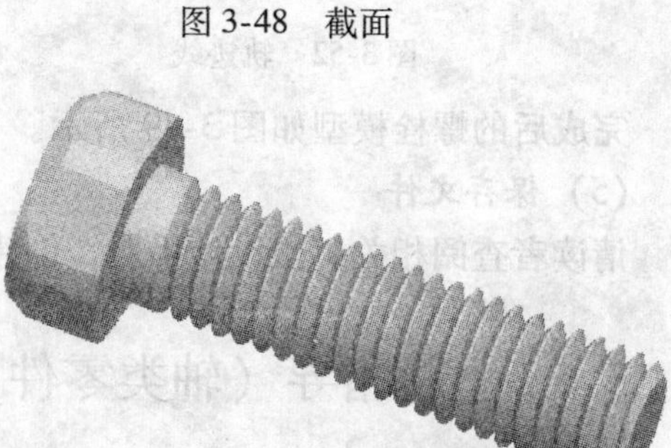

图3-49　螺栓模型

绘”对话框中，选择TOP平面为草绘平面，RIGHT平面为右方，绘制如图3-50所示截面，单击✔按钮退出草绘环境。设置旋转角度为360°，单击操控栏中的✔按钮完成特征创建。

单击按钮，选择倒角类型为“45 × *D*”，设置*D*为2，分别选择大端面和小端面的圆弧边线，单击操控栏中的✔按钮完成特征创建，得到如图3-51所示的模型。

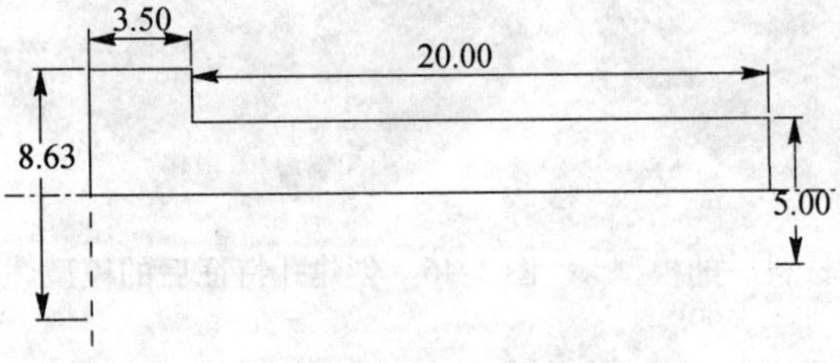

图3-50　草绘截面

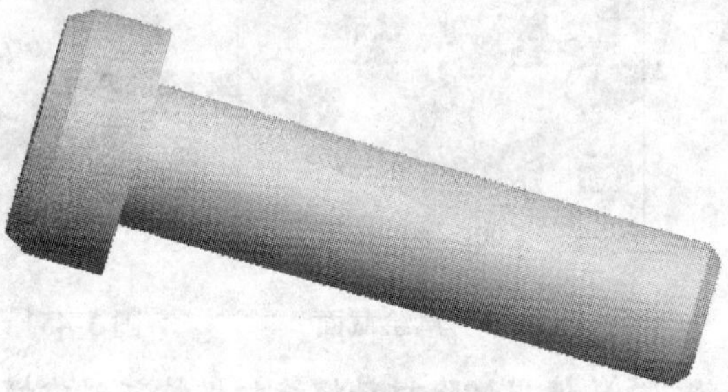

图3-51　基本体

(3) 使用切除材料拉伸特征创建六角头

以旋转特征大端面为草绘平面，TOP为右方，绘制与创建螺母时类似的截面草图（图3-44），创建切除材料拉伸特征。

(4) 使用切除材料螺旋扫描特征创建

激活切除材料螺旋扫描特征命令，接受“属性”菜单默认选项。

以TOP平面为草绘平面，RIGHT平面为右方，绘制如图3-52所示的扫描轨迹线及旋转中心线，单击✔按钮退出草绘环境；在信息提示区输入螺距值为0.8；再次进入草绘环境，绘制如图3-53所示的截面，单击✔按钮退出草绘环境；在对话框中单击“确定”按钮完成特征的创建。

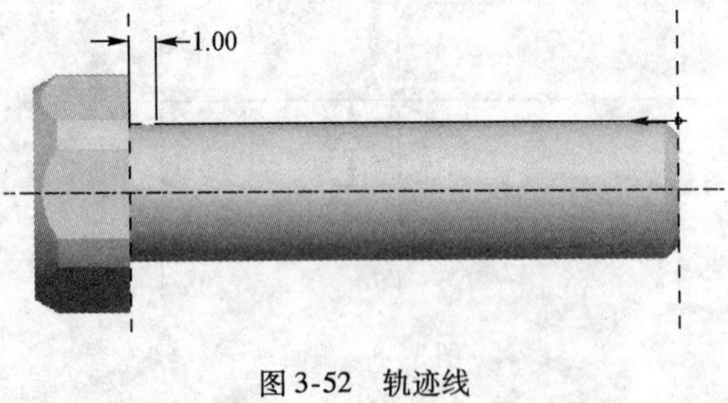

图3-52　轨迹线

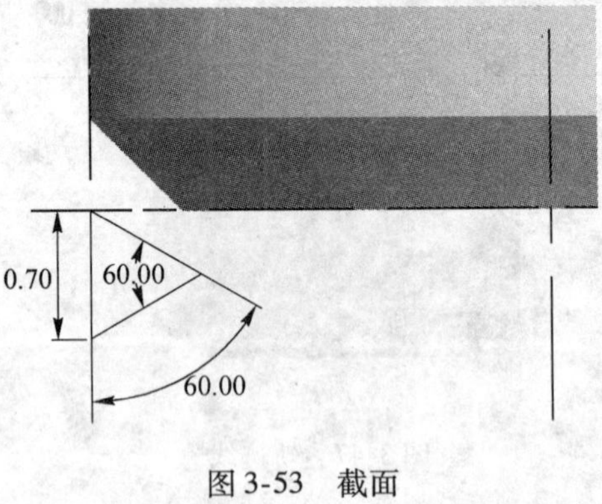

图3-53　截面

完成后的螺栓模型如图3-49所示。

(5) 保存文件

请读者查阅相关机械设计手册，创建不同尺寸系列的螺母、螺栓。

3.6　上机指导（轴类零件）

例题： 创建如图3-54所示的轴模型。

对于轴类零件一般使用旋转特征创建基本体，也可以使用拉伸特征分段创建，在此以旋转特征为例进行创建，在基本体之上还要进行切除材料拉伸特征（键槽）、倒角和圆角等特征的创建。

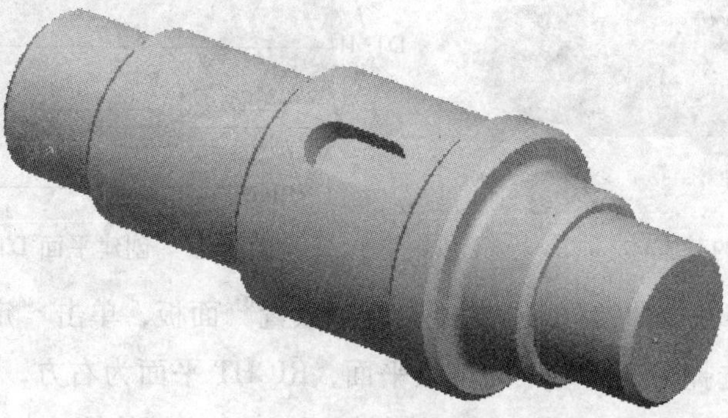

图 3-54　轴模型

操作步骤如下：

（1）建立新文件

单击 按钮，在弹出的“新建”对话框中选择“零件”类型，“设计”子类型，并在“名称”文本框中输入文件名称 zhou；去掉对话框中“使用缺省模板”复选项前面的勾号，在弹出的“新文件选项”对话框列表中选择 mmns_part_solid 模板，单击“确定”按钮进入零件建模环境（除文件名称外，后续各章实例同样操作，不再重复说明）。

（2）使用旋转特征创建基本体

单击 按钮，在旋转特征操控栏上打开“放置”面板，单击“定义”按钮，在弹出的“草绘”对话框中，选择 FRONT 平面为草绘平面，RIGHT 平面为右方，绘制如图 3-55 所示截面，单击 按钮退出草绘环境。设置旋转角度为 360°，单击操控栏中的 按钮完成特征创建，得到如图 3-56 所示的模型。

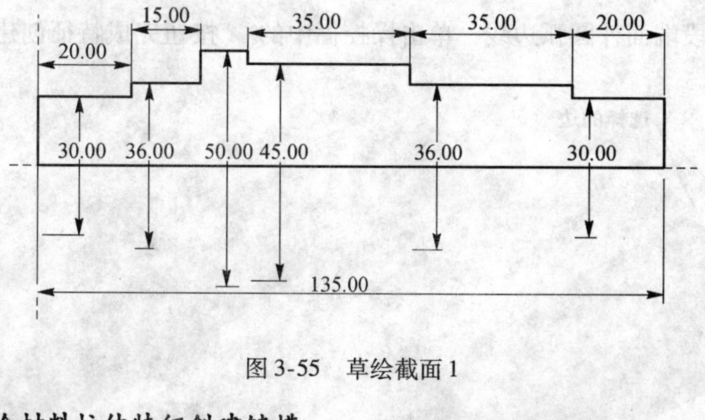

图 3-55　草绘截面 1

（3）使用切除材料拉伸特征创建键槽

需要先创建一个基准平面，该平面应与含键槽轴段的柱面相切。

①单击 按钮，选择 FRONT 平面并在“基准平面”对话框中选择偏移约束，输入平移值为 22. 5，单击“确定”按钮完成基准平面 DTM1 的创建，得到如图 3-57 所示的模型。

图 3-56 轴的基本体

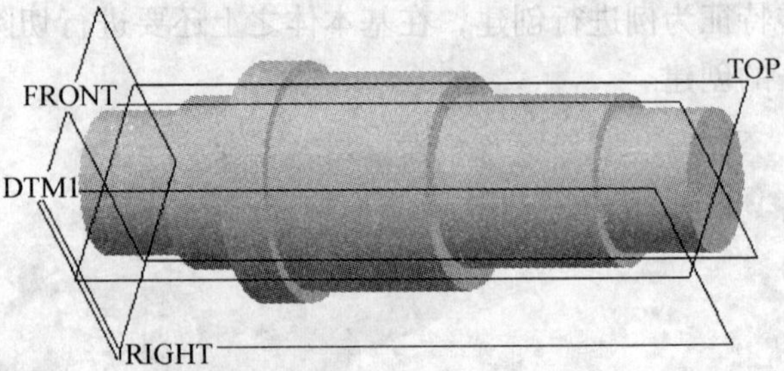

图 3-57 创建平面 DTM1 后的模型

②单击按钮，在拉伸特征操控栏上打开“放置”面板，单击“定义”按钮，在弹出的“草绘”对话框中，选择平面 DTM1 为草绘平面，RIGHT 平面为右方，绘制如图 3-58 所示截面，单击按钮退出草绘环境。按下按钮，通过按钮使箭头指向要切除材料的方向，设置拉伸深度为 6，单击操控栏中的按钮完成特征创建，得到如图 3-59 所示的模型。

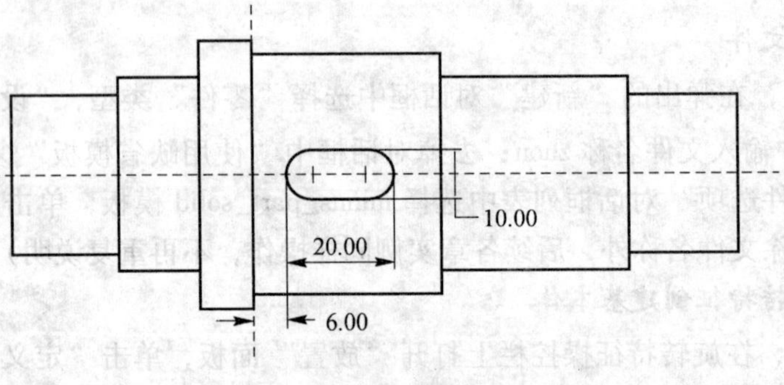

图 3-58 草绘截面 2

(4) 创建倒角和圆角

①单击按钮，选择倒角类型为“45 × *D*”，设置 *D* 为 1.5，按下“Ctrl”键，依次选择图 3-59 中各轴段端面外圆弧边线，单击操控栏中的按钮完成特征创建，得到如图 3-60 所示的模型。

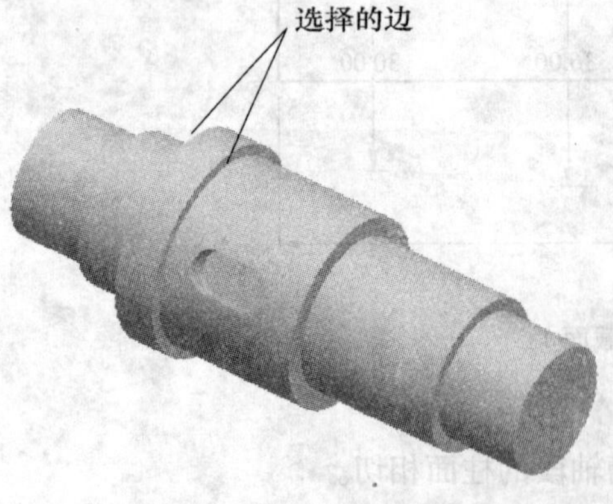

图 3-59 创建键槽前的模型

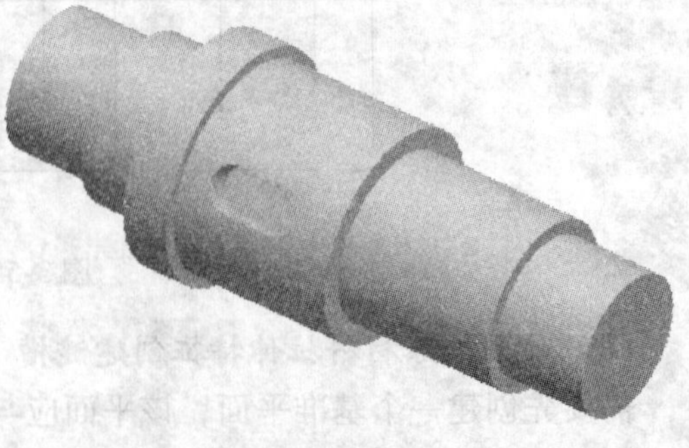

图 3-60 创建键槽后的模型

②单击按钮，选择如图 3-60 所示模型的轴肩内圆弧边线，设置半径为 2，单击操控栏中的按钮完成特征创建。

完成后的轴零件模型如图 3-54 所示。

(5) 保存文件

单击 按钮，打开“保存对象”对话框，以当前文件名称保存。

本例中轴零件模型使用旋转特征创建基本体，读者可以练习使用拉伸特征进行创建。

3.7　操作练习

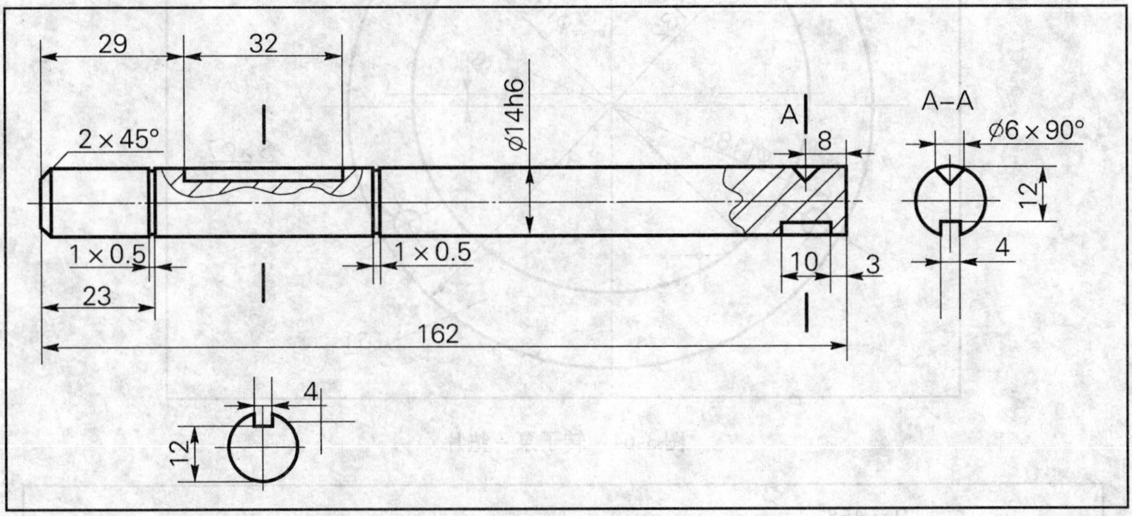

图 3-61　转子泵 – 轴

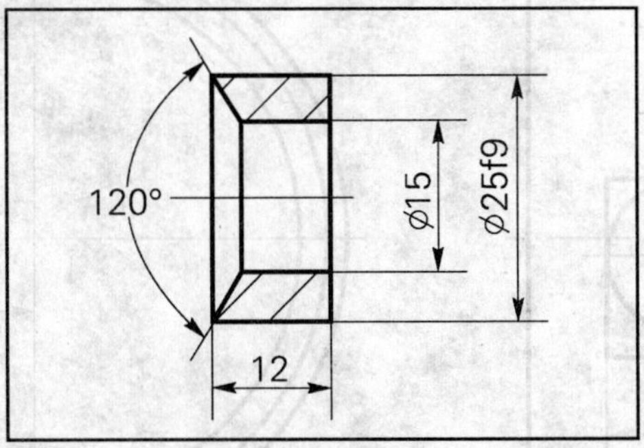

图 3-62　转子泵 – 填料压盖

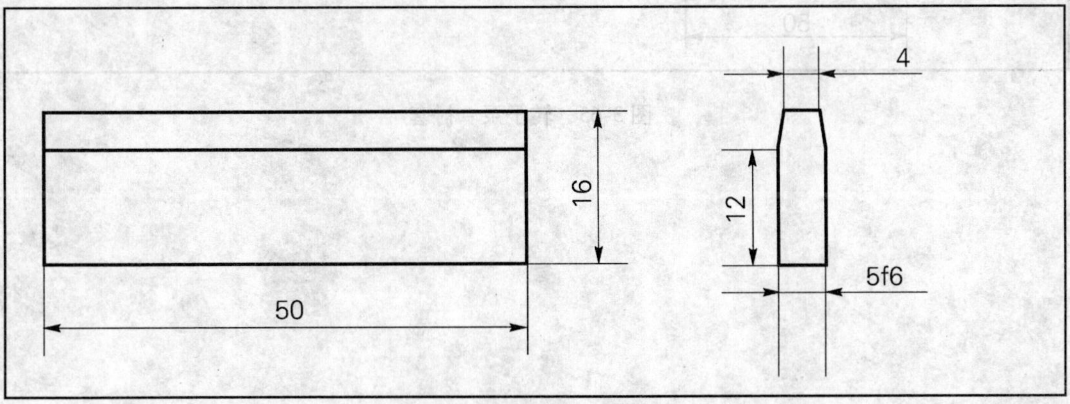

图 3-63　转子泵 – 叶片

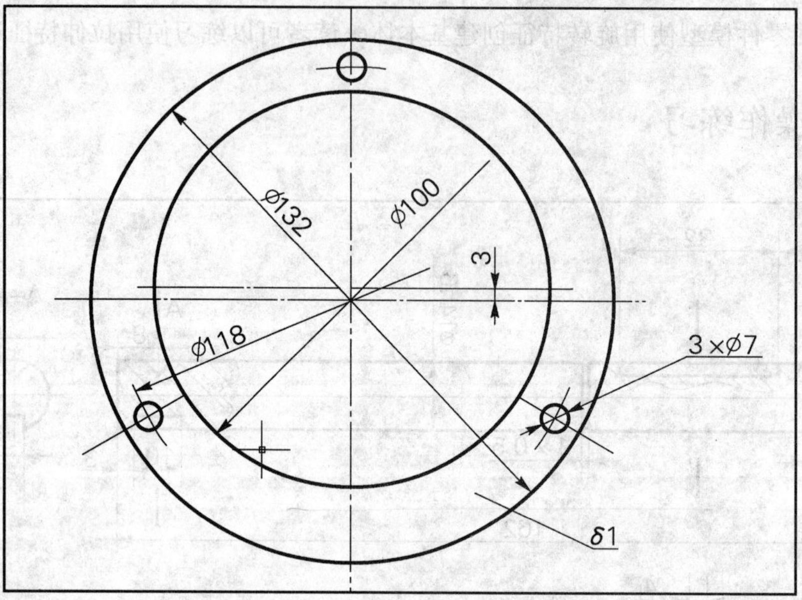

图 3-64　转子泵－垫片

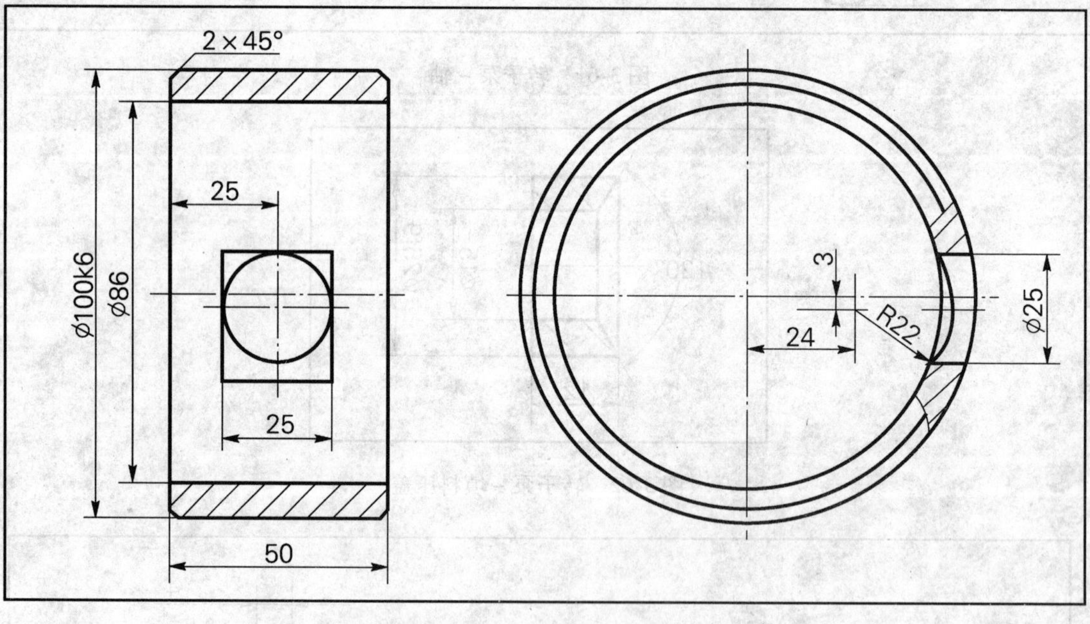

图 3-65　转子泵－衬套

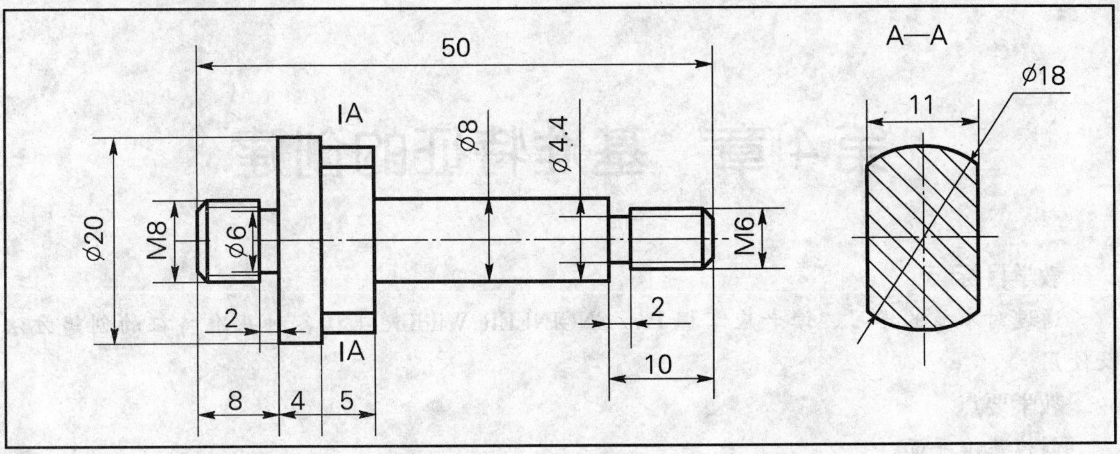

图 3-66　手动气阀 – 轴

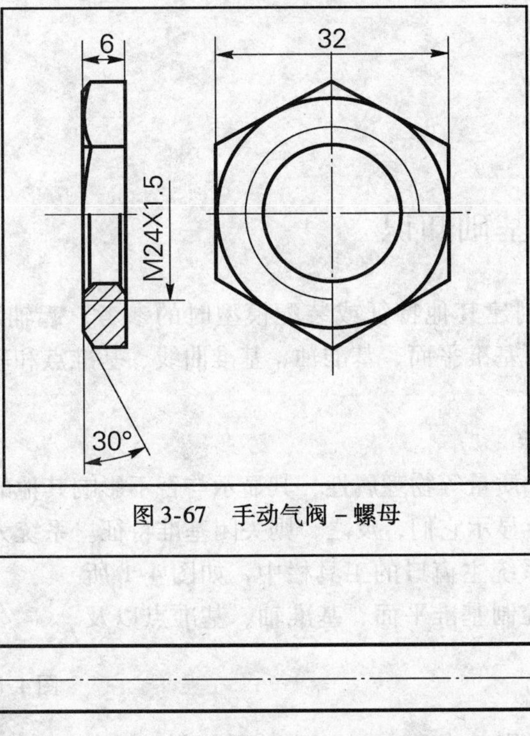

图 3-67　手动气阀 – 螺母

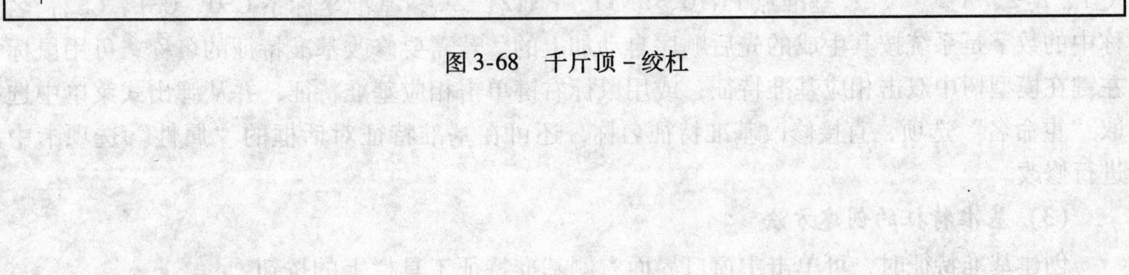

图 3-68　千斤顶 – 绞杠

第4章　基准特征的创建

教学目标

通过对本章的学习，读者应掌握Pro/ENGINEER Wildfire 4.0各种基准特征的创建方法及使用。

教学要点

创建基准平面

创建基准轴

创建基准点

创建基准曲线

创建基准坐标系

4.1　基准特征基础知识

基准特征主要用于创建其他特征或装配模型时的参考，起辅助设计作用。Pro/ENGINEER Wildfire 4.0提供了基准平面、基准轴、基准曲线、基准点和基准坐标系等多种基准特征。

(1) 基准特征的显示

基准特征没有体积和质量等物理属性，其显示与否不影响其他的几何结构。通常当需要基准特征用作参考时，就显示它们，反之，则关闭基准特征。系统为常用的基准特征设置了显示控制按钮，放置于系统主窗口的工具栏中，如图4-1所示，这些按钮从左至右控制基准平面、基准轴、基准点以及基准坐标系的显示。

图4-1　基准特征显示控制按钮

(2) 基准特征的名称

基准特征都有相应的默认名称，如基准平面名称DTM1、DTM2、DTM3、...；基准轴A_1、A_2、A_3、...；基准点PNT0、PNT1、PNT2、...；基准坐标系CS0、CS1、CS2，名称中的数字是系统按其生成的先后顺序自动加上的。若需要修改基准特征的名称，可用鼠标左键在模型树中双击相应基准特征，或用鼠标右键单击相应基准特征，并从弹出式菜单中选取“重命名”选项，直接修改基准特征名称，还可在基准特征对话框的“属性”选项卡中进行修改。

(3) 基准特征的创建方法

创建基准特征时，可单击主窗口界面右侧基准特征工具栏上的按钮、、、、，或在主菜单栏中单击“插入”>“模型基准”选项，系统将弹出“模型基准”子菜单，然后选取“平面”、“轴”、“坐标系”等选项，在弹出的基准特征对话框进行相关设置即可。

4.2 基准平面

基准平面的使用非常广泛，它可以用做特征的尺寸标注参考、截面草图的绘制平面、草绘平面的定向参考面、视角方向的参考、装配时零件相互配合的参考面、生成剖视图的参考面、镜像特征时的参考面等。

4.2.1 基准平面的基本操作

激活创建基准平面的命令后，系统弹出如图 4-2 所示的“基准平面”对话框，其中包括“放置”、“显示”和“属性”选项卡。“放置”选项卡可以设置相应的约束条件来生成基准平面。“显示”选项卡可以设置基准平面的法向和轮廓大小；“属性”选项卡可以修改基准平面的名称、查看基准平面的特征信息。

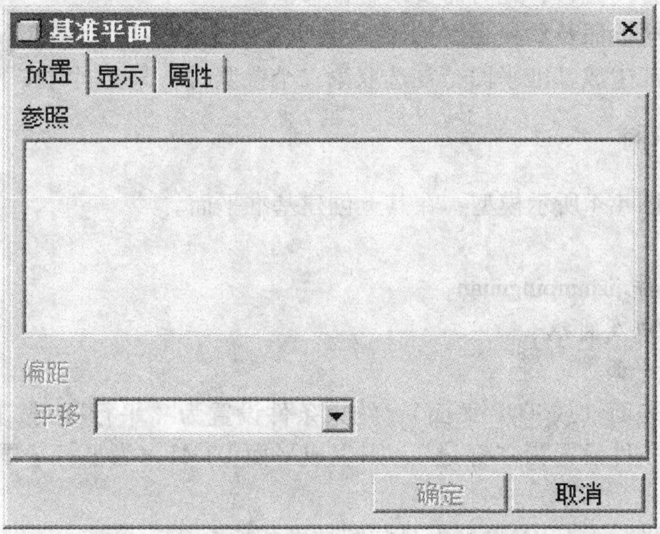

图 4-2　“基准平面”对话框

4.2.2　基准平面的参照与约束条件

根据用户选取的参照不同，生成基准平面的约束条件也不相同。用户选取的参照可以分为平面、轴/边/线、点以及坐标系等。

(1) 平面

当用户在图形区中选取了一个平面后，“基准平面”对话框如图 4-3 所示，系统以选取的平面作为基准平面参照。在“偏移”项处单击，接着单击出现的按钮 ，弹出约束条件下拉列表，从中可选取相应的约束条件。

①“穿过”：基准平面将通过所选平面。

②“偏移”：基准平面相对所选平面平移一定距离或旋转一定角度，需要设置偏移值。

③“平行”：基准平面将平行于所选平面。

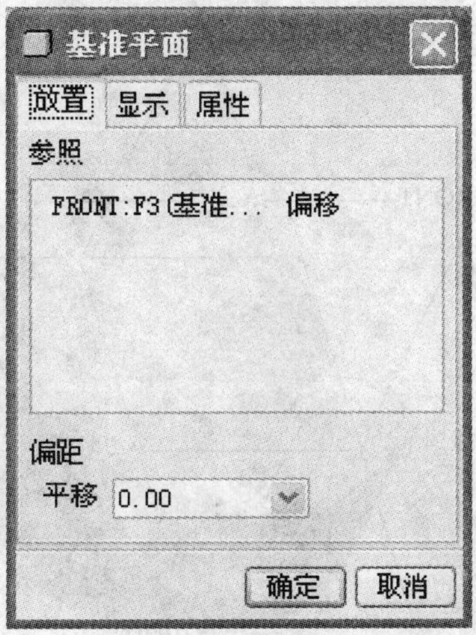

图 4-3　“基准平面”对话框

④“法向”：基准平面将垂直于所选平面。

⑤“相切”：当选取的参照为曲面时，则约束条件下拉列表中还有“相切”选项，表明基准平面将与所选曲面相切。

（2）轴/边/线

当选取一根轴或一条边/线作为基准平面的参照时，有如下约束条件：

①“穿过”：基准平面将通过所选轴/边/线。

②“法向”：基准平面将垂直于所选轴/边/线。

（3）点

当选取一点作为基准平面的参照时，约束条件只有“穿过”，表示基准平面将通过所选点。

（4）坐标系

当选取一个坐标系作为基准平面参照时，有两个约束条件，即“穿过”和“偏移”。“穿过”表示基准平面将通过坐标系某两根轴构成的平面；“偏移”表示基准平面将从坐标系原点沿某个轴的方向偏移，此时需要设置偏移值。

如果设置了一个参照及约束后，对话框中的“确定”按钮为灰色不可用，则表明还需增加参照及约束才能生成基准平面，在选取第二个参照时，需要同时按下“Ctrl”键。

4.2.3 应用示例

例题：现有如图4-4所示模型，在其上创建基准平面。

操作步骤如下：

（1）建立新文件 jizhunpingmian

（2）创建圆柱以及圆锥

（3）创建基准平面

①选取圆柱上表面（或TOP平面），约束条件设置为“平行”，按下“Ctrl”键后再选取圆锥顶点，约束条件设置为“穿过”，则生成平面DTM1，为平行于圆柱上表面且过圆锥顶点的平面。

②平面DTM2平行于FRONT平面且与圆柱面相切。

③平面DTM3与TOP平面垂直（或通过中心轴）且相对FRONT平面（或RIGHT平面）偏转一定的角度，完成后模型如图4-5所示。

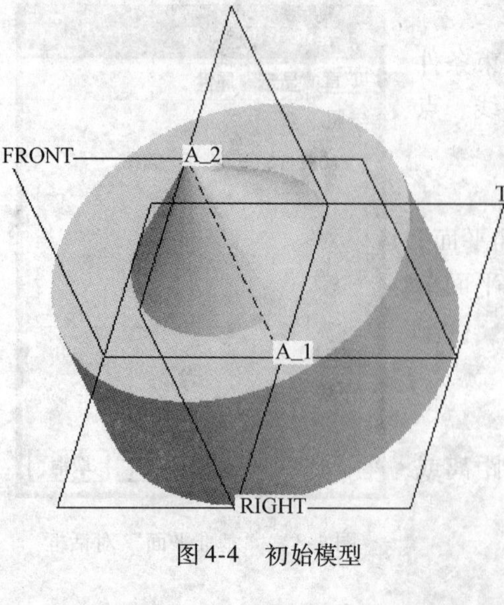

图4-4 初始模型

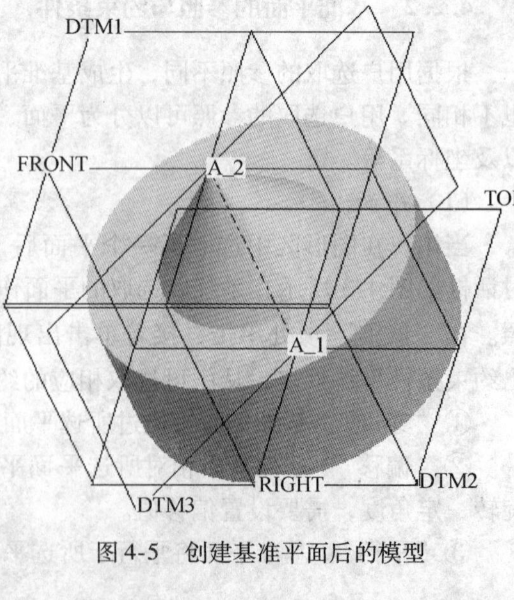

图4-5 创建基准平面后的模型

(4) 保存文件

(5) 特别提示

还可利用“偏移平面”命令选项生成偏移基准平面，在主菜单栏中单击“插入”>“模型基准”>“偏移平面”选项，可以生成偏移基准平面，但是这些基准平面都是相对于系统默认坐标系偏移生成的，所以同时还将生成一个默认坐标系，系统将提示设置沿 x、y、z 轴方向偏移的数值，输入并确定即可。

4.3　基准轴

基准轴主要用作特征创建的参照，如创建同轴孔、环形阵列等，在装配模型时用作轴线对齐的参考。通常生成旋转特征时，系统将自动生成基准轴。

4.3.1　基准轴基本操作

激活创建基准轴的命令后，系统弹出如图 4-6 所示的“基准轴”对话框，也包括“放置”、“显示”和“属性”选项卡，其中“放置”选项卡用于设置相应的约束条件来生成基准轴，“显示”选项卡用于设置基准轴的显示参数，“属性”选项卡用于修改基准轴的名称和查看基准轴的特征信息。根据选取参照的不同，“放置”选项卡显示的约束条件也不相同。

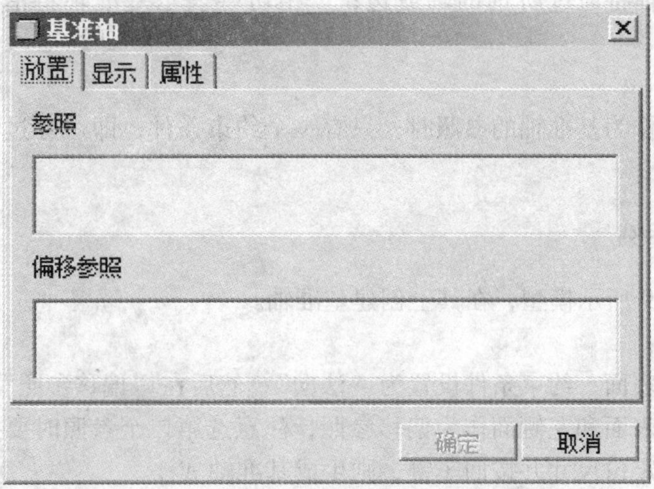

图 4-6　“基准轴”对话框

4.3.2　基准轴的参照与约束条件

(1) 平面

当选取平面作为基准轴的参照时，有如下约束条件：

①“穿过”：基准轴将通过所选的面。当选取的面为圆柱面时，基准轴将通过该圆柱面的中心线。

②“法向”：基准轴将垂直于所选平面。此时还需要设置基准轴的定位尺寸，即选取基准轴的偏移参照并输入偏移值。具体方法是：选取“法向”约束条件后，在“偏移参照”文本框中单击鼠标的左键，然后选取偏移参照（如平面、边线/轴等），在偏距数值框中输

入定位尺寸并按回车键，此时“基准轴”对话框如图 4-7 所示，“显示”选项卡如图 4-8 所示，勾选上“调整轮廓”后可对基准轴的显示长度进行修改。

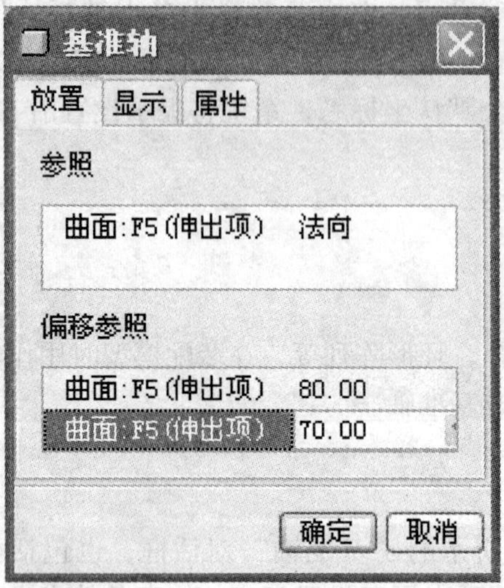

图 4-7　“基准轴”对话框

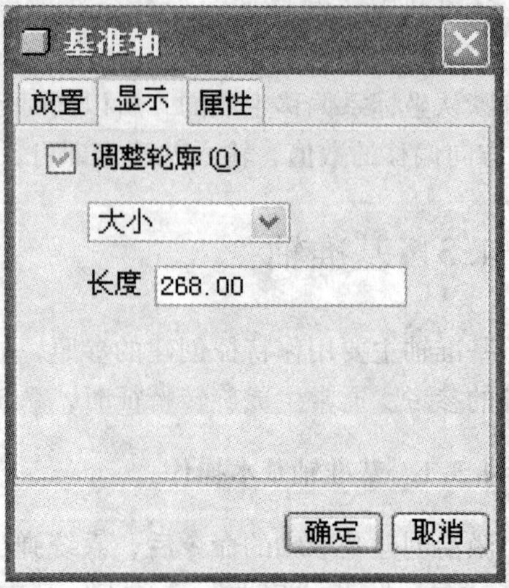

图 4-8　“显示”选项卡

（2）轴/边/线

当选取一根轴或一条边/线作为基准轴的参照时，约束条件为“穿过”与“相切”。“穿过”表示基准轴将通过所选的轴或边；“相切”表示基准轴将沿着曲线端点处切线方向。

（3）点

当选取一个点作为基准轴的参照时，只有一个约束条件，即“穿过”，表示基准轴将通过所选点。

4.3.3　应用示例

例题：如图 4-9 所示模型，在其上创建基准轴。

操作步骤如下：

①选取平板上表面，约束条件设置为“法向”，然后在“偏移参照”文本框中单击鼠标的左键，并选取前表面和左侧面作为偏移参照，注意选第二个参照时要按下“Ctrl”键，在偏距数值框中输入定位尺寸并按回车键，则生成基准轴 A_1。

②基准轴 A_2 为 FRONT 平面和 RIGHT 平面的交线。

③基准轴 A_3 通过一条边（或选择通过顶点并垂直于前表面），完成后模型如图4-10所示。

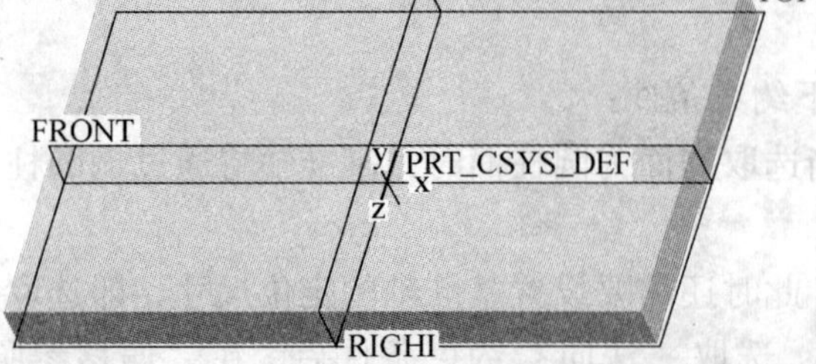

图 4-9　平板模型

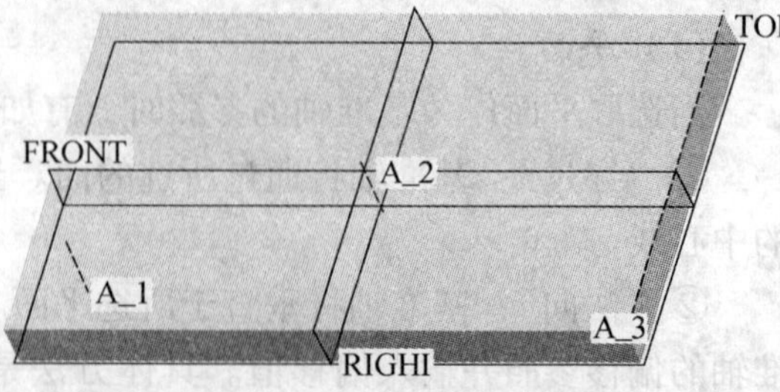

图 4-10　创建基准轴后的模型

4.4　基准点

基准点通常用于辅助定位或指定方向，或辅助建立基准轴、基准平面、基准曲线或坐标系，或辅助建立和修改复杂的曲面等。在 Pro/ENGINEER Wildfire 4.0 中，有四种类型的基准点，分别为一般基准点、草绘基准点、偏移坐标系基准点以及域基准点。

4.4.1　基准点的基本操作

在主菜单栏中单击“插入” > “模型基准” > “点”选项，系统将弹出“点”子菜单，单击该菜单中的命令选项即可建立相应类型的基准点，或者单击主窗口右侧基准特征工具栏中按钮右侧的按钮，系统将弹出如图4-11所示的“点”按钮级联菜单，单击其中的工具按钮也可建立各种类型基准点。

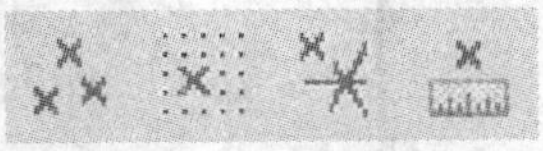

图4-11　基准点按钮级联菜单

4.4.2　基准点的类型及创建方法

(1)　一般基准点

一般基准点是在图元的交点或偏移某图元处建立的基准点。

“点”子菜单中的“点”选项和工具栏中的按钮用于建立一般基准点。选取该项后系统将弹出“基准点”对话框，选取基准点的参照，并在对话框中设置相应约束条件后单击“确定”按钮，即可建立一个基准点。

(2)　草绘基准点

草绘基准点是通过草绘创建的基准点。

“点”子菜单中“草绘”的选项和工具栏中的按钮用于建立草绘基准点。选取该项后系统将弹出“草绘的基准点”对话框，确定草绘平面和方位后单击“草绘”按钮，系统进入草绘环境，在其中绘制点即可建立一个或多个基准点。

(3)　偏移坐标系基准点

偏移坐标系基准点是通过坐标系偏移来生成的基准点。

“点”子菜单中的“偏移坐标系”选项和工具栏中的按钮用于建立偏移坐标系基准点。选取该项后系统将弹出“偏移坐标系基准点”对话框，在图形区中选取坐标系作为参照，并在“类型”下拉列表中选取坐标系的类型后，输入沿各坐标的偏移值，单击“确定”按钮，即可建立一个基准点。

(4)　域基准点

域基准点是直接在曲线、边或曲面上创建一个基准点。

“点”子菜单中的“域”选项和工具栏中的按钮用于建立域基准点。选取该项后系统将弹出“域基准点”对话框，然后在图形区的图元上（如曲线、边或曲面等）选取基准点位置，即可建立一个域基准点。

4.4.3 应用示例

例题 1：在图 4-9 的平板模型上创建一般基准点。

操作步骤如下：

①选择上表面为基准点的参照。

②然后在“基准点”对话框中单击“偏移参照”文本框，依次选取前表面和左侧面并输入偏移值（类似于基准轴 A_1 的创建），则可生成基准点 PNT0。

③在如图 4-12 所示对话框中单击“新点”继续创建多个基准点，对应模型如图 4-13 所示。

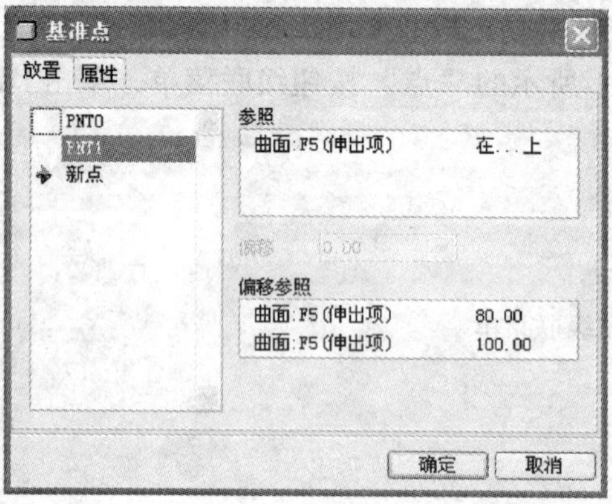

图 4-12 “基准点”对话框

图 4-13 一般基准点

例题 2：在图 4-9 的平板模型上创建偏移坐标系基准点。

操作步骤如下：

选取系统已有坐标系作为参照，接受默认的笛卡儿坐标类型，在对话框中单击文本框，分别设置沿 x 轴、y 轴和 z 轴的偏移距离，单击文本框空白处可以继续创建基准点，如图 4-14所示，对应模型如图 4-15 所示。

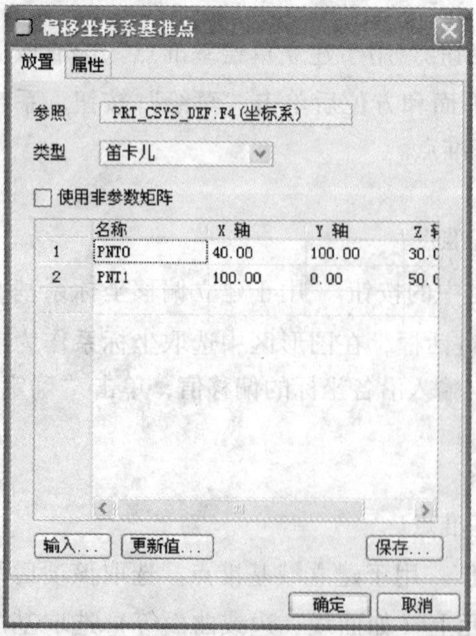

图 4-14 “偏移坐标系基准点”对话框

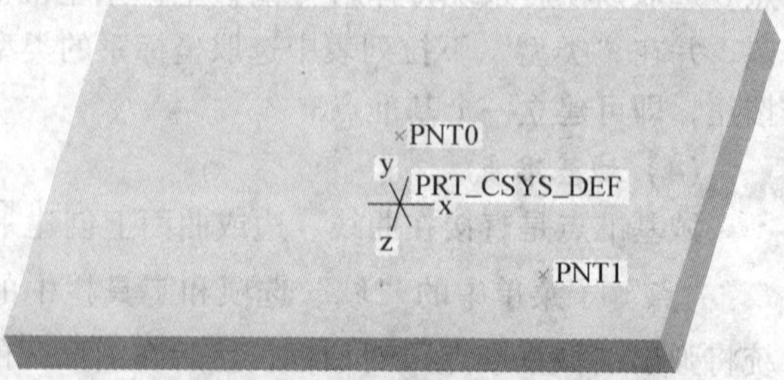

图 4-15 偏移坐标系基准点

4.5 基准曲线

基准曲线可以用做定义曲面特征的边界、生成扫描路径等。

4.5.1 基准曲线的基本操作

激活创建基准曲线的命令后，系统将显示“曲线选项”菜单，用来设置基准曲线生成方式。

4.5.2 基准曲线的生成方式

（1）经过点

通过多个基准点建立一条基准曲线。选取该选项并单击“完成”选项，系统将弹出如图4-16所示的“通过点”曲线特征对话框，显示创建该特征要定义的元素，同时弹出“联结类型”菜单，用于设置连接点的形式。图4-17所示是通过一系列基准点创建的基准曲线。

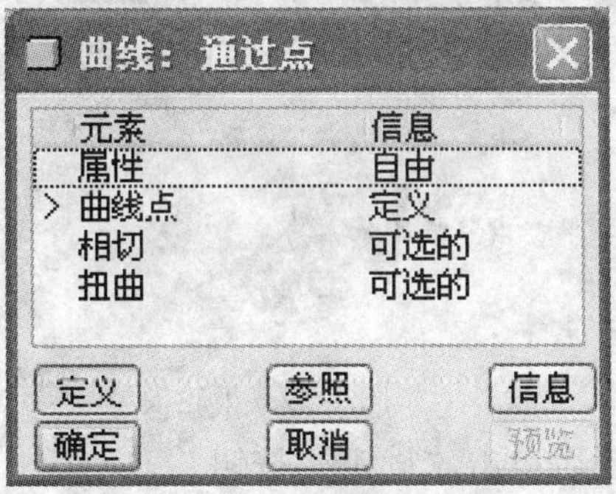

图4-16 偏移坐标系基准点

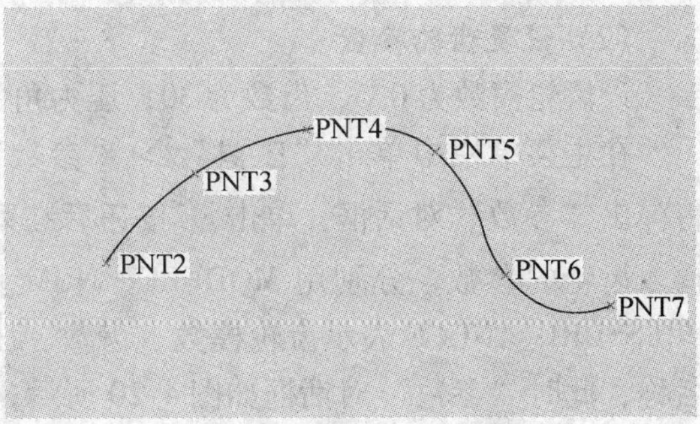

图4-17 偏移坐标系基准点

（2）自文件

使用该选项创建基准曲线，可以从 *. ibl，*. iges，*. vda 等文件中读取坐标值，系统将坐标值转化为样条曲线，创建过程中可根据系统提示分别选取坐标系和文件。

（3）使用剖截面

该选项通过剖截面的边界来创建基准曲线，在系统弹出的“截面名称列表”菜单中选取一个截面即可。

（4）从方程

通过方程创建基准曲线。选取该选项并单击“完成”选项，系统将弹出“曲线从方程”对话框。选取坐标系后，系统将弹出“设置坐标类型”菜单，用于确定坐标系的类型。

选取坐标系类型后，系统将自动启动“记事本”程序，要求输入基准曲线的方程式，如图4-18所示为选取“笛卡儿”坐标系后系统启动的“记事本”窗口。

在系统中，有一个内部变量t，它的范围从0到1，用于控制曲线的变化。“记事本”窗口中的“/ *”为解释语句标志。

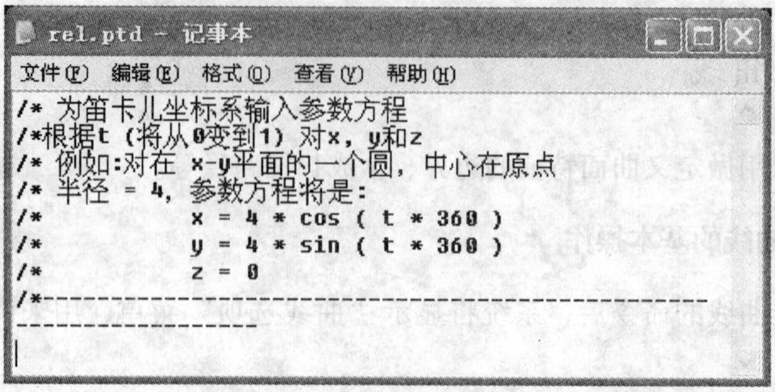

图 4-18 选取“笛卡儿”坐标系后系统启动的“记事本”窗口

4.5.3 应用示例

例题： 创建如图 4-19 所示的渐开线圆柱齿轮的轮齿。

图 4-19 齿轮模型

操作步骤如下：

(1) 建立新文件 chilunquxian

(2) 设置齿轮参数

设齿轮模数为 0.5，齿数为 30，压力角为 20。

在主菜单栏中单击“工具” > “参数”，系统将弹出“参数”对话框，单击 ✚ 按钮后在列表框中输入齿轮的参数，分别用 MODULE、NUM_TEETH、PRESSURE_ANGLE 表示齿轮模数、齿数、压力角的名称，此时“参数”对话框如图 4-20 所示，完成设置后单击“确定”按钮。

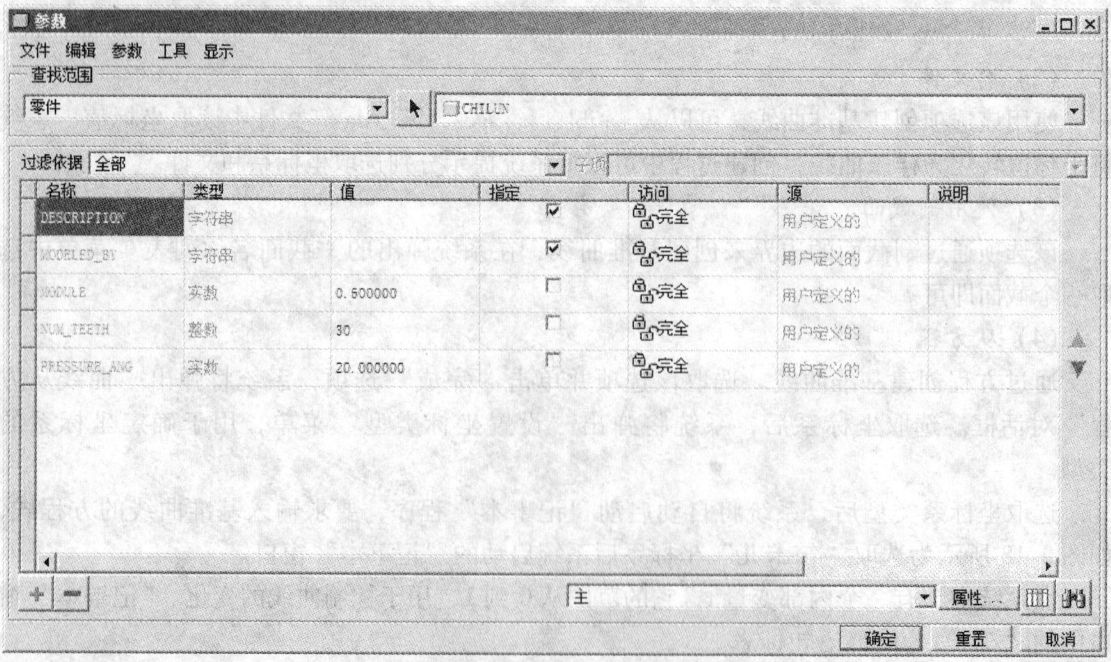

图 4-20 参数设置

(3) 创建渐开线

①使用草绘方式创建齿根圆、基圆、分度圆和齿顶圆。

单击按钮，以 FRONT 平面为草绘平面，RIGHT 平面为右方，进入草绘环境，绘制 4 个圆，然后打开“草绘”下拉菜单，去掉“目的管理器”前面的“√”，在弹出的菜单中选择“关系” > “添加关系”，在信息提示区中输入齿根圆直径关系式，如图 4-21 所示，单击按钮后依次输入其他的圆直径关系式：sd1 = MODULE * NUM_TEETH * cos（PRESSURE_ANG）；sd2 = MODULE * NUM_TEETH；sd3 = MODULE * （NUM_TEETH + 2），创建的齿根圆等 4 条曲线如图 4-22 所示。

图 4-21 输入齿根圆直径关系式

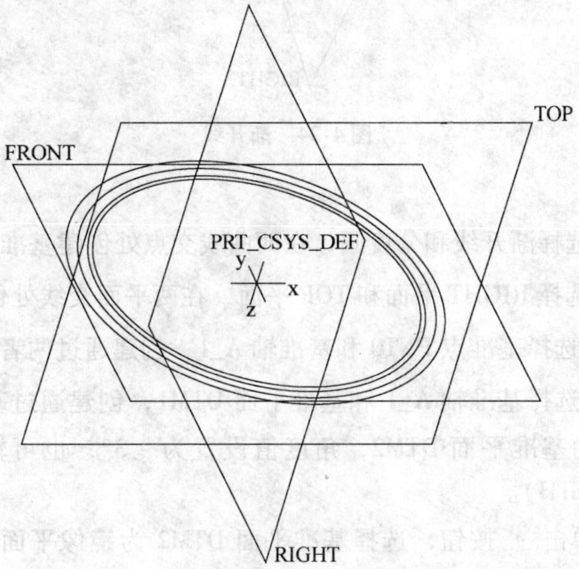

图 4-22 齿根圆等曲线

②利用方程创建渐开线。

单击按钮，选择“从方程”，在图形区选择基准坐标系，坐标系类型设置为“圆柱”，在弹出的记事本中输入渐开线公式，如图 4-23 所示。创建的渐开线如图 4-24 所示。

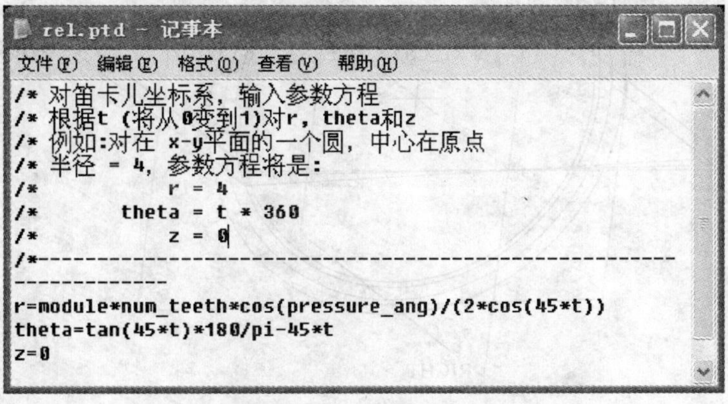

图 4-23 输入渐开线公式

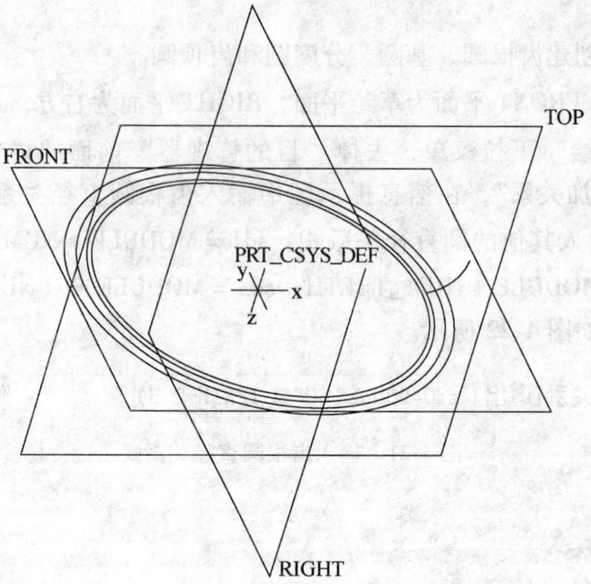

图 4-24　渐开线

（4）镜像渐开线

①单击 按钮，选择渐开线和分度圆，在两曲线交点处创建基准点 PNT0。

②单击 按钮，选择 RIGHT 平面和 TOP 平面，在两平面交线处创建基准轴 A_1。

③单击 按钮，选择基准点 PNT0 和基准轴 A_1，创建通过两者的基准平面 DTM1。

④单击 按钮，选择基准轴 A_1 和基准平面 DTM1，创建通过基准轴 A_1，相对平面 DTM1 旋转一定角度的基准平面 DTM2，角度值设置为 -3°，也可输入角度值为关系式：-360/（4 * NUM_TEETH）。

⑤选择渐开线，单击 按钮，选择基准平面 DTM2 为镜像平面，得到另一条渐开线，结果如图 4-25 所示。

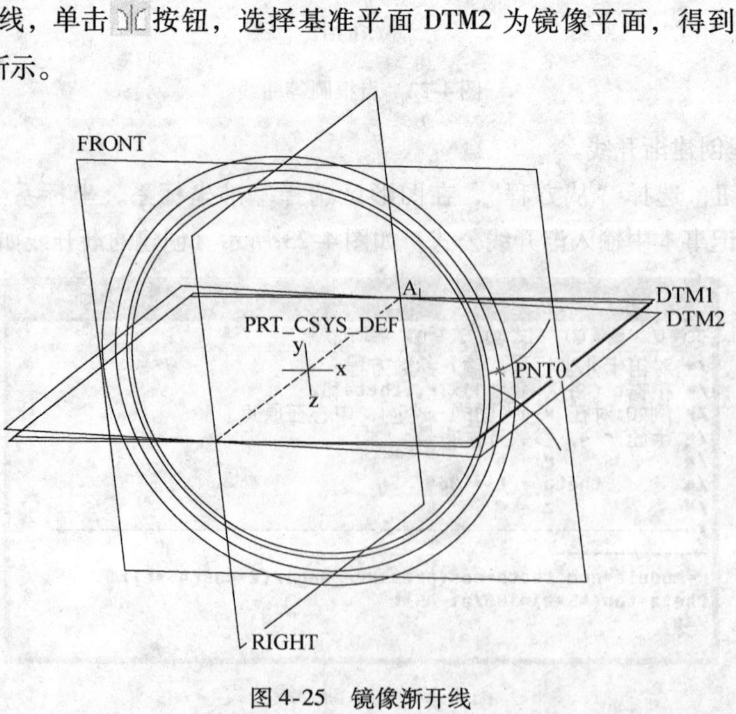

图 4-25　镜像渐开线

(5) 创建轮齿

单击 按钮，选择 FRONT 平面为草绘平面，RIGHT 为右方，以齿顶圆为参照基准绘制圆截面，拉伸深度设置为 6，创建圆柱体。

单击 按钮，选择 FRONT 平面为草绘平面，RIGHT 为右方，以齿顶圆和齿根圆为参照基准，绘制如图 4-26 所示截面，创建切除材料特征，得到如图 4-27 所示的模型。

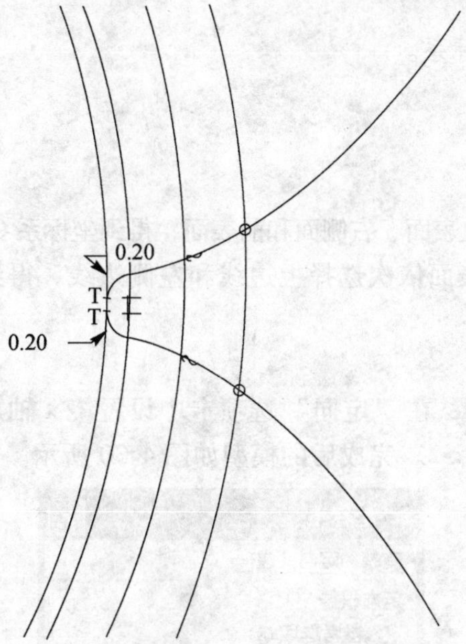

图 4-26　草绘截面

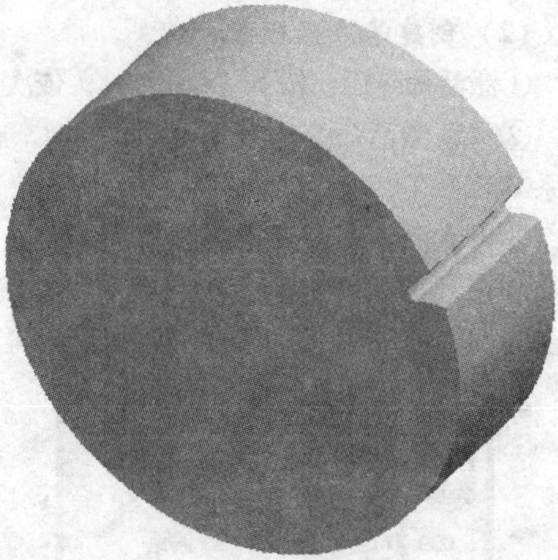

图 4-27　创建轮齿后的模型

(6) 保存文件

4.6　基准坐标系

基准坐标系可作为创建特征或装配模型的定位参考。在 Pro/ENGINEER Wildfire 4.0 中，有三种坐标系，即笛卡儿坐标系、圆柱坐标系和球坐标系，所有坐标系都遵守右手定则。

4.6.1　基准坐标系的基本操作

激活创建基准坐标系的命令后，系统将弹出“基准坐标系”对话框，其中的“原始”选项卡用于设置基准坐标系的参照、偏移类型以及偏移值，“定向”选项卡用于修改坐标轴的方向，“属性”选项卡用于修改基准坐标系的名称和查看基准坐标系的特征信息。

4.6.2　基准平面的参照

创建基准坐标系要通过参照确定原点、x 轴和 y 轴，由系统按右手定则确定 z 轴方向，可选择的参照有以下形式：

(1) 三个平面

基准坐标系原点为三个参照的交点，x 轴沿第一个参照，y 轴沿第二个参照。

(2) 两条相互垂直的边

基准坐标系原点为两参照的交点，x 轴沿第一个参照，y 轴沿第二个参照。若两条参照边为空间垂直，则还需选择一个点作为坐标系原点，或选择一个平面，该平面与第一个参照的交点为坐标系原点。

（3）坐标系

要创建的基准坐标系相对已有坐标系偏移一定距离或旋转一定角度。

4.6.3 应用示例

例题：在图 4-9 所示的平板模型上创建基准坐标系。

操作步骤如下：

（1）新建文件 zuobiaoxi

（2）创建基准坐标系

①激活命令后，按下“Ctrl”键，依次选择平板上表面、右侧面和前表面，得到坐标系 CS0。

②重新激活命令，按下“Ctrl”键，在平板前表面依次选择上边线和左侧边线，得到坐标系 CS1。

③再次激活命令，选择坐标系 CS0。

④在“原始”选项卡中设置沿 z 轴偏移距离 80，在“定向”选项卡中设置绕 x 轴旋转角度为 60，如图 4-28、图 4-29 所示，得到坐标系 CS2。完成后的模型如图 4-30 所示。

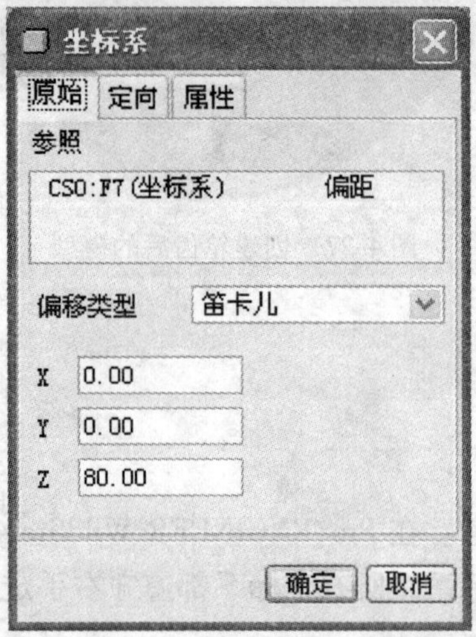

图 4-28 “原始”选项卡

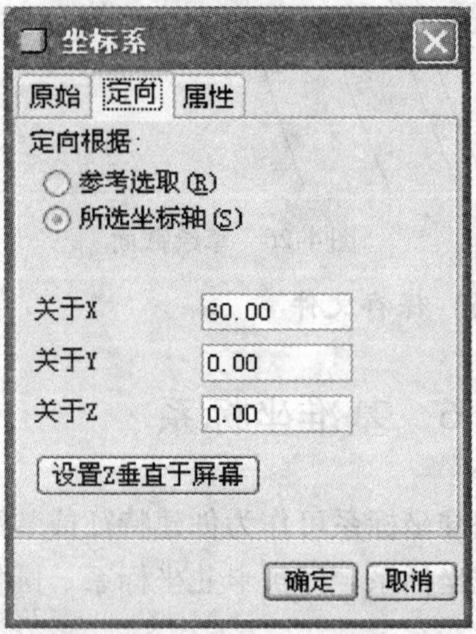

图 4-29 “定向”选项卡

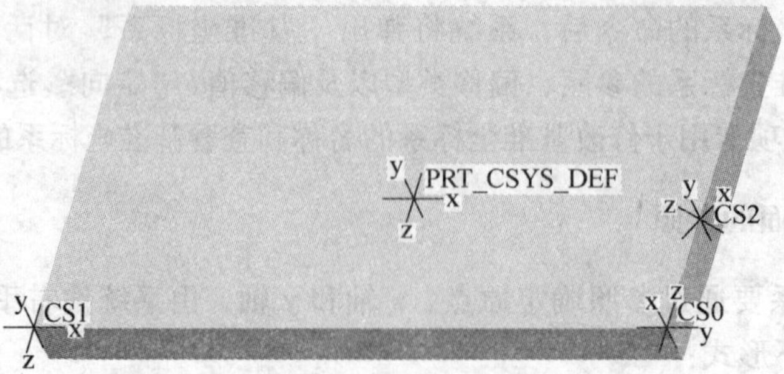

图 4-30 基准坐标系

（3）保存文件

（4）特别提示

“模型基准”菜单中的“缺省坐标系”选项用于建立默认的基准坐标系，默认的基准坐标系是指 x 轴、y 轴、z 轴分别垂直于默认的 FRONT、RIGHT 和 TOP 基准平面的坐标系。

4.7　上机指导（叉架类零件）

例题： 创建如图 4-31 所示的曲柄模型。曲柄的两端是两个节点转动副连接，曲柄杆的两个端面分别位于这两个转动副端面，呈工字形。

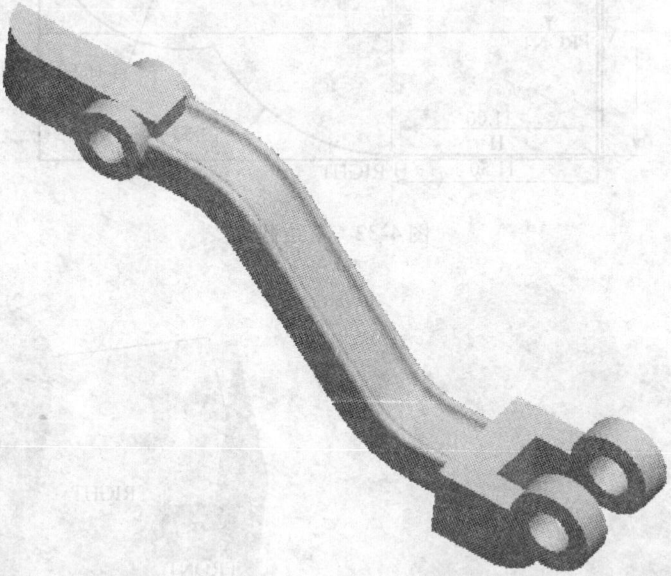

图 4-31　曲柄模型

创建该模型时，可以先生成下端转动副，然后生成扫描的曲柄杆，最后生成左上端的转动副。对于下端转动副来说，可以采用先生成一侧的转动副，然后用镜像操作的方式生成另一侧；也可以采用先生成整体，然后切除中间部分的方式生成。在此采用后者。对于中间的工字形截面曲柄杆采用扫描方式生成。对于左上端转动副可以采用对称式拉伸操作的方式生成。

操作步骤如下：

（1）建立新文件 qubing

（2）创建下端转动副

先采用拉伸特征生成整体，然后采用切除材料拉伸特征形成中间部分。

①单击 按钮，在拉伸特征操控栏上打开“放置”面板，单击“定义”按钮，在弹出的“草绘”对话框中，选择 TOP 平面为草绘平面，RIGHT 平面为右方，绘制如图 4-32 所示截面，单击✔按钮退出草绘环境。

②选择对称拉伸方式，设置拉伸深度为 24，单击操控栏中的✔按钮完成特征创建，得到如图 4-33 所示的模型。

③切除中间部分之前要先创建基准平面 DTM1。

单击 按钮，选择图 4-33 所示模型的左侧表面，并在“基准平面”对话框中选择偏移约束，输入平移值为 8，单击“确定”按钮完成基准平面 DTM1 的创建，得到如图 4-34 所示的模型。

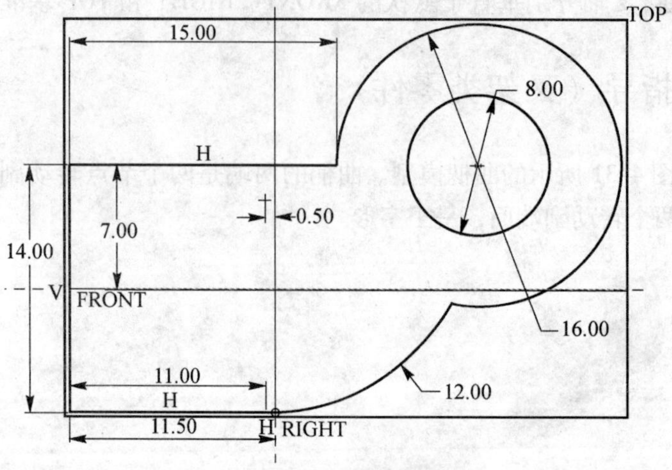

图 4-32 草绘截面

图 4-33 拉伸特征

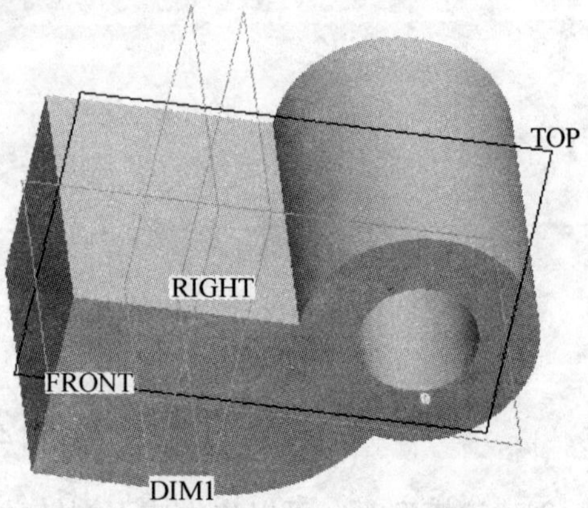

图 4-34 创建基准平面 DTM1 后的模型

④单击按钮，在拉伸特征操控栏上打开“放置”面板，单击“定义”按钮，在弹出的“草绘”对话框中，选择 FRONT 平面为草绘平面，RIGHT 平面为右方，绘制如图 4-35 所示截面，单击按钮退出草绘环境。

⑤按下按钮，通过按钮使箭头指向要切除材料的方向，设置拉伸深度为 40，单击操控栏中的按钮完成特征创建，得到如图 4-36 所示的模型。

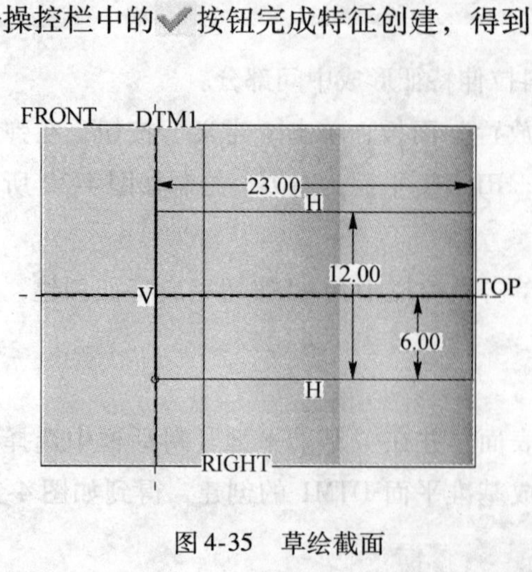

图 4-35 草绘截面

图 4-36 下端转动副模型

（3）创建曲柄杆

在主菜单栏中单击“插入” > “扫描” > “伸出项”，选择“草绘轨迹线”，以 TOP 平面为草绘平面，注意观察扫描生成方向。如果红色箭头指向转动副内侧，可以选择“反向”；否则直接选择“正向”。选择“缺省”，接受默认方位参照，进入草绘环境，绘制如图 4-37 所示的轨迹线，单击✔按钮，系统弹出属性菜单，选择“合并端点”并确定，系统转到截面绘制状态，绘制如图 4-38 所示的截面，注意截面应在两条中心线交点处开始，单击✔按钮退出草绘环境。单击扫描特征对话框中的“确定”按钮完成特征的创建，结果如图 4-39 所示。

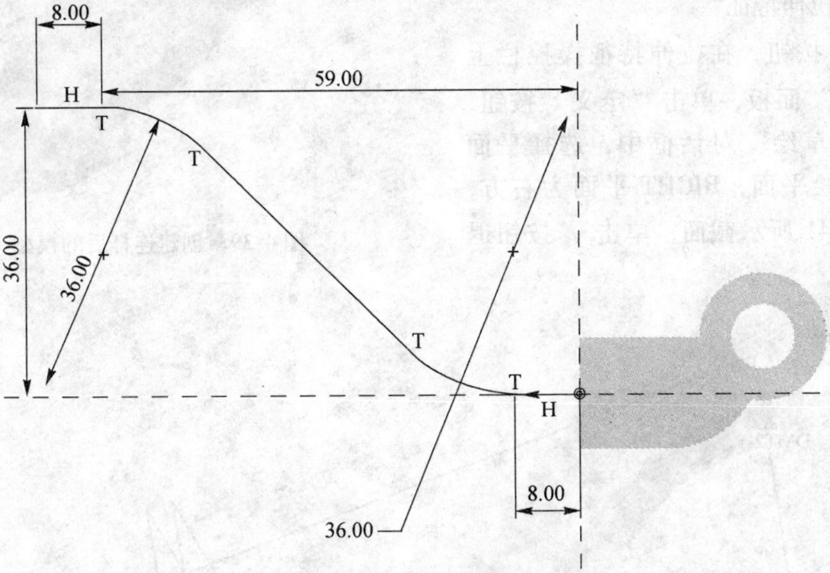

图 4-37　扫描轨迹

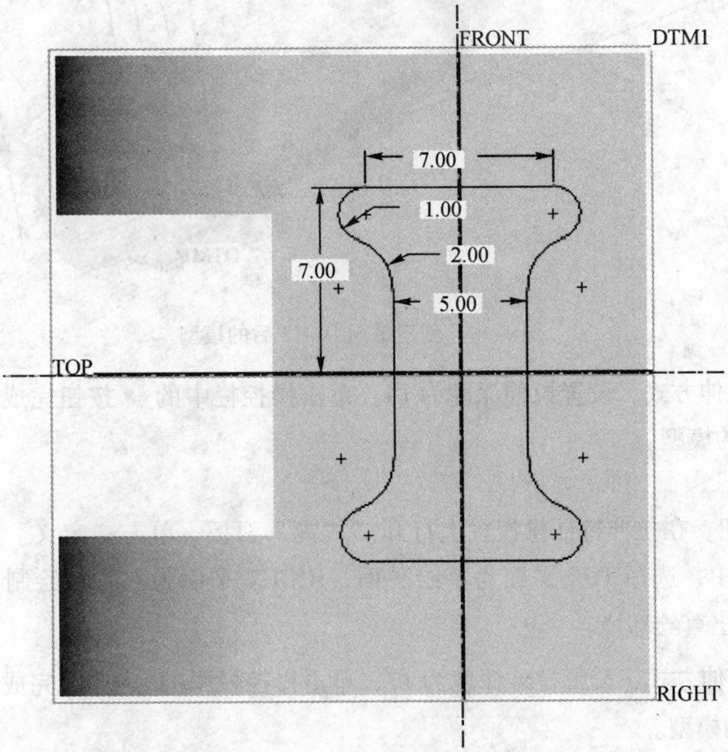

图 4-38　扫描截面

(4) 创建下端转动副

①创建基准平面 DTM2

单击 按钮，选择 FRONT 平面，并在“基准平面”对话框中选择偏移约束，输入平移值为 36，单击“确定”按钮完成基准平面 DTM2 的创建，得到如图 4-40 所示的模型。

②创建拉伸特征

单击 按钮，在拉伸特征操控栏上打开“放置”面板，单击“定义”按钮，在弹出的“草绘”对话框中，选择平面 DTM2 为草绘平面，RIGHT 平面为右方，绘制如图 4-41 所示截面，单击 按钮退出草绘环境。

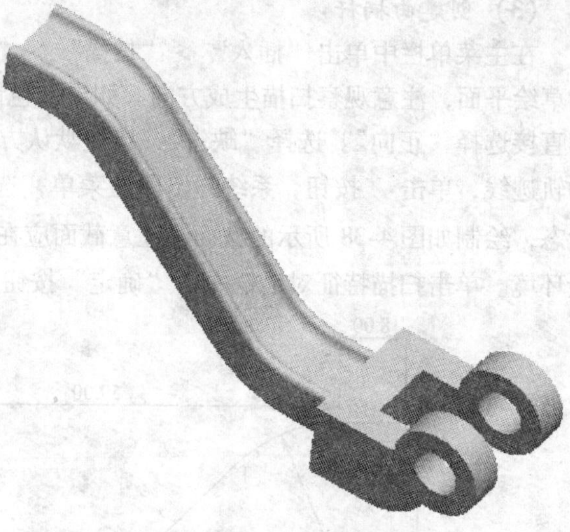

图 4-39 创建连杆后的模型

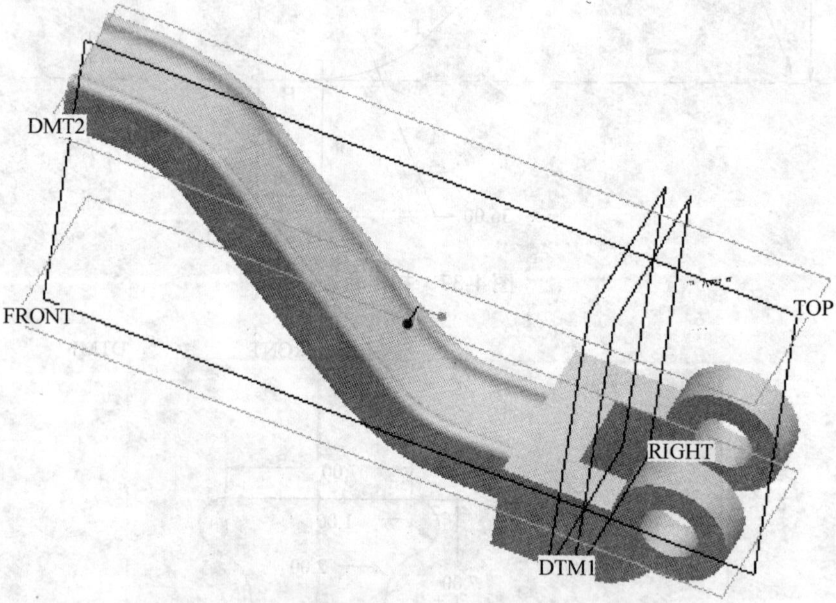

图 4-40 创建平面 DTM2 后的模型

选择对称拉伸方式，设置拉伸深度为 14，单击操控栏中的 按钮完成特征创建，得到如图 4-42 所示的模型。

③创建凸台

单击 按钮，在拉伸特征操控栏上打开“放置”面板，单击“定义”按钮，在弹出的“草绘”对话框中，选择 TOP 平面为草绘平面，RIGHT 平面为右方，绘制直径为 14 的圆，单击 按钮退出草绘环境。

选择对称拉伸方式，设置拉伸深度为 17，单击操控栏中的 按钮完成特征创建，得到如图 4-43所示的模型。

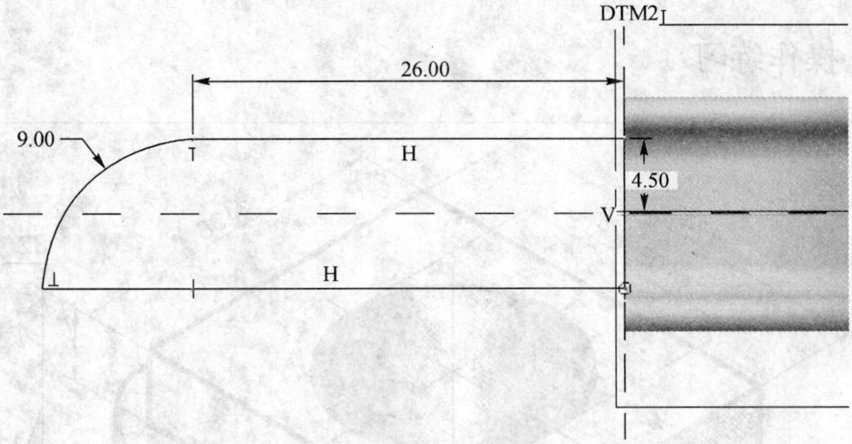

图 4-41　草绘截面

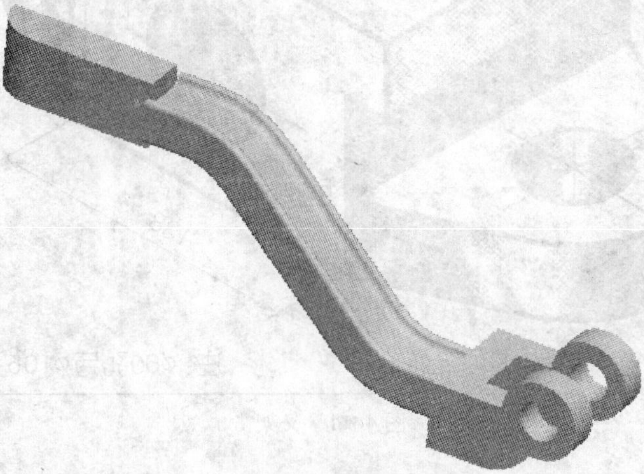

图 4-42　拉伸结果

④创建孔特征

单击 按钮，打开孔特征操控栏，选择凸台表面为放置平面，打开“放置”面板，设置孔特征定位方式为“同轴”，单击“次参照”文本框，在图形区选择基准轴线，在操控栏中设置孔直径为 7，单击 按钮完成特征创建，得到如图 4-31 所示的模型。

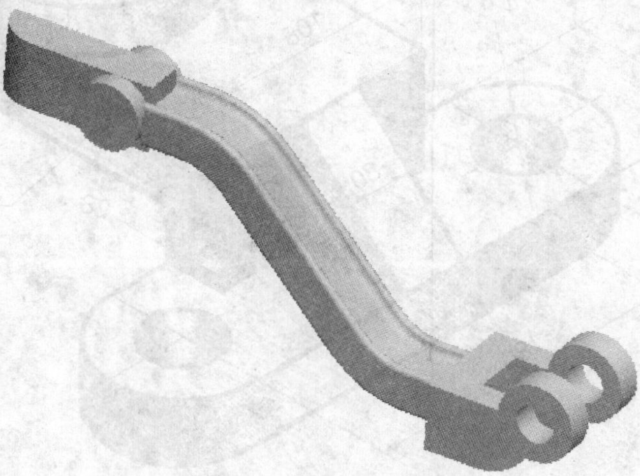

图 4-43　创建凸台后的模型

4.8 操作练习

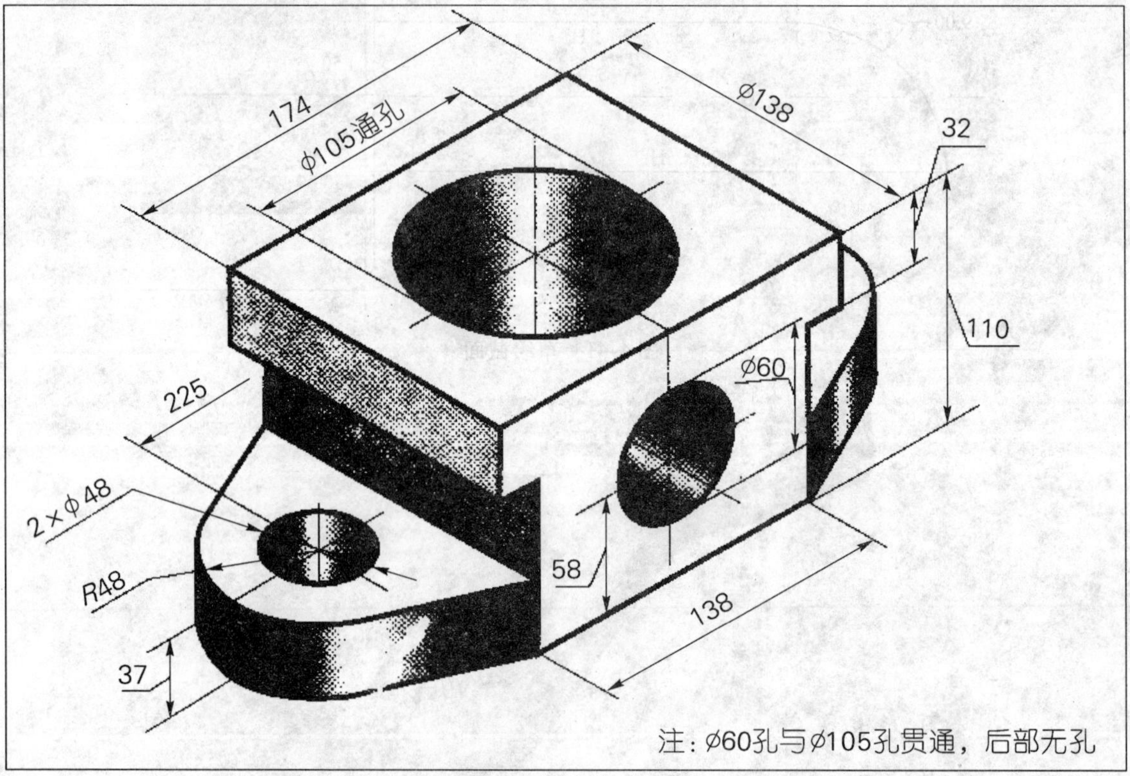

图4-44 叉架1

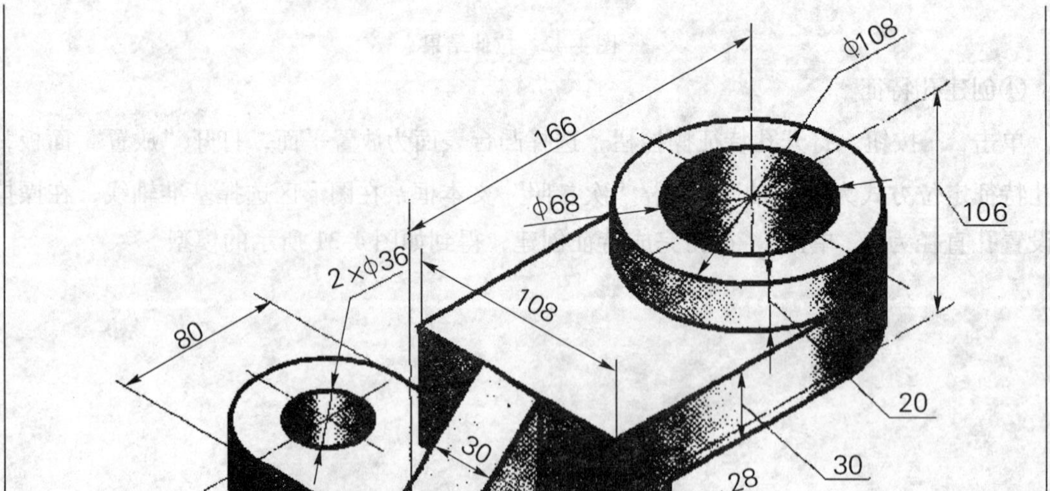

图4-45 叉架2

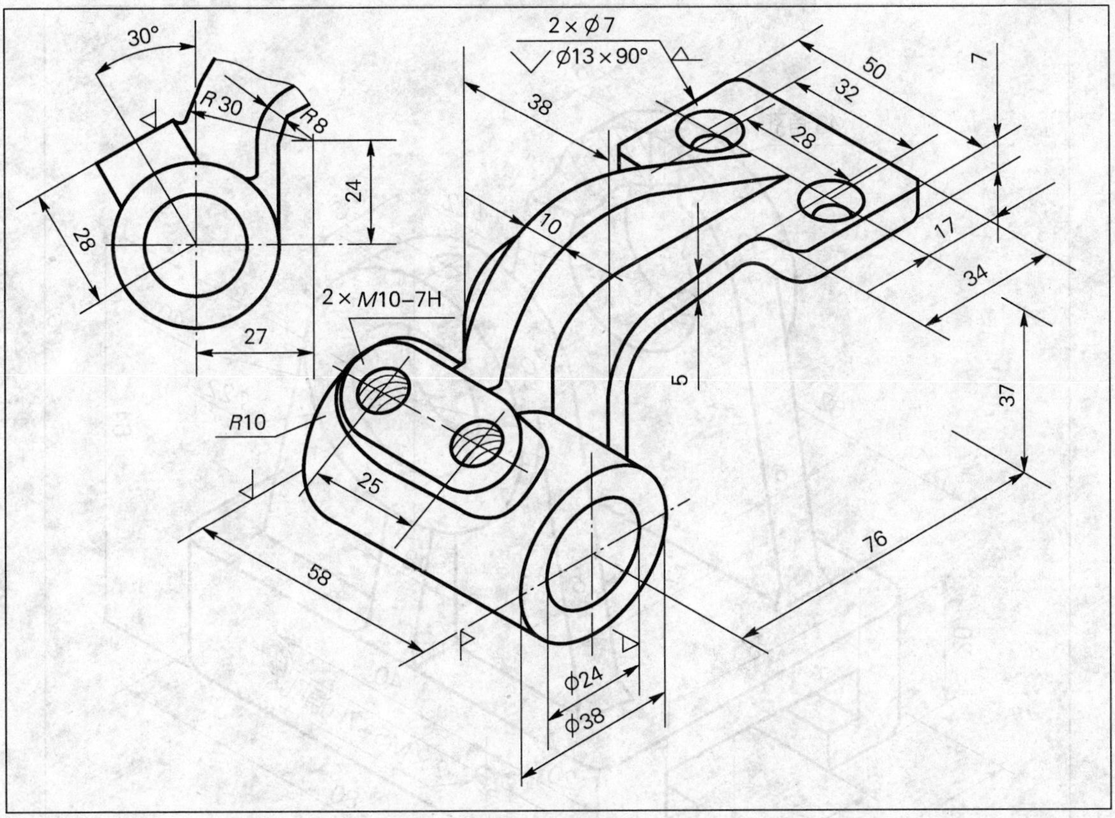
30°
R30
R8
24
28
27
2×Ø7
Ø13×90°
38
50
32
28
7
10
17
34
5
37
2×M10–7H
R10
25
58
76
ϕ24
ϕ38

图4-46 叉架3

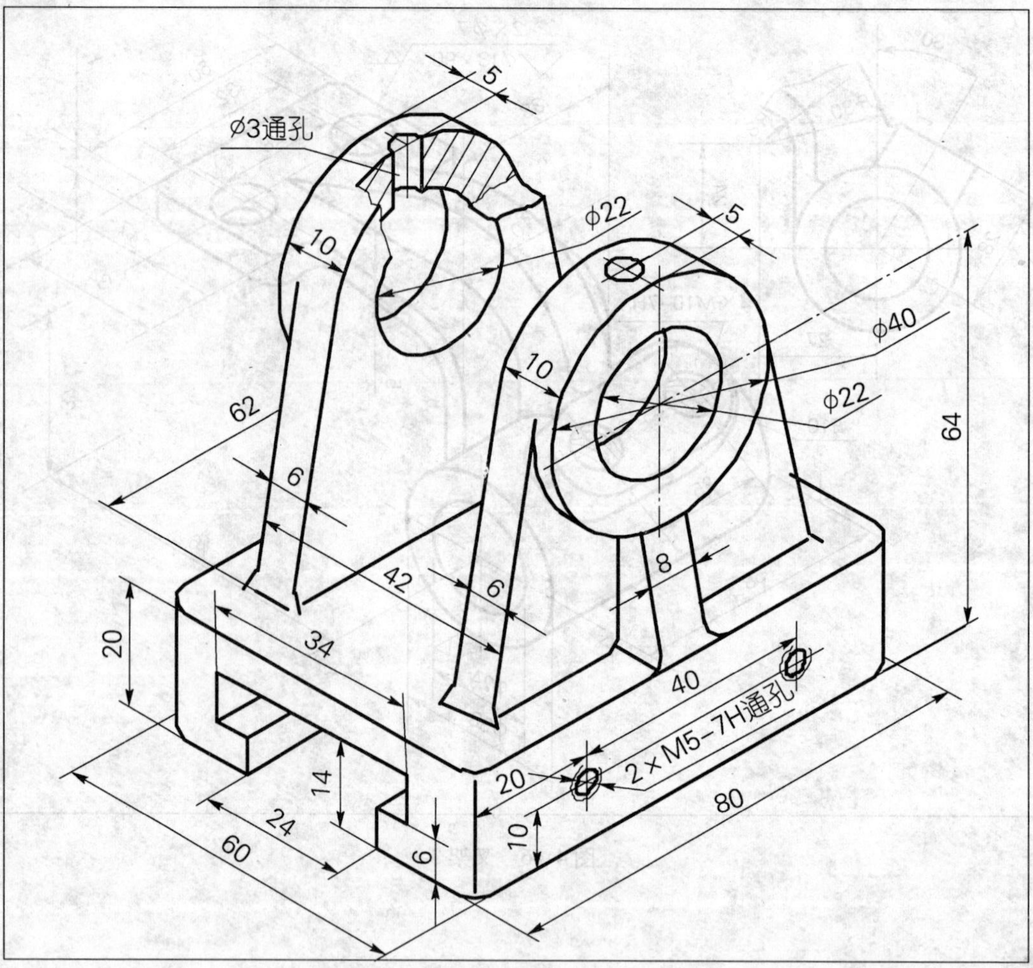
5
Ø3通孔
Ø22
10
5
Ø40
10
Ø22
62
64
6
8
42
6
20
34
40
2×M5-7H通孔
20
14
80
10
24
6
60

图 4-47　叉架 4

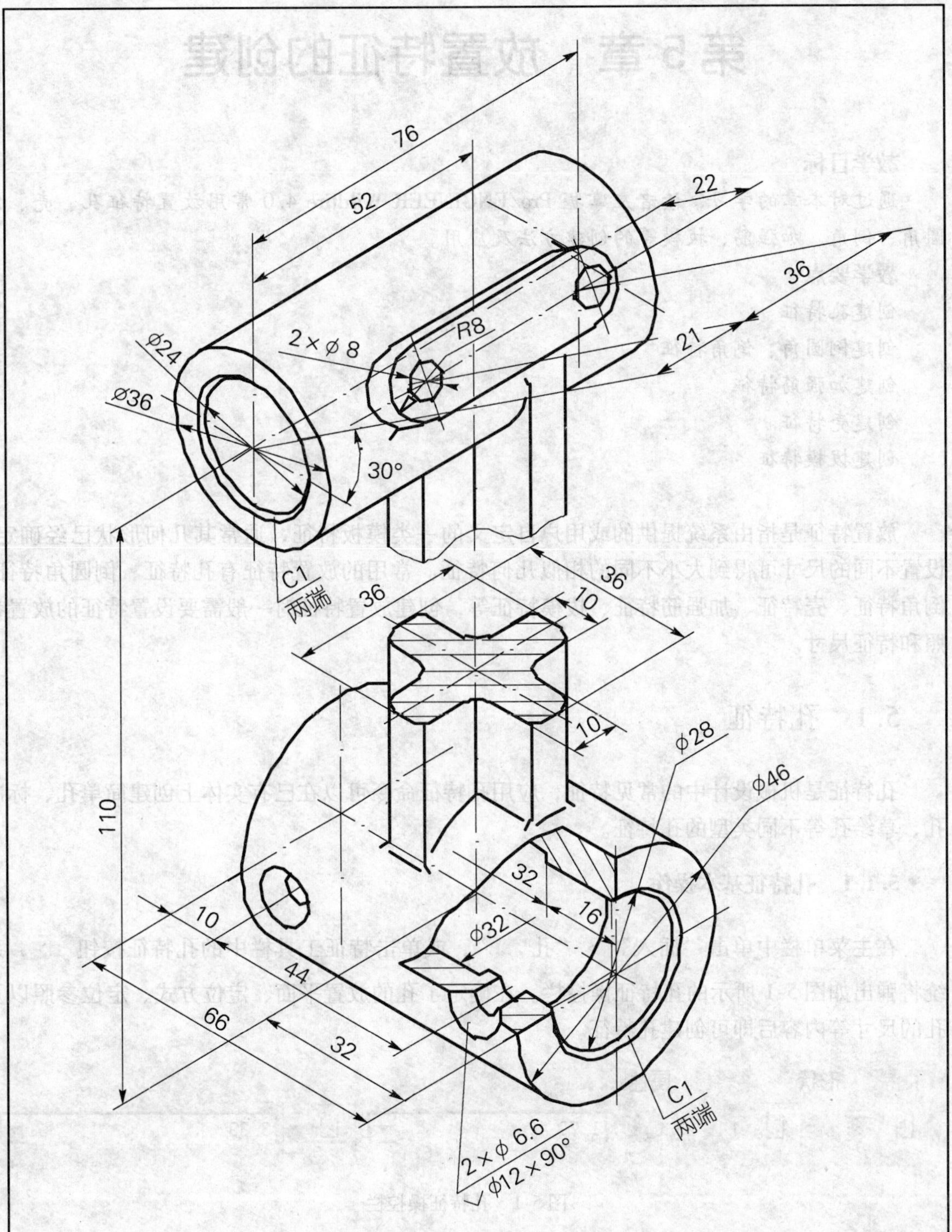
76
52
22
36
R8
2 × ϕ 8
21
Ø24
Ø36
30°
C1
两端
36
36
10
10
ϕ28
ϕ46
110
32
16
10
ϕ32
44
66
32
C1
两端
2 × ϕ 6.6
⌵ ϕ12 × 90°

图 4-48　叉架 5

第 5 章　放置特征的创建

教学目标

通过对本章的学习，读者应掌握 Pro/ENGINEER Wildfire 4.0 常用放置特征孔、壳、倒圆角、倒角、加强筋、拔模等的创建方法及应用。

教学要点

创建孔特征

创建倒圆角、倒角特征

创建加强筋特征

创建壳特征

创建拔模特征

放置特征是指由系统提供的或用户自定义的一类模板特征，通常其几何形状已经确定，设置不同的尺寸可得到大小不同的相似几何特征。常用的放置特征有孔特征、倒圆角特征、倒角特征、壳特征、加强筋特征、拔模特征等，创建放置特征时一般需要设置特征的放置参照和特征尺寸。

5.1　孔特征

孔特征是机械设计中的常见特征，应用孔特征命令可以在已有实体上创建简单孔、标准孔、草绘孔等不同类型的孔特征。

5.1.1　孔特征基本操作

在主菜单栏中单击“插入” > “孔...”，或单击特征工具栏中的孔特征按钮，系统将弹出如图 5-1 所示的孔特征操控栏。在确定了孔的放置平面、定位方式、定位参照以及孔的尺寸等内容后即可创建孔特征。

图 5-1　孔特征操控栏

孔特征操控栏各按钮含义如下：

按钮：创建简单孔特征。

按钮：创建标准孔特征。

按钮：使用预定义矩形作为钻孔轮廓。

按钮：使用标准孔作为钻孔轮廓。

按钮：使用草绘定义钻孔轮廓。

按钮：孔的直径，在其后的文本框中输入相应值。

按钮：从放置参照以指定的深度值钻孔。可在其后的文本框中输入相应值，也可单击下拉按钮选择深度类型。

5.1.2　放置平面、定位方式和定位参照

操控栏中的“放置”面板用于定义孔特征的放置平面、定位方式及定位参照。

(1) 放置平面

放置平面可以是模型的某个表面，也可以是某个基准面等，只需要在图形区中使用鼠标左键选择所需平面即可。

(2) 定位方式和定位参照

孔特征的定位就是要确定孔特征轴线的位置，有“线性”、“径向”、“直径”和“同轴”四种方式，定位参照通常包括孔特征的放置平面（主参照）和它的尺寸参考（次参照）。选择了孔特征的放置平面后，要根据孔特征定位方式的不同，选取相应的尺寸参考。

①“线性”方式

该选项要求选择两个方向的尺寸参考，通过标注两个不同方向的线性尺寸确定孔的位置，尺寸参考可以是边、轴、平面和基准平面。

②“径向”方式

该选项要求选取一个参考轴和一个参考平面，并输入半径数值和角度值。系统将以参考轴为中心，以输入的半径数值为半径，生成一个参考圆，而孔特征轴线就位于这个参考圆的圆周上，具体位置则通过孔特征轴线和参考轴两者形成的平面与参考平面之间的角度来确定。

③“直径”方式

该选项与“径向”方式类似，要求选取一根参考轴，一个参考平面，但输入的是直径数值。

④“同轴”方式

该选项只需选取一根参考轴作为孔特征的轴线，用于创建同轴的孔特征。

(3) 孔特征的深度和直径

孔特征的深度类型与拉伸特征中拉伸深度类型的含义相似，孔特征的直径在操控栏按钮后的数值框中输入即可。

设置完上述几项就可完成简单孔特征的创建。

除了简单孔特征外，还可创建草绘孔特征。创建草绘孔特征时同样要设置放置平面、定位方式及定位参照，与直孔特征直接设置深度和直径不同，需要通过绘制孔的纵向剖面形成孔的形状。

5.1.3 应用示例

例题1：应用孔特征命令创建如图5-2所示的模型。

操作步骤如下：

（1）建立新文件 jiandankong

（2）用拉伸命令创建平板

（3）创建孔特征

①激活孔特征命令，在平板模型上选择上表面，然后打开“放置”面板，单击偏移参照文本框，再依次选取平板左侧面和前表面并输入偏移值，此时面板如图5-3所示。

图5-2 简单孔特征

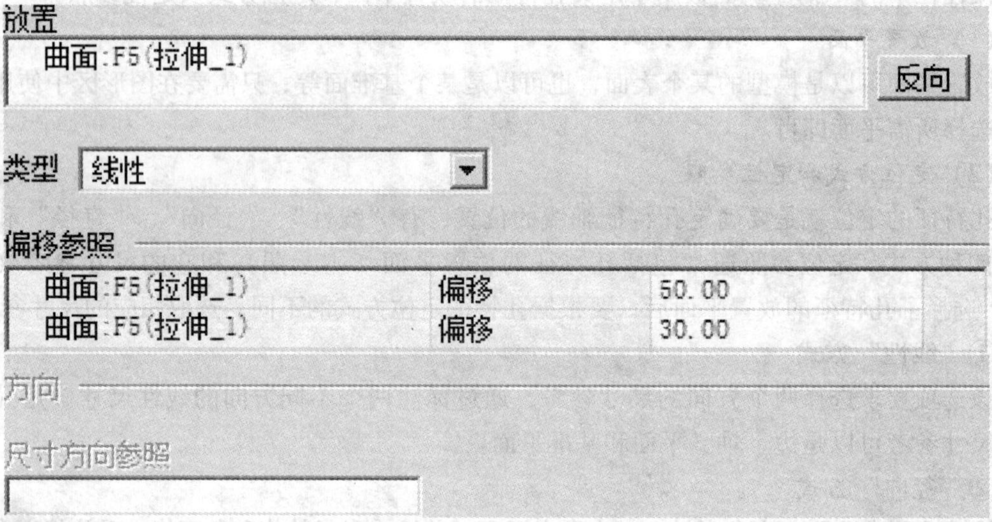

图5-3 “放置”上滑面板

②设置孔特征深度类型为 ，并在直径文本框中输入数值，单击操控栏中的 按钮退出孔特征命令。

例题2：应用孔特征命令创建如图5-4所示的模型。

操作步骤如下：

（1）建立新文件 caohuikong

（2）用拉伸命令创建方体

（3）创建孔特征

①激活孔特征命令，在方体模型上选择上表面，然后打开“放置”面板，单击偏移参照文本框，再依次选取方体左侧面和前表面并输入偏移值，使孔中心轴线位于方体中心轴线上。

②单击操控栏上的 按钮，再单击新出现的 按钮，系统自动进入草绘环境，可绘制孔的纵向剖面，如图5-5所示。退出草绘环境后，单击操控栏中的 按钮退出孔特征命令。

图 5-4　草绘孔特征

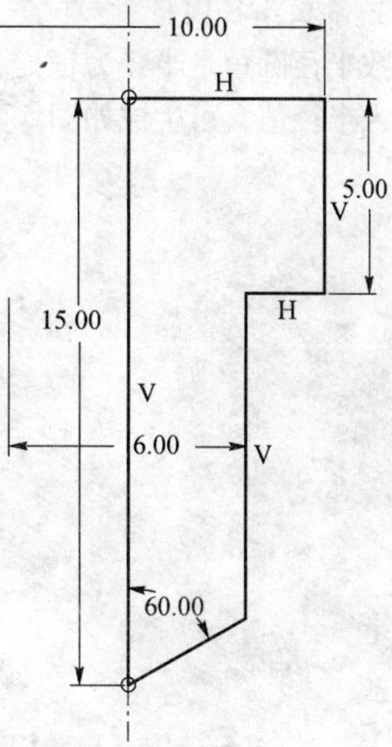

图 5-5　孔的纵向剖面

(4) 特别提示

①剖面中必须要绘制一条竖直的中心线作为旋转轴，剖面必须是封闭的且全部元素必须在中心线的同侧，或剖面上有点、线与中心线重合。

②剖面中至少要有一条水平线，用于对齐放置平面。如果剖面中只有一条水平线，那么系统自动将该水平线与放置平面对齐；如果有两条水平线，则系统自动使用上方的水平线与放置平面对齐。

③如果单击操控栏上的  按钮，还可打开已有截面图形来建立草绘孔。

5.2　倒圆角特征

圆角特征可以在相邻的面之间创建光滑曲面，增加零件的美观和强度。

5.2.1　倒圆角特征基本操作

在主菜单中单击“插入” > “倒圆角...”，或单击特征工具栏中的  按钮，系统将弹出如图 5-6 所示的倒圆角特征操控栏。在设置了圆角的类型、半径大小并选取生成圆角的参照后，即可创建倒圆角特征。

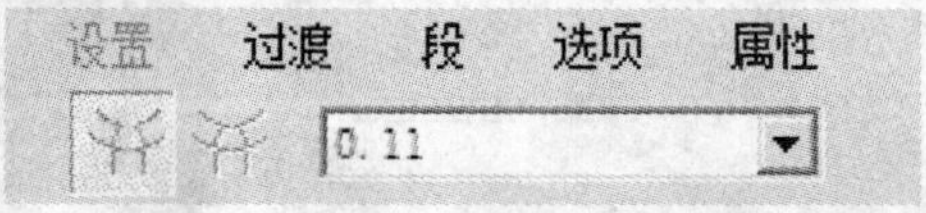

图 5-6　倒圆角特征操控栏

5.2.2　倒圆角特征的类型

可以创建常数半径圆角、可变半径圆角和完全圆角三种类型。

(1) 常数半径圆角

常数半径圆角是半径为恒定值的圆角特征。例如在图 5-7 所示的初始模型上选择一条边，输入半径值，可生成如图 5-8 所示的模型。

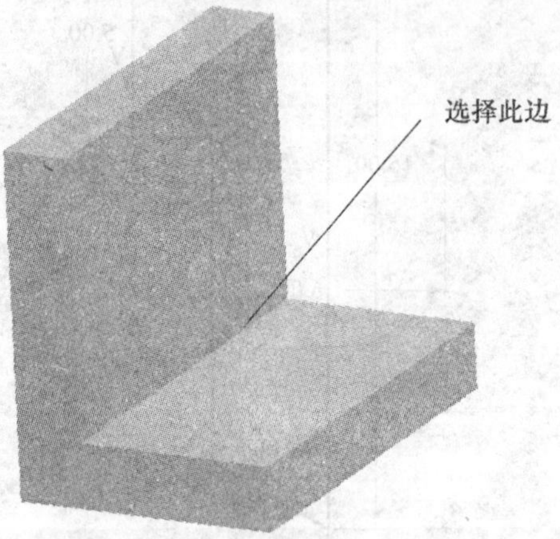

图 5-7 初始模型

图 5-8 常数半径圆角特征

创建圆角特征时，也可以按下“Ctrl”键同时选择多条边，形成如图 5-9 所示的模型；也可以选择同时一条边和一个表面，形成如图 5-10 所示的模型。

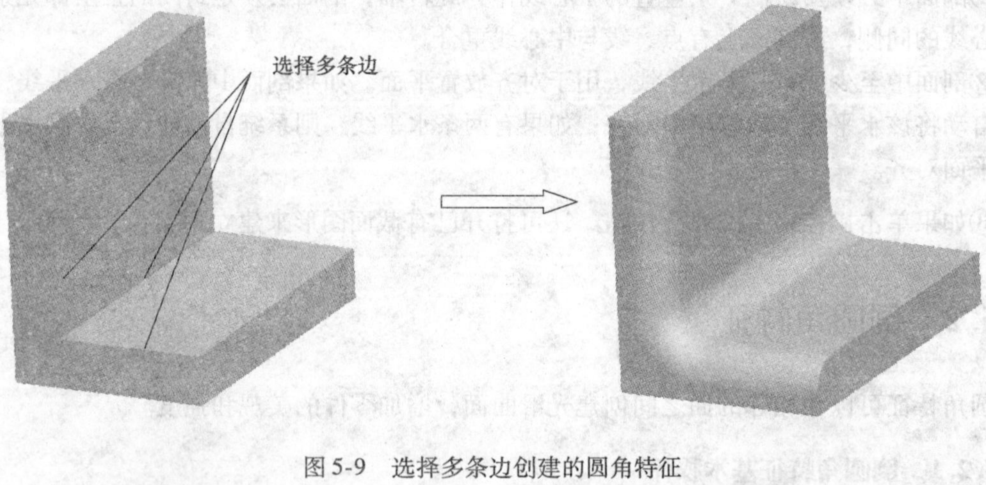

图 5-9 选择多条边创建的圆角特征

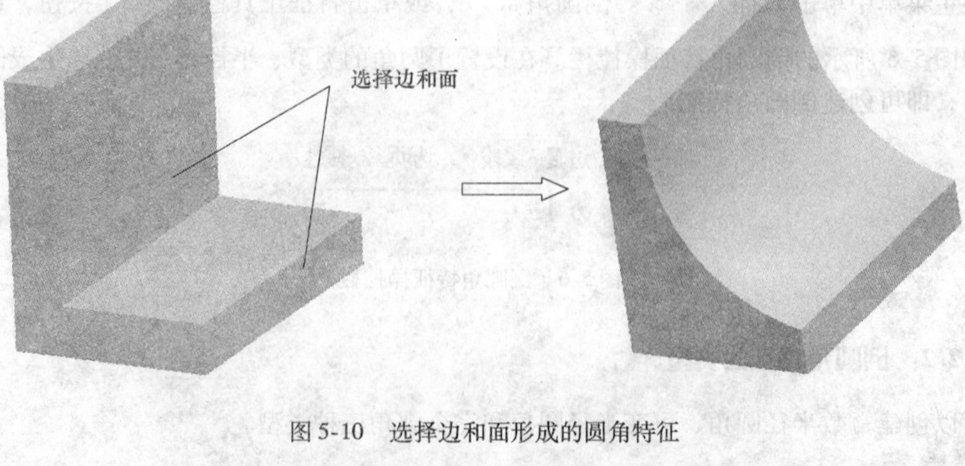

图 5-10 选择边和面形成的圆角特征

(2) 可变半径圆角

可变半径圆角是指具有多个半径值的圆角特征。例如在形成图 5-8 中的常数半径圆角时，在“半径”文本框的空白处单击鼠标右键，在快捷菜单中选取“添加半径”，则可设置另一半径值，“设置”面板的变化如图 5-11 所示，此时生成的圆角特征如图 5-12 所示。如果要恢复为常数方式，仍然在半径值上单击鼠标右键，选择“成为常数”选项即可。

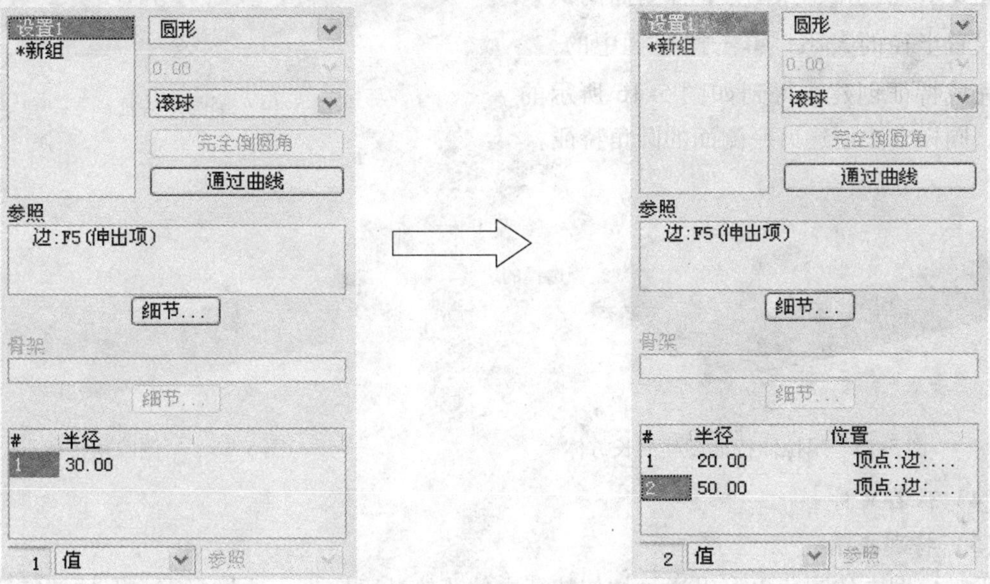

图 5-11　“设置”上滑面板的变化

(3) 完全圆角

完全圆角是根据选取的边或面等参照自动确定半径大小而生成的圆角特征。如图 5-13 所示，在初始模型上选择一对边之后即可生成完全圆角特征。

图 5-12　可变半径圆角特征

图 5-13　完全圆角特征

5.2.3　应用示例

例题：应用倒圆角命令创建如图 5-14 所示模型。

操作步骤如下：

（1）建立新文件 wanquanyuanjiao

（2）使用拉伸特征创建长方体

（3）创建倒圆角特征

单击按钮，按下“Ctrl”键，依次选择图 5-15 所示长方体模型右侧面的两条边，设置半径的大小，单击操控栏中的按钮完成特征创建，得到如图 5-16 所示的模型，同样方法创建另一侧面的圆角特征。

图 5-14　倒圆角特征

图 5-15　用拉伸特征创建的长方体

图 5-16　一侧圆角特征

（4）保存文件

（5）特别提示

平键模型中的圆角也可以通过拉伸特征中的草绘截面实现，这样只需一个拉伸特征就可完成模型。

5.3　倒角特征

倒角特征分为两类：一类是针对于边进行倒角操作，如图 5-17 所示；一类是针对拐角进行倒角操作，如图 5-18 所示。

图 5-17　边倒角特征

图 5-18　拐角倒角特征

5.3.1　倒角特征的基本操作

（1）边倒角特征

在主菜单中单击“插入” > “边倒角”命令之后，或单击特征工具栏中的按钮，系统将弹出如图 5-19 所示的边倒角特征操控栏，有四种倒角方式。

图 5-19　边倒角特征操控栏

①“45 × D”

该选项可以生成 45°的斜角，由于生成的角度是 45°，因此该选项只能用于两个互相垂直的面的交线上，否则就会出现错误。选择该选项后，选取需要倒角的边，或者通过“Ctrl”键选取多条边，然后在操控栏中输入需要的倒角尺寸数值即可生成特征。

②“D × D”

该选项可以生成等边的斜角，操作步骤与“45 × D”选项完全相同，且该选项还可以对不相互垂直面进行倒角。

③“D1 × D2”

该选项可以生成不等边的斜角。选择该选项后，先选取需要倒角的边，再选取倒角的参考面，沿参考面方向的面取 Dl，另一个取 D2。

④“角度 × D”

该选项通过设置一个角度和一个尺寸 D 生成不同造型的斜角，只能用于两个互相垂直的面的交线上。选择该选项后，先选取需要倒角的边，再选取倒角参考面，沿参考面方向的面取 D，另一个就根据角度确定其位置。

(2) 拐角倒角特征

在主菜单中单击“插入” > “拐角倒角”命令之后，系统将弹出如图 5-20 所示的“拐角倒角”对话框，用于选取创建倒角特征的拐角。

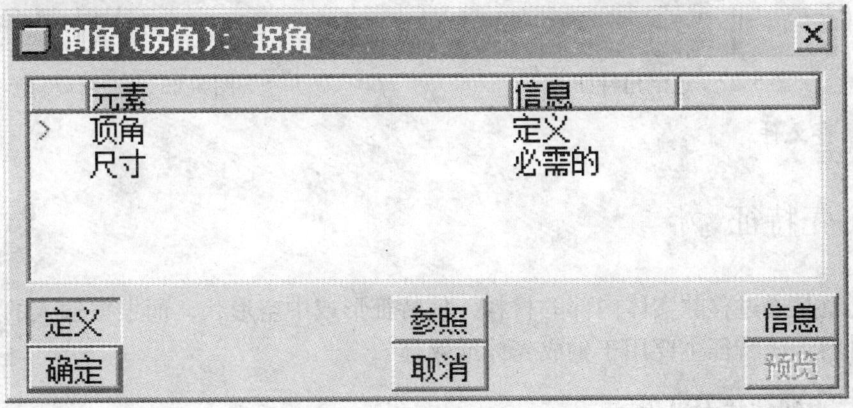

图 5-20　拐角倒角特征对话框

选取拐角后，系统将以蓝色高亮显示构成拐角的一条边，同时系统弹出如图 5-21 所示的“选出/输入”菜单，其中的“选出点”和“输入”表示确定倒角位置点的方式。

①“选出点”方式

该选项为系统默认选项，以选取点的方式来确定倒角位置点，选择该选项后直接在当前蓝色高亮显示的边上选取点作为倒角位置点。

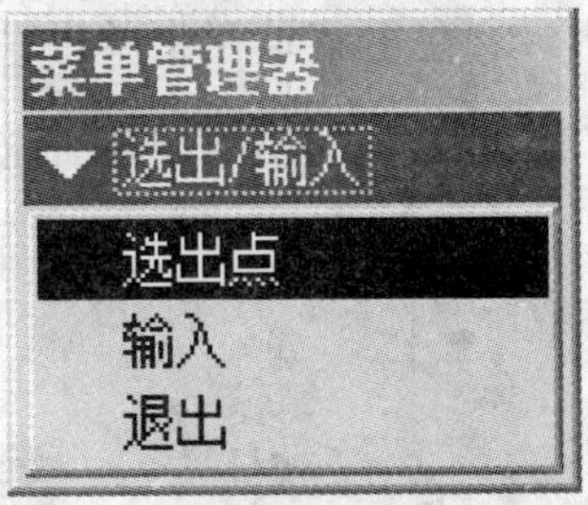

图 5-21　“选出/输入”菜单

②“输入”方式

该选项以输入数值的方式确定倒角的位置点，选择该选项后需要在数值框中输入数值，表示从拐角沿当前蓝色高亮显示的边到倒角位置点的距离。

拐角第一条边的倒角位置点确定后，系统将以蓝色高亮显示构成拐角的另一条边，同样先选择确定倒角位置点的方式，然后根据不同方式进行相应操作，以此类推到构成拐角的第三条边，完成后即可创建出拐角倒角特征。

5.3.2 应用示例

例题：应用倒角命令创建如图 5-22 所示模型。

操作步骤如下：

（1）建立新文件 biandaojiao

（2）用拉伸或旋转特征创建圆柱体

（3）创建倒角特征

单击按钮，选择倒角类型为“45 × D”，设置 D 的大小，选择如图 5-23 所示圆柱体端面圆弧边线，单击操控栏中的按钮完成特征创建。

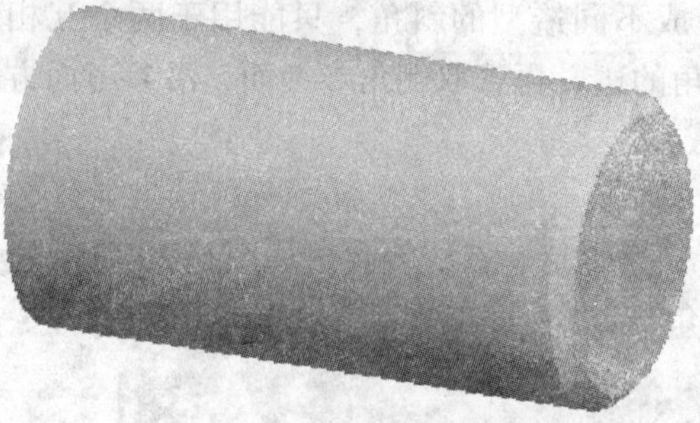

图 5-22 边倒角特征

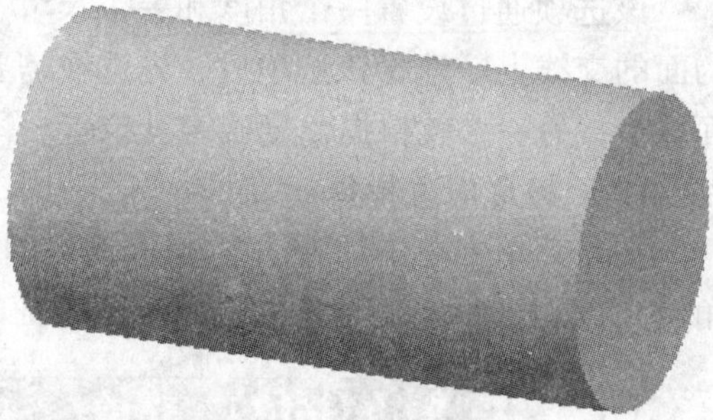

图 5-23 圆柱体模型

（4）保存文件

5.4 壳特征

壳特征就是通过移除实体内部的材料，使特征形成中空形状，而根据输入的厚度保留特征的外部材料，该特征主要用于生成壳体或箱体。

5.4.1 壳特征基本操作

在主菜单栏中单击“插入” > “壳...”，或单击特征工具栏中的按钮，系统将弹出如图 5-24 所示的壳特征操控栏。选择要移除的表面，输入厚度值，即可生成特征。

图 5-24 壳特征操控栏

5.4.2　要移除的表面

创建壳特征时，首先必须选取要移除的表面，可以是一个，也可以是多个，系统将从选取的表面开始移除，只要与选取表面有结合的特征，都将移除并呈薄壳形状。如果选取多个表面，需要同时按下“Ctrl”键。

5.4.3　壳体厚度

选取完要移除的表面后，在操控栏的“厚度”数值框中输入生成壳体的厚度值即可。系统将根据输入的厚度值保留特征的外部材料，移除中间部分的材料，从而形成壳体形状。

厚度值可以是正数，也可以是负数，正数的范围是系统自动根据当前要生成壳体的实体特征的尺寸而推荐的上限值，而负数值的下限通常是 -1000000.0000。当厚度值是正数时，系统将以实体特征的外形为起点，向内生成壳体的厚度值；如果是负数，系统将以实体特征的外形为起点，向外生成壳体的厚度值。

如果超出了系统提示的厚度值范围，系统将不能生成特征，要求重新输入。

5.4.4　应用示例

例题：应用壳命令创建如图 5-25 所示模型。

操作步骤如下：

（1）建立新文件 ke

（2）用拉伸特征创建长方体

（3）创建壳特征

激活壳命令，选择长方体上表面为移除面，设置厚度值，单击操控栏中的✔按钮完成特征创建。

图 5-25　创建壳特征

（4）特别提示

如果对某个面的厚度有特殊要求（比输入的厚度值大或小），可在“参照”面板的“非缺省厚度”文本框中单击，然后在特征上选择有特殊厚度要求的表面，接着在右侧文本框中输入该表面需要的厚度值。如果还有其他表面要求，按下“Ctrl”键，重复操作即可。图 5-26所示为设置了非缺省厚度的“参照”面板，图 5-27 所示为对应的非均匀厚度壳特征。

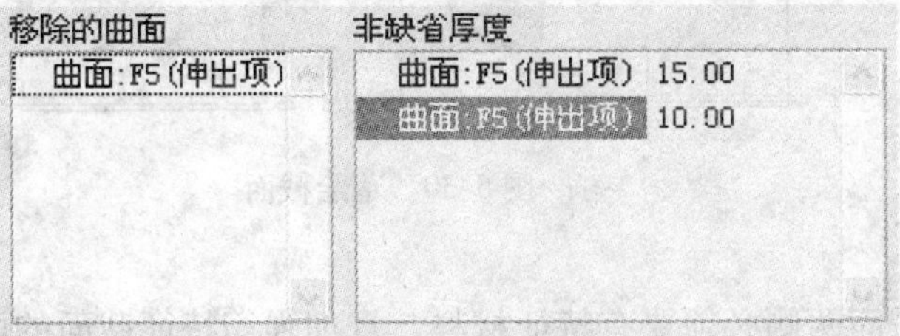

图 5-26　非缺省厚度的设置

图 5-27　非均匀厚度的壳特征

5.5 加强筋特征

加强筋主要用于加强两个实体间的连接。

5.5.1 加强筋特征基本操作

在主菜单栏中单击“插入”>“加强筋...”，或单击特征工具栏中的按钮，系统将弹出加强筋特征操控栏，如图5-28所示。设置了草绘平面及参考平面，绘制截面并输入加强筋厚度后即可生成加强筋特征。

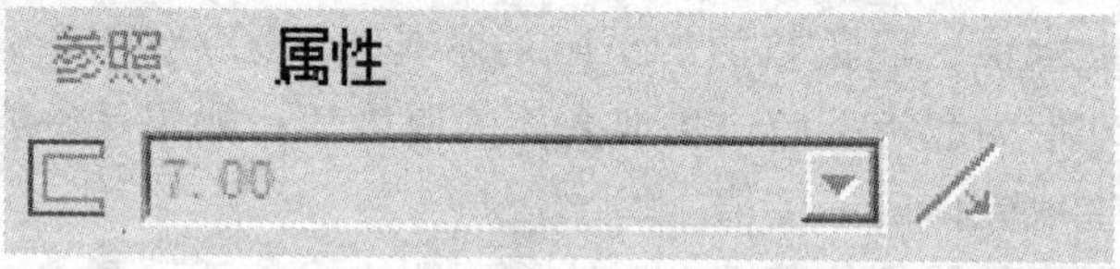

图5-28 加强筋特征操控栏

5.5.2 应用示例

例题：应用加强筋命令创建如图5-29所示模型。

操作步骤如下：

(1) 建立新文件 jiaqiangjin

(2) 用拉伸特征创建平板

(3) 用拉伸特征在平板上方创建圆柱体

(4) 创建加强筋特征

激活加强筋命令，打开“参照”面板，单击“定义”按钮，设置草绘平面及参考平面等进入草绘环境，截面（图5-30）绘制完成后输入加强筋厚度，通过按钮确定加强筋与草绘平面的关系，单击操控栏中的按钮完成特征创建。

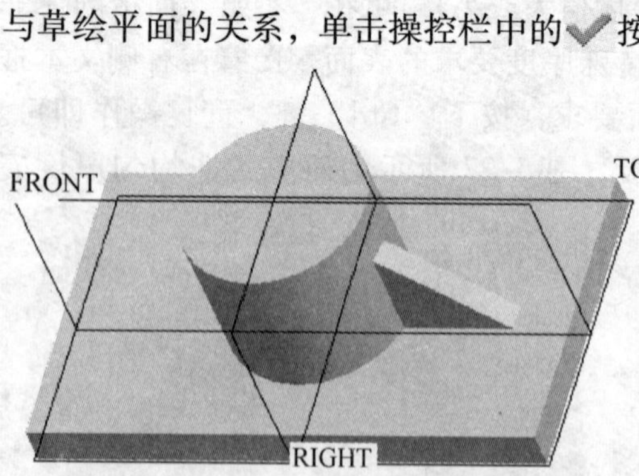

图5-29 创建加强筋特征

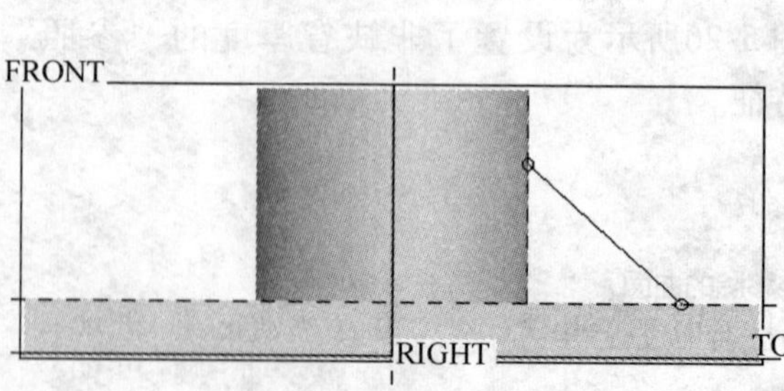

图5-30 草绘截面

(5) 特别提示

创建加强筋特征时，所选取的草绘平面两侧必须要有特征材料，且加强筋特征截面的两个端点必须与已有特征的元素对齐。

5.6　拔模特征

拔模斜面在铸造件和注塑件中较为常见，拔模特征通过拔模面绕枢轴曲线旋转一定角度的方式来创建。

5.6.1　拔模特征基本操作

在主菜单栏中单击“插入” > “拔模...”，或单击特征工具栏中的按钮，系统将弹出如图 5-31 所示的拔模特征操控栏。确定了拔模面、枢轴平面、拖动方向以及拔模角度后，即可生成拔模特征。

图 5-31　拔模特征操控栏

(1) 基本术语

①拔模面

拔模面是指要形成拔模斜度的零件表面。

②枢轴平面

枢轴平面是指与拔模面相交形成枢轴曲线的平面。拔模面绕枢轴曲线旋转形成拔模面。通过激活操控栏中图标后的文本框来实现操作。

③拔模方向

拔模方向是指绕枢轴曲线旋转生成拔模面的方向，通过激活操控栏中图标后的文本框来实现操作。

④拔模角度

拔模角度是指绕枢轴曲线旋转生成拔模面的角度值。在上述三项设置正确后，操控栏中会增加显示角度设置文本框。

(2) 操作步骤

①单击操控栏上按钮后的文本框，然后在图形区选择一个平面作为枢轴平面。

②打开“参照”面板，单击拔模曲面文本框，选择拔模面。

③在选择完枢轴平面后，按钮后的文本框也显示该平面，表示系统默认拖动方向由枢轴平面决定，若要修改，可单击其后的文本框，然后在图形区重新选择作为拖动方向的参照。

④在新增显示的角度文本框中设置角度值。

⑤单击操控栏中的按钮完成特征创建。

5.6.2　应用示例

例题：现有如图 5-32 所示模型，在其上创建拔模特征。

操作步骤如下：

(1) 建立新文件 bamo

(2) 用拉伸特征创建底板以及圆柱体

(3) 创建拔模特征

击活拔模命令，选择底板上表面为枢轴平面，接受默认拖动方向，选择底板右侧面为拔模面，输入角度后生成如图 5-33 所示模型，拔模角度方向可通过 按钮切换。

图 5-32　初始模型

图 5-33　拔模特征

(4) 特别提示

“分割”面板可设置分割选项和侧选项，创建不同类型的拔模特征。

①分割选项可以分为以下几种情况：“不分割”为默认设置，即使选择多个拔模面，也都按相同的角度和方向形成拔模斜面，如图 5-34 所示；设置为“根据拔模枢轴分割”将以枢轴为分割线进行拔模，如图 5-35 所示；“根据分割对象分割”则要求绘制一条线，以该线为分割线进行拔模。

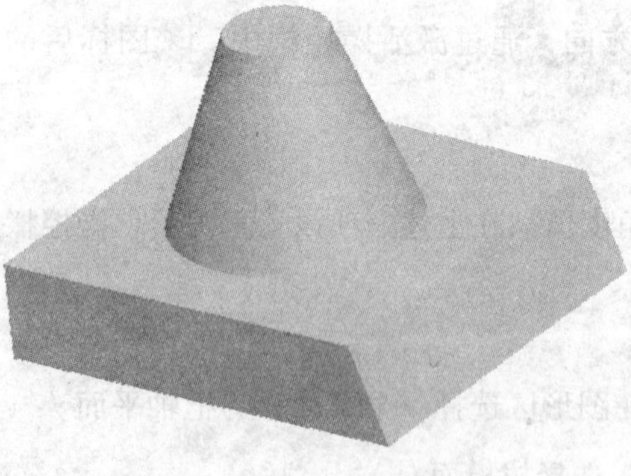

图 5-34　不分割的拔模特征

图 5-35　分割的拔模特征

②侧选项可以分为以下几种情况：“独立拔模侧面”表示分割线两侧的拔模面可以有独立的拔模角度和方向；“从属拔模侧面”表示分割线两侧的拔模面具有共同的拔模角度和方向；“只拔模第一侧”表示只对分割线第一侧进行拔模；“只拔模第二侧”表示只对分割线第二侧进行拔模。

5.7　上机指导（盘盖类零件）

例题： 创建如图 5-36 所示的法兰盘模型。使用旋转特征创建基本体，再创建孔特征、加强筋特征并分别阵列，最后创建倒角特征。

操作步骤如下：

（1）建立新文件 falanpan

（2）使用旋转特征创建基本体

单击按钮，在旋转特征操控栏上打开“放置”面板，单击“定义”按钮，在弹出“草绘”对话框中，选择 FRONT 平面为草绘平面，RIGHT 平面为右方，绘制如图 5-37 所示截面，单击按钮退出草绘环境。设置旋转角度为 360°，单击操控栏中的按钮完成特征创建，得到如图 5-38 所示的模型。

图 5-36　法兰盘模型

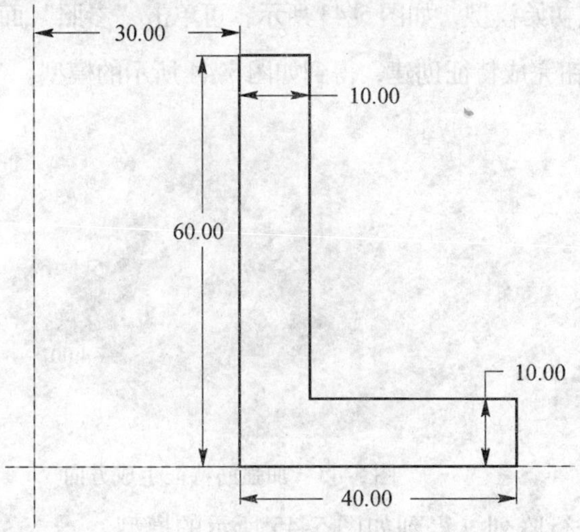

图 5-37　草绘截面

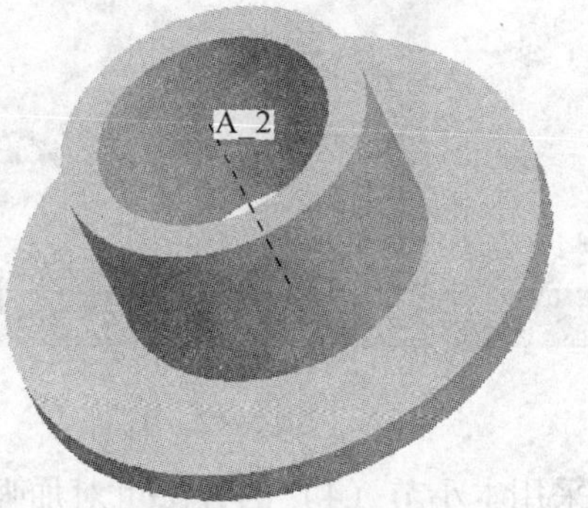

图 5-38　基本体

（3）创建孔特征

单击按钮，打开孔特征操控栏，选择表面为放置平面，打开“放置”面板，设置孔特征定位方式为“直径”，单击“次参照”文本框，在图形区选择基准轴线，设置直径为 110，按下“Ctrl”键选择 FRONT 平面，设置角度为 45°，此时“放置”面板如图 5-39 所示。在操控栏中设置孔直径为 15，单击按钮完成特征创建，得到如图 5-40 所示的模型。

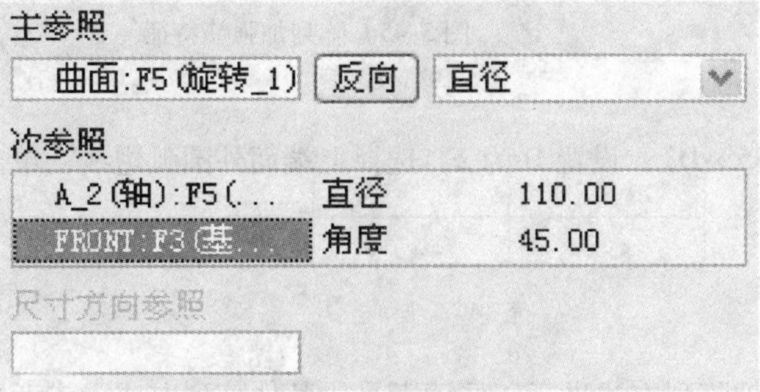

图 5-39　“放置”面板

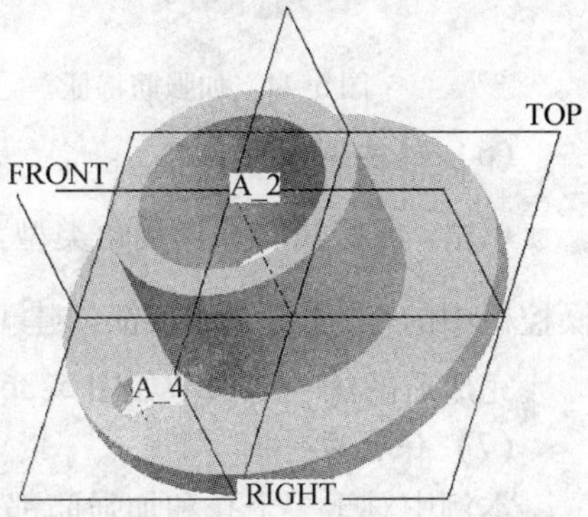

图 5-40　孔特征

(4) 阵列孔特征

选择孔特征，单击按钮，在操控栏中选择阵列类型为“轴”，在图形区选择基准轴线，阵列成员数设置为6，单击操控栏中的按钮完成特征创建，得到如图5-41所示的模型。

图5-41 阵列孔特征

(5) 创建加强筋特征

单击按钮，在操控栏中打开“参照”面板，单击“定义”，选择FRONT平面为草绘平面，RIGHT平面为右方，绘制如图5-42所示截面，单击按钮退出草绘环境。

厚度设置为4，注意使图形区的黄色箭头指向初始模型，如图5-43所示，可单击“参照”面板中的按钮进行调整，单击操控栏中的按钮完成特征创建，得到如图5-44所示的模型。

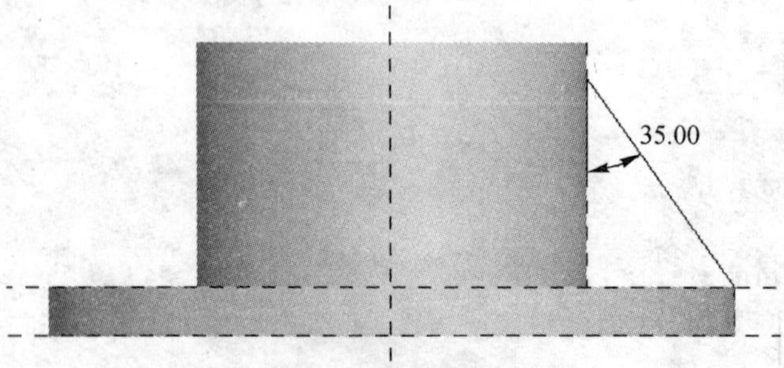

图5-42 截面

图5-43 加强筋特征生成方向

采用本小节（4）的方法可对加强筋特征进行阵列，得到如图5-45所示的模型。

图5-44 加强筋特征

图5-45 阵列加强筋特征

(6) 创建倒角特征

单击按钮，选择倒角类型为“45 × D”，设置D为2，选择上端面外圆弧边线，单击操控栏中的按钮完成特征创建。

完成后的法兰盘模型如图5-36所示。

(7) 保存文件

本例中对于多个孔和加强筋都采用轴阵列方式进行，请读者采用其他阵列方式，或者采用复制和镜像的方式完成该部分内容。

5.8　操作练习

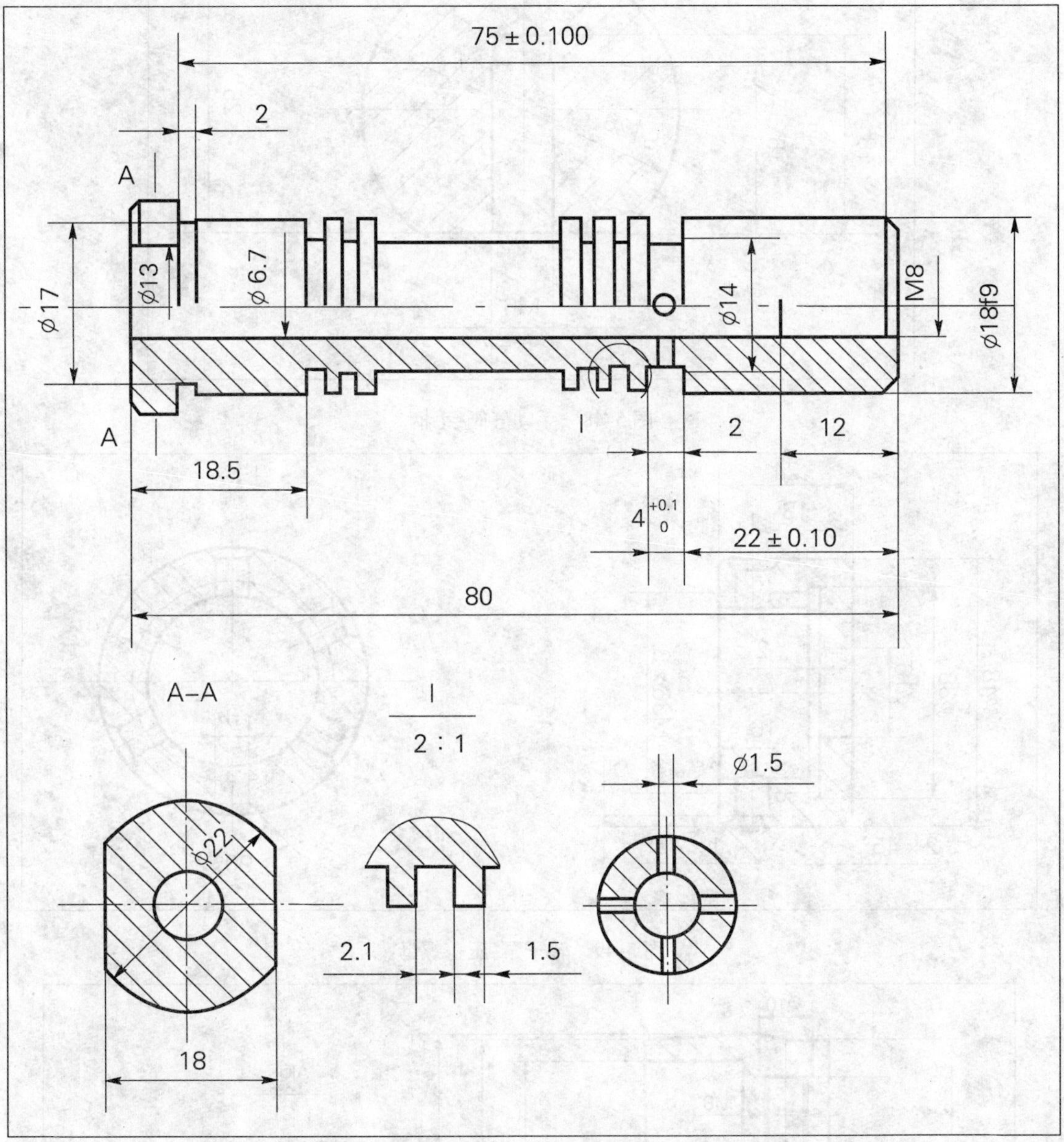

图 5-46　手动气阀-气阀杆

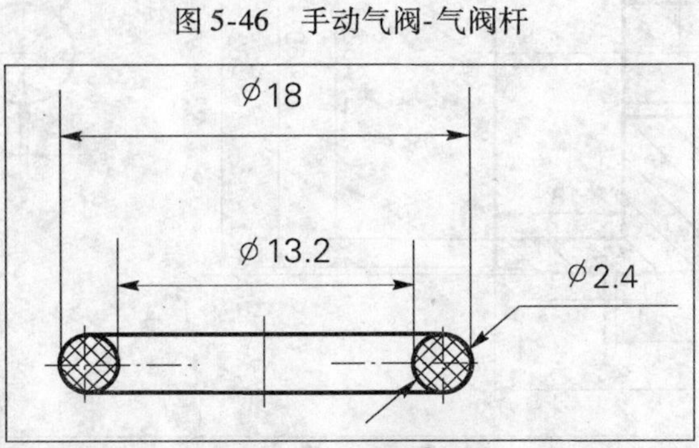

图 5-47　手动气阀-密封圈

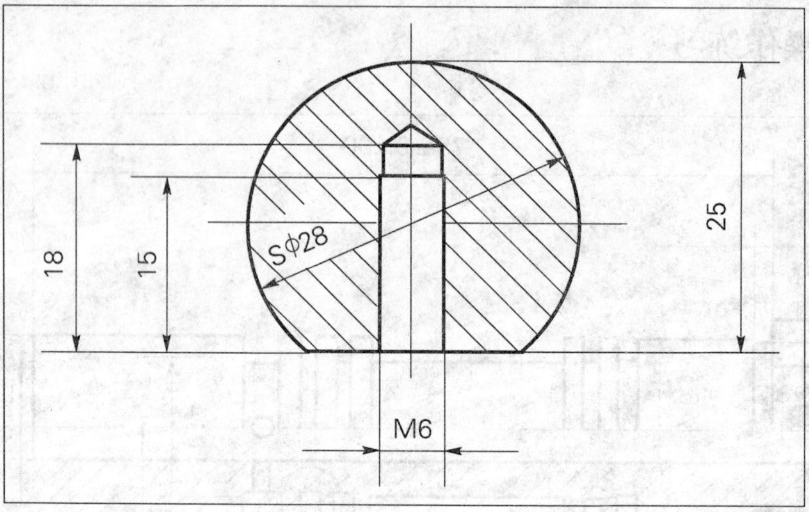

图 5-48　手动气阀-手柄

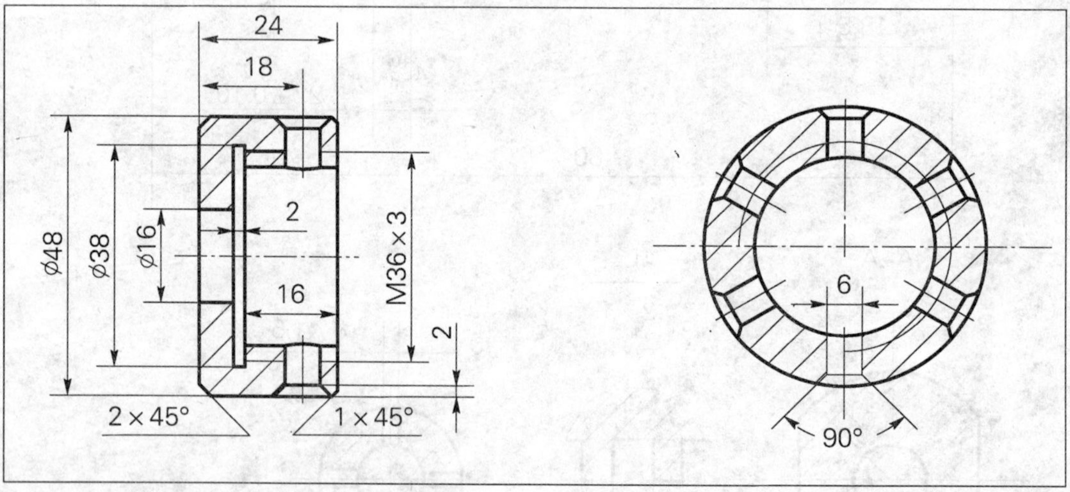

图 5-49　转子泵-压盖螺母

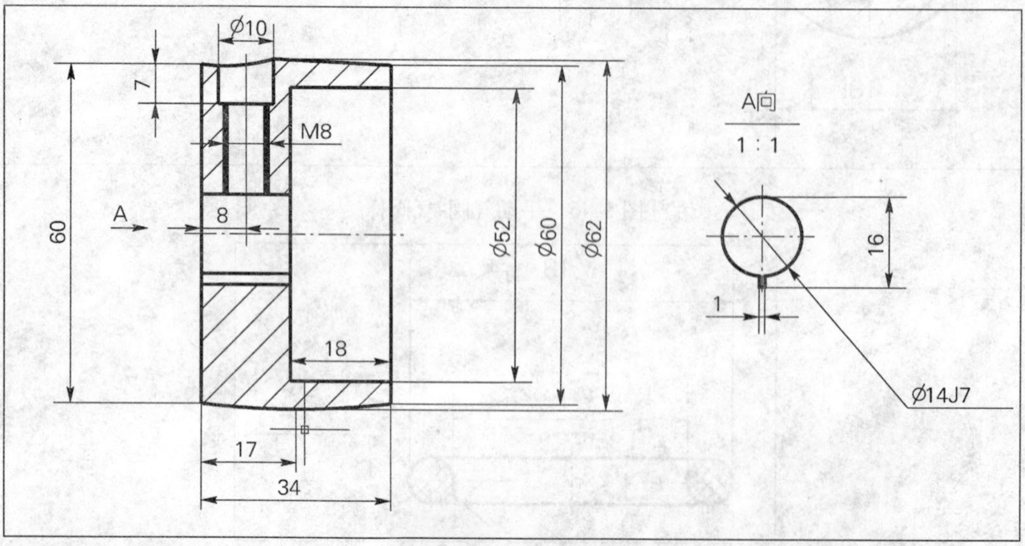

图 5-50　转子泵-带轮

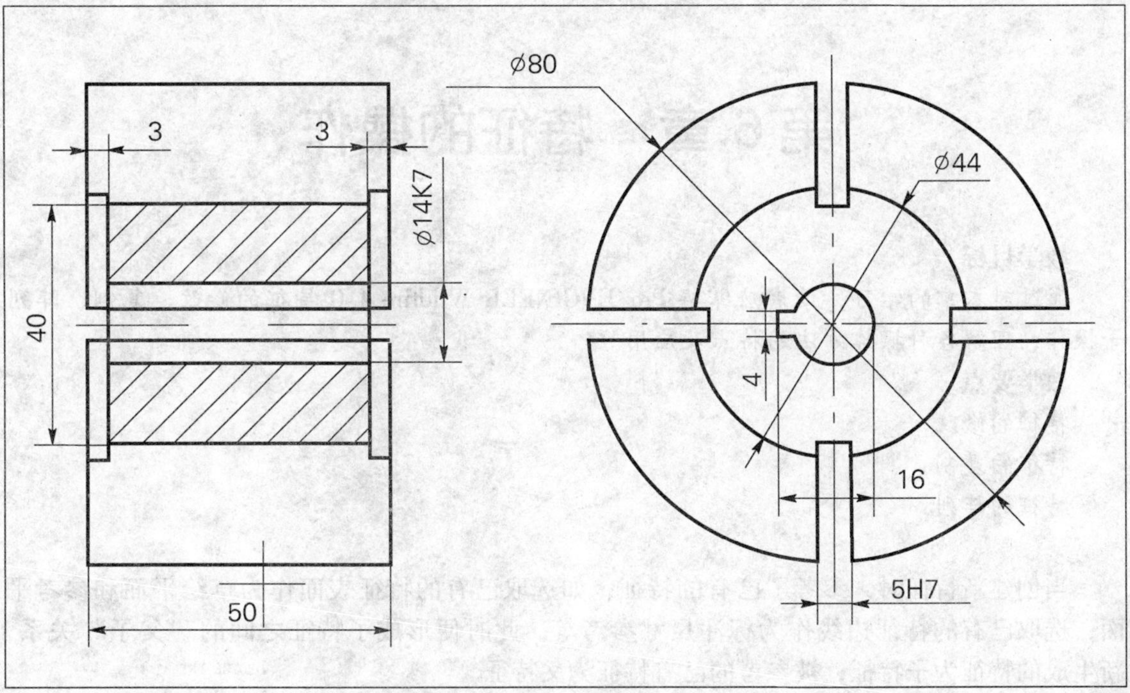

图 5-51　转子泵-转子

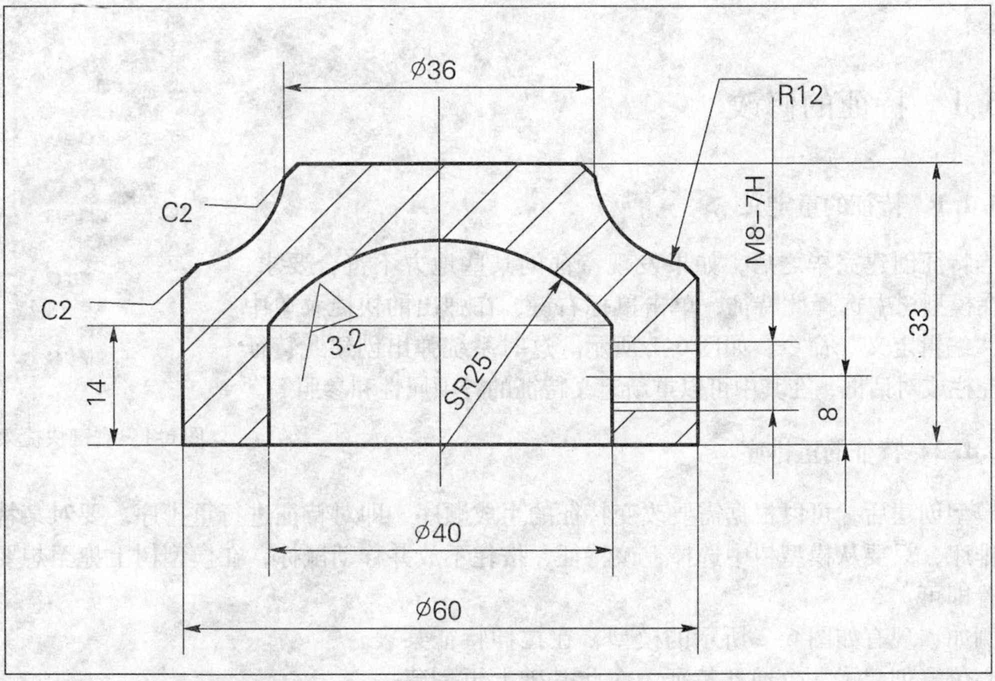

图 5-52　千斤顶-顶垫

第6章　特征的操作

教学目标

通过对本章的学习，读者应掌握 Pro/ENGINEER Wildfire 4.0 特征的修改、复制、阵列等操作，理解各种操作方法的特点及应用。

教学要点

特征的修改

特征的复制

特征的阵列

当创建新特征时，参考了已有的特征，如选取已有的特征表面作为草绘平面和参考平面，选取已有的特征边线作为标注尺寸参考等。此时便形成了特征之间的“父子”关系，新生成的特征为子特征，被参考的已有特征为父特征。

对于有“父子”关系的特征，进行特征操作时需要注意：对父特征的特征操作会影响子特征，而对子特征的操作不会影响父特征。

6.1　特征的修改

6.1.1　特征的重定义

当特征创建完毕之后，如果发现特征的某些地方不符合要求，可以在模型树中选择此特征，单击鼠标右键，在弹出的快捷菜单中选择“编辑定义”命令，如图6-1所示。这时系统弹出创建此特征的操控栏或对话框，在其中可以重新定义特征的各项属性和参照等。

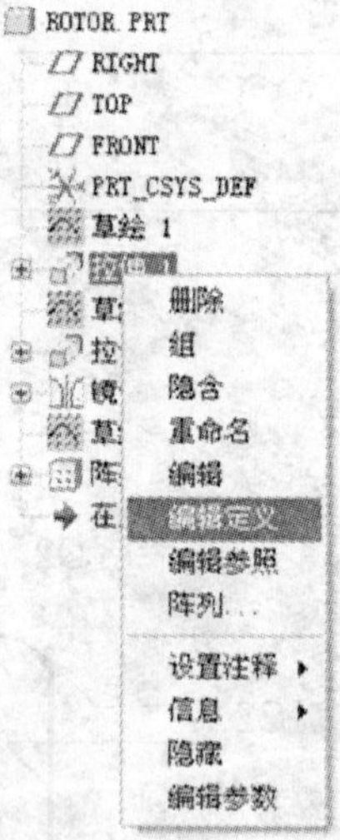

图6-1　右键快捷菜单

6.1.2　特征的重排序

模型创建后，可以根据需要改变特征的生成顺序，即对特征进行重排序。要对某特征进行重排序，只要从模型树中选择上该特征，按住不放并移动鼠标，在模型树上拖至想要放置的位置即可。

例如：现有如图6-2所示的模型，在拉伸特征某表面中心位置创建了一个通孔特征。在此基础上再创建一个特征，并进行特征重排序，可按以下步骤操作：

①在拉伸特征另一侧表面中心位置创建一个圆柱，圆柱直径大于孔直径，如图6-3所示，此时模型树中特征列表如图6-4所示。

图6-2　初始模型

②在模型树中选择新创建的“拉伸1”特征，向上拖至“孔1”特征的上方，形成如图6-5所示的特征列

表，实现了特征的重排序，此时对应的模型如图6-6所示。

图6-3　创建圆柱后的模型

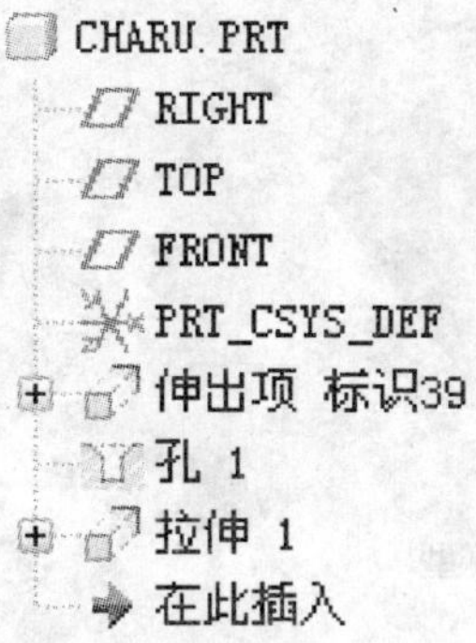

图6-4　初始列表

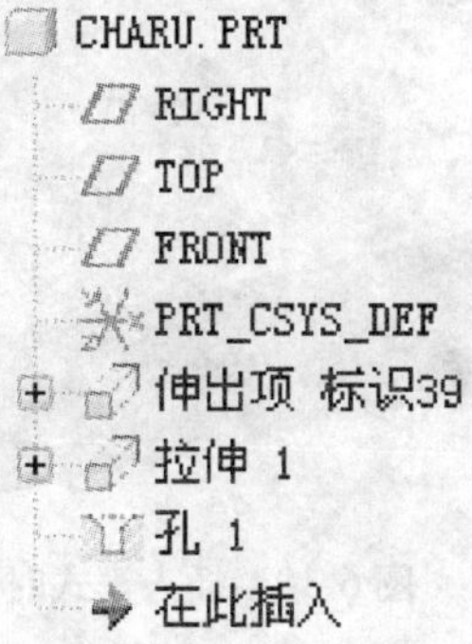

图6-5　重排序后列表

特征重排序，既可以将特征提前，也可以将特征排后。但在重排序时需要注意，子特征不能排到父特征之前，如果要将子特征放到父特征之前，必须首先解除“父子”关系。

图6-6　重排序后模型

6.1.3　特征的插入

在建模过程中，如果发现一个特征应创建在某些已创建特征之前，可以利用模型树中的“➜在此插入”命令，将该特征插入到任何想插入的位置。

先将特征插入符号“➜在此插入”从模型树的底部拖至欲插入特征的位置，然后选择特征创建命令创建新特征，完成新特征创建后，再将特征插入符号“➜在此插入”拖至模型树的底部。

例如，现有如图6-7所示的模型，将拉伸特征某表面移除创建了一个壳特征，模型树中特征列表如图6-8所示。如果想在壳特征之前插入新特征，可按以下步骤操作：

①将“➜在此插入”符号向上拖至“壳1”特征的上方，此时模型树中特征列表如图6-9所示，“壳1”特征名前有一个黑色小方块标记，模型如图6-10所示，只存在原有的拉伸特征，图形区右下角出现“插入模式”的字样，表示现在开始创建的特征都将位于“壳1”之前。

图6-7　初始模型

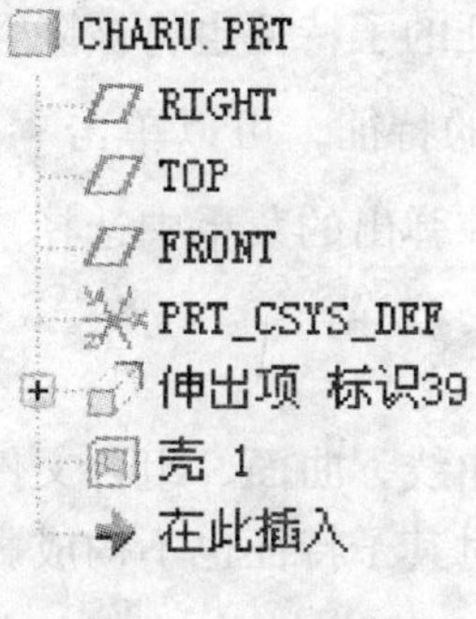

图6-8　初始列表

图6-9　插入模式时列表

②在拉伸特征曾被移除的表面上创建一个盲孔特征，如图6-11所示，然后将符号“➜在此插入”拖至模型树的底部，退出插入模式，此时模型树中特征列表如图6-12所示，模型如图6-13所示。

图 6-10　插入模式时初始模型

图 6-11　创建盲孔特征后的模型

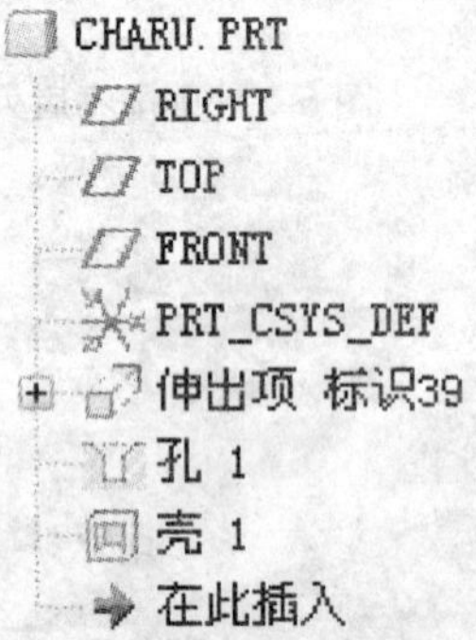

图 6-12　退出插入模式后列表

图 6-13　退出插入模式后的模型

6.1.4　特征的隐含与恢复

当创建的实体结构比较复杂，特征数目很多时，为了简化零件模型显示和加快系统运行速度，可将一些与当前工作无关的特征进行隐含。特征隐含后，模型树中将不显示该特征，当工作完成后或工作中需要用到被隐含的特征时，可将隐含特征恢复。

如果希望在模型树中显示隐含的特征名，可以在导航选项卡中单击“设置”>“树过滤器”，在弹出的对话框中勾选“隐含对象”复选框，然后单击“确定”按钮，这样被隐含的特征名就会显示在模型树中，但特征名前有一个黑色小方块标记。

操作说明如下：

（1）在模型树中选择要隐含的特征，单击鼠标右键，在弹出的快捷菜单中选择“隐含”命令，即可将特征隐含，该特征的子特征也将被隐含。

（2）如果想要恢复被隐含的特征，可以单击 ↶ 按钮撤销隐含操作，或在模型树中用鼠标右键单击隐含特征名，再在弹出的菜单中选择“恢复”命令即可。

6.1.5　特征隐藏与取消隐藏

对于基准特征、坐标系、曲线、曲面、组合文件中的零件等特征可以进行隐藏，被隐藏的特征名仍显示在模型树中，对其子特征也不构成影响，但其左侧的图标变成灰色。可按以下步骤操作：

①在模型树中选择要隐藏的特征，单击鼠标右键，在弹出的快捷菜单中选择“隐藏”命令，即可将特征隐藏。

②如果想要取消隐藏，可以单击 ↶ 按钮撤销隐藏操作，或在模型树中用鼠标右键单

击隐藏特征名，再在弹出的菜单中选择“取消隐藏”命令即可。

6.1.6　特征的删除

（1）使用“删除”命令删除特征

选择特征，单击“编辑” > “删除”命令，选择“删除”选项，将直接删除所选特征的全部相关内容。选择“删除直到模型的终点”选项，将从所选择的特征开始直接删除到最后。选择“删除不相关的项目”，将删除不相关的内容。

（2）使用快捷菜单删除特征

在模型树特征列表中选中欲删除的特征名，接着单击鼠标右键，在弹出的菜单中选择“删除”命令，系统就会删除选取的特征。

6.2　特征的复制

特征的复制就是创建一个形状与原特征相同（或只是大小尺寸发生变化）的新特征，并将其放置在一个新位置上，而原特征不发生任何改变。此时，原特征为父特征，复制出来的特征为子特征，也叫做副本，通常子特征可以有从属于父特征或独立于父特征两种情况。

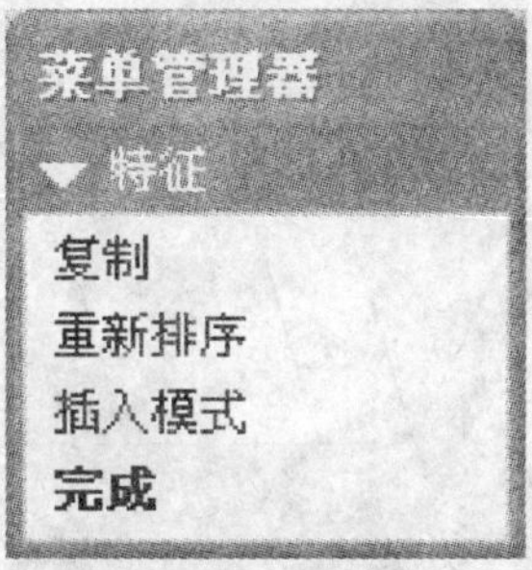

图 6-14　“特征”菜单管理器

6.2.1　特征复制命令基本操作

从“编辑”菜单中选取“特征”选项，系统弹出如图 6-14 所示的“特征”菜单管理器，选取下拉列表中的“复制”选项即可激活特征复制命令，如图 6-15 所示。

复制特征时，通常必须先设置所要复制的方式，再选取父特征，然后设置子特征与父特征之间的从属或独立关系。通过复制命令，可以生成与父特征尺寸相同的子特征，也可以生成与父特征尺寸不同的子特征。

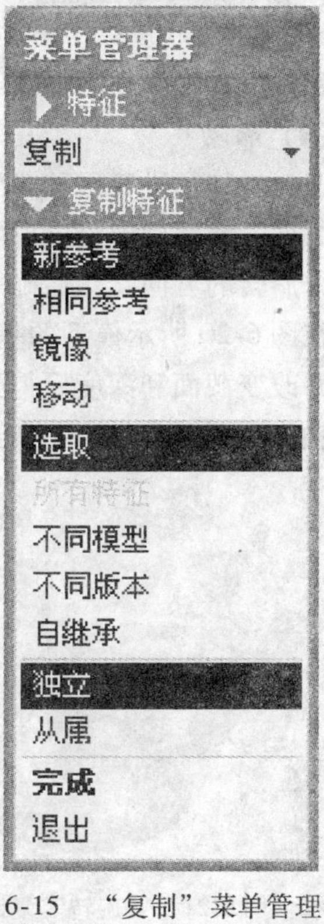

图 6-15　“复制”菜单管理器

6.2.2　特征复制方式

（1）新参考

选取新的特征参考来取代父特征中的参考，要求子特征的参考与父特征的参考是一一对应的，该方式可生成不同方向的复制特征。如图 6-16 所示，在拉伸特征的斜面上有一孔特征，对其使用该方式复制后可得到如图 6-17 所示的模型。

（2）相同参考

使用父特征的原有参考作为子特征的参考，可通过改变相对位置尺寸来创建子特征，否则复制后的子特征将与父特征重叠。该方式可生成相同方向的复制特征，如图 6-18所示。

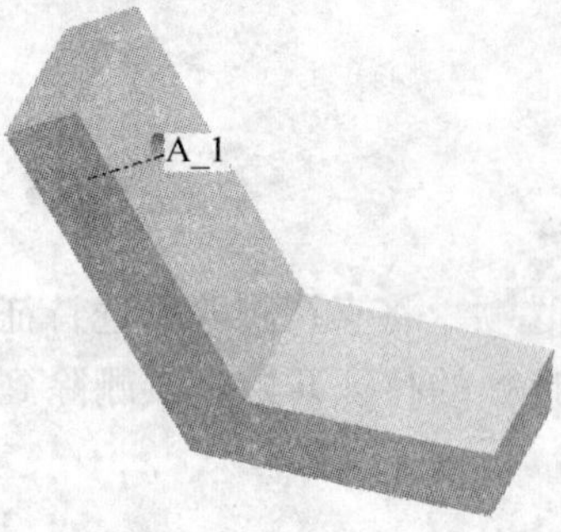

图 6-16　初始模型

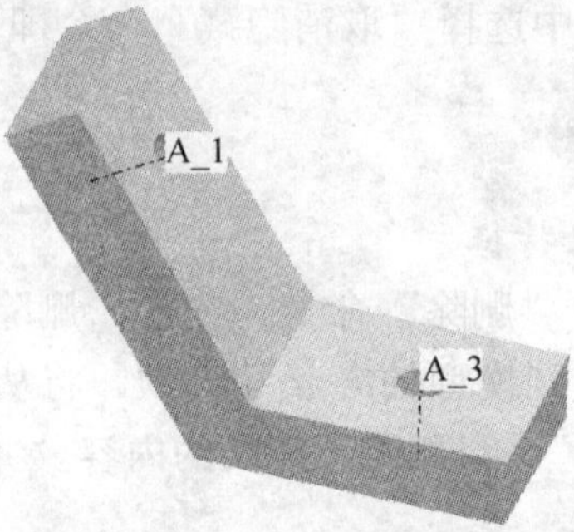

图 6-17　“新参考”复制特征

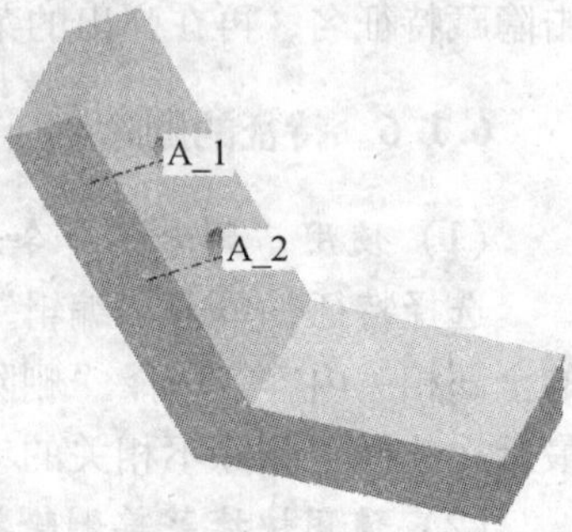

图 6-18　“相同参考”复制特征

（3）镜像

通过镜像特征来进行特征复制。使用该方式时，必须选取一个基准面或平面作为镜像参考。如图 6-19 所示，在圆柱的上表面有一切除材料拉伸特征，以 RIGHT 平面为镜像平面对其复制，改变拉伸深度值得到如图 6-20 所示的模型。

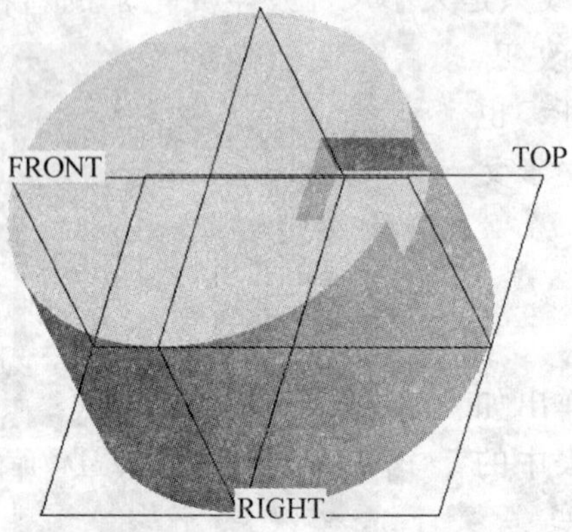

图 6-19　初始模型

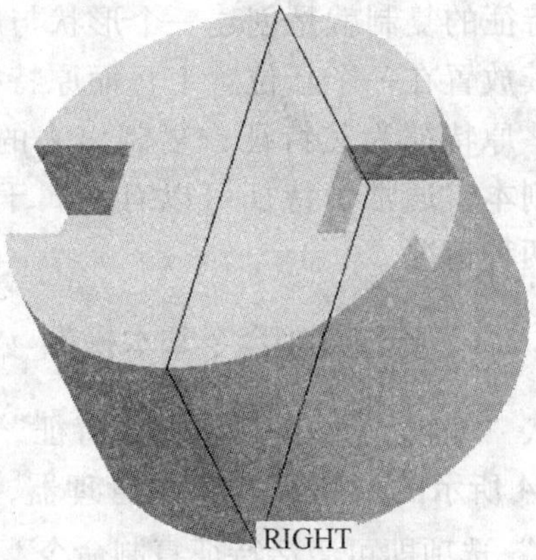

图 6-20　“镜像”复制特征

（4）移动

通过对特征进行平移或旋转来复制。使用平移方式时，要先选取父特征，再选取一个移动的方向，然后确定沿该方向进行平移的距离；使用旋转方式时，则在选取父特征后，再选取一个旋转的方向，然后确定沿该方向进行旋转的角度。

在图 6-20 所示模型的基础上，选取初始的切除材料拉伸特征，以中心轴为参照旋转复制，并改变截面和深度后得到如图 6-21 所示模型；继续选取初始的切除材料拉伸特征，以中心轴为参照平移复制，得到如图 6-22 所示模型，将该模型转存为 xuan zhuan fu zhi。

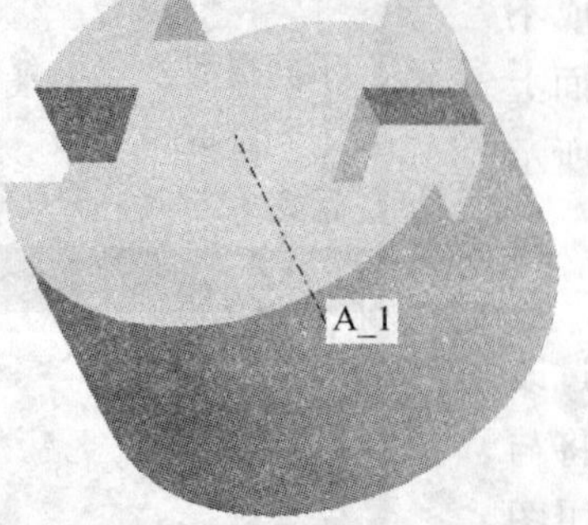

图 6-21　“旋转”复制后模型

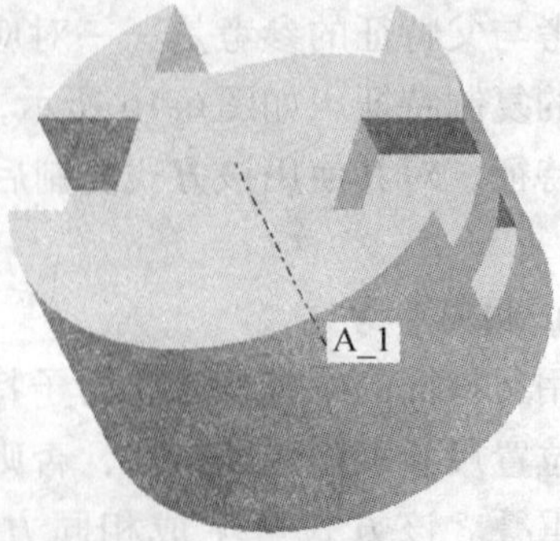

图 6-22　“平移”复制后模型

6.2.3 特征选取方式

选取模型中将要复制的特征，方式有多种，下面分别介绍。

(1) 选取

在当前的模型中选取要复制的特征。选取该项后，使用鼠标在图形区中逐个选取模型中将要复制的特征。

(2) 所有特征

选取当前模型中的所有特征。该选项只有在选取了“镜像”或“移动”特征复制方式时才可使用。

(3) 不同模型

从不同模型中选取要复制的特征。该选项只有在选取了“新参考”特征复制方式时才可使用。

(4) 不同版本

从当前模型的不同版本选取要复制的特征。该选项只有在选取了“新参考”或“相同参考”特征复制方式时才可使用。

(5) 自继承

直接选用当前特征的所有属性性质。该选项只有在选取了“新参考”特征复制方式时才可使用。

6.2.4 子特征与父特征的关系

子特征与父特征的关系有独立和从属两种。

(1) 独立

该选项使子特征独立于父特征，两者无任何关联。对父特征进行任何修改操作（甚至是将父特征删除），都不会影响子特征。当然对子特征的修改同样也不影响父特征。

(2) 从属

该选项使子特征从属于父特征。当对父特征进行修改时，子特征也将随着更改。如果删除父特征，则子特征一起被删除。

6.2.5 通过剪贴板进行特征的复制

通过剪贴板对特征进行复制的方法，与 Word 等文字处理软件中使用复制、粘贴命令相似，先将被选取的特征复制到剪贴板中，再粘贴到选取位置。

(1) 将特征复制到剪贴板

先选择需要复制的特征，然后在主菜单栏中单击“编辑” > “复制”，或单击工具栏中复制按钮 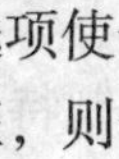，或按下快捷键“Ctrl + C”，均可将所选特征复制到剪贴板中。

特征被复制到剪贴板时，其尺寸、参照等设置也一起被复制到剪贴板中。剪贴板中的内容可重复使用，直到再将其他特征复制到剪贴板中为止，即使从剪贴板中粘贴特征时改变了其设置，剪贴板中的特征仍保持其原始设置。

使用特征操作命令对模型进行更改后，将会从剪贴板中清除复制特征，或当带有复制特征的模型因无效或丢失参照而再生成失败时，也会从剪贴板中清除复制特征。

(2) 从剪贴板粘贴特征

将特征复制到剪贴板后，在主菜单栏中单击“编辑” > “粘贴”，或单击工具栏中粘贴按钮，或按下快捷键“Ctrl + V”，均可激活粘贴命令，然后根据系统提示选择副本放置位置，系统将弹出特征操控栏或菜单，可对副本特征进行重定义。

6.2.6 应用示例

例题：对如图 6-23 所示模型进行复制，生成图 6-24 所示模型。

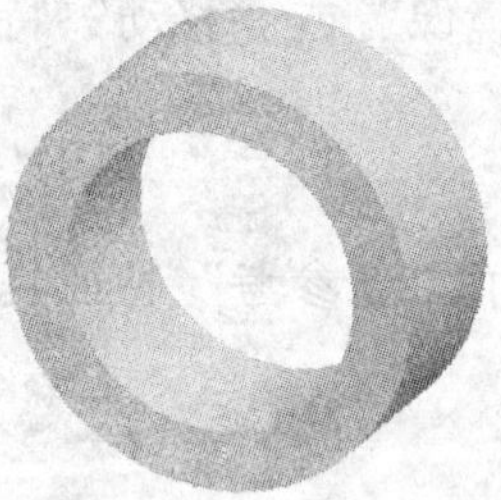

图 6-23 初始模型

图 6-24 复制特征

操作步骤如下：

(1) 新建文件 fuzhi

(2) 采用拉伸命令创建如图 6-23 所示模型

(3) 复制特征

①选择该特征并按下快捷键“Ctrl + C”，将其复制到剪贴板。

②按下快捷键“Ctrl + V”，系统弹出该拉伸特征的操控栏。

③打开“放置”面板，单击“编辑”按钮，进入草绘环境修改截面图形的尺寸。

④在操控栏中进行拉伸深度等内容的修改，单击按钮完成复制操作，如图 6-24 所示。

(4) 保存文件

(5) 特别提示

将特征复制到剪贴板后，也可使用“编辑” > “选择性粘贴”命令来复制特征。系统弹出“选择性粘贴”对话框，通过对话框可以设置副本的从属特性、变换方式、参照情况等内容，若勾选“对副本应用移动/旋转变换”选项，则还可使副本相对于原有特征平移一定的距离或旋转一定的角度，与复制命令中的“移动”方式类似，只不过是通过“副本移动/旋转”操控栏进行相关设置。

6.3 特征的镜像

除了特征复制命令中的镜像方式外，在编辑菜单中还有一个独立的镜像工具，也可实现特征的镜像。两者的主要区别在于，该镜像命令只能在当前模型中选择要镜像的特征，而且生成的子特征从属于父特征。

6.3.1 特征镜像基本操作

先选取要镜像的特征，然后在主菜单栏中单击“编辑” > “镜像...”，或单击特征工

具栏中的 按钮，弹出如图6-25所示的操控栏，选取镜像平面即可对实体进行对称复制。

图6-25　特征镜像操控栏

6.3.2　应用示例

例题：在如图6-22所示模型的基础上，应用镜像命令创建出如图6-26、图6-27所示模型。

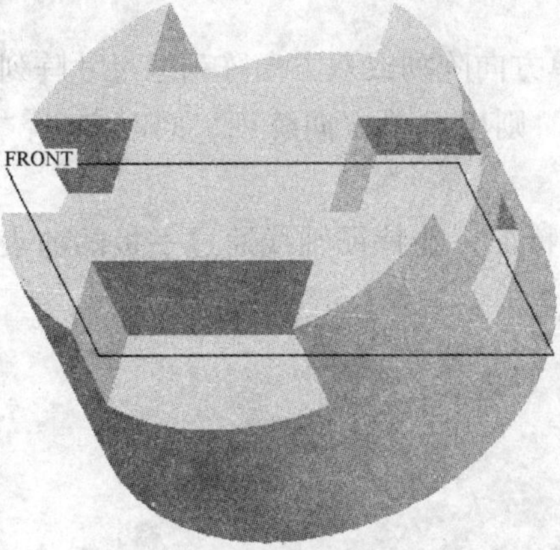

图6-26　镜像单个特征

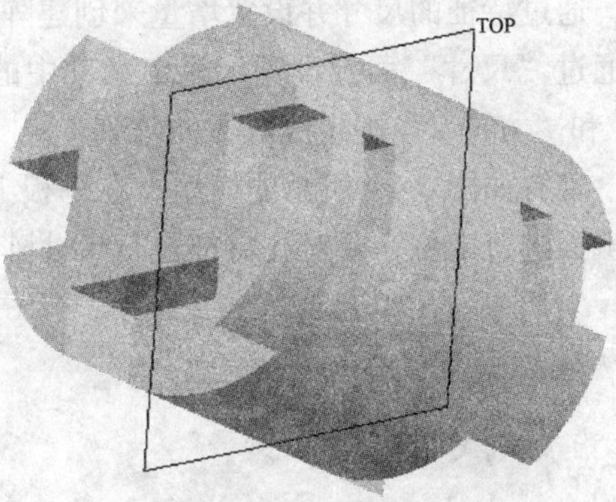

图6-27　镜像多个特征

操作步骤如下：

（1）打开前面的文件 xuanzhuanfuzhi

（2）创建镜像特征

①选择旋转复制得到的特征，然后单击 按钮。

②选取FRONT平面为镜像平面，可得到如图6-26所示模型。

③选取全部特征，然后单击 按钮。

④选取TOP平面为镜像平面，可得到如图6-27所示模型。

（3）将文件另存为 jingxiang

6.4　特征的阵列

特征阵列命令可一次创建多个特征副本，能够在很大程度上提高用户的工作效率。生成一个阵列后，系统将视该阵列为单一特征，该特征包括若干个阵列成员，但为了区分生成的阵列特征，往往也将生成特征阵列的初始特征，称为父特征，而通过特征阵列操作生成的新成员称为子特征，子特征与父特征之间是依存关系，对父特征进行修改时，子特征也将跟着变动。

6.4.1　特征阵列的基本操作

先选取要阵列的特征，然后在主菜单栏中单击“编辑”>“阵列...”，或单击特征工

具栏中的 按钮，系统弹出如图 6-28 所示的特征阵列操控栏。

图 6-28　特征阵列操控栏

6.4.2　特征阵列的类型

特征阵列的类型有尺寸、方向、轴、填充、参照、表、曲线等类型，在操控栏尺寸右侧单击▾按钮会弹出类型下拉列表，可在其中进行选择。

（1）尺寸阵列

通过特征的尺寸并设置增量来创建阵列，可为单方向阵列或双方向阵列。尺寸阵列的方向通过“尺寸”面板设置，只定义其中的“方向 1”则生成单方向阵列，同时定义“方向 1”和“方向 2”则生成双方向阵列。

现有如图 6-29 所示的模型，在平板上有一个孔特征，孔特征轴线通过平板的前表面和左侧面进行定位，要对孔特征进行尺寸阵列。

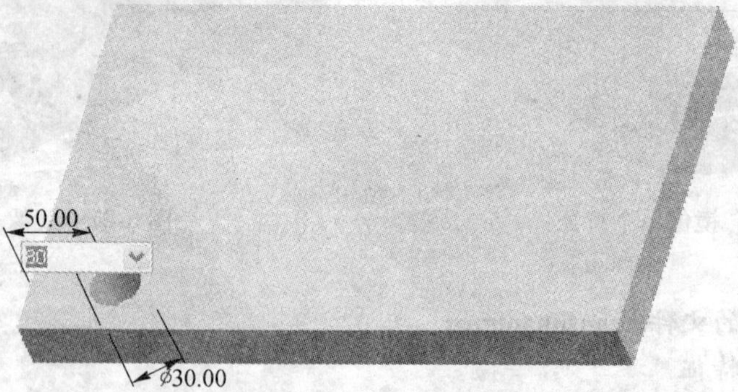

图 6-29　初始模型

操作说明如下：

①选择孔特征并激活阵列命令，图形区将显示孔特征的尺寸，选择一个尺寸并在数值框中输入该尺寸的增量，打开“尺寸”面板可看到尺寸及其增量均显示在“方向 1”的文本框中，如图6-30所示。

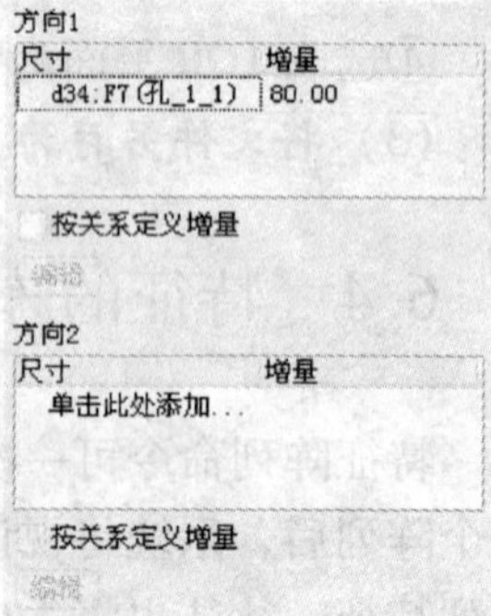

图 6-30　“尺寸”面板

②在操控栏“1”后的数值框中输入阵列成员数（阵列成员数含初始特征在内，本例为 4），完成后模型如图 6-31 所示，为单方向阵列。

定义“方向 1”时，若在选择了一个尺寸后，再按下“Ctrl”键选择另一个或多个尺寸，则阵列方向为所有尺寸增量的合成，图 6-32 所示模型是沿两个尺寸增量合成方向的结果。

③如果定义了“方向 1”后，再单击“方向 2”的文本框，则表示将选择尺寸定义“方向 2”，在操控栏分别输入两个方向的阵列成员数，可得到双方向阵列，如图 6-33 所示，该模型对应的“尺寸”面板如图 6-34 所示。

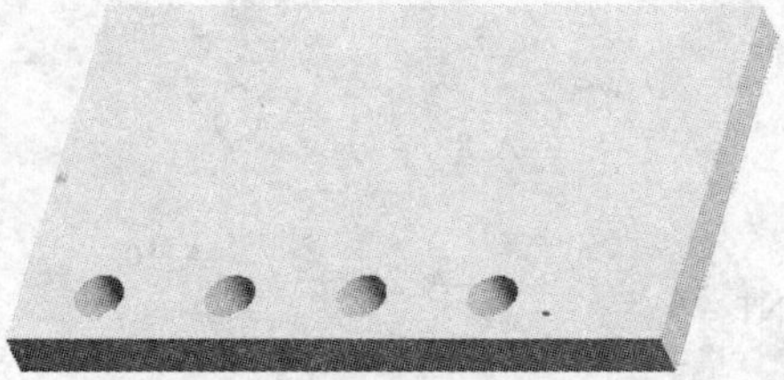

图 6-31 单方向阵列模型 1

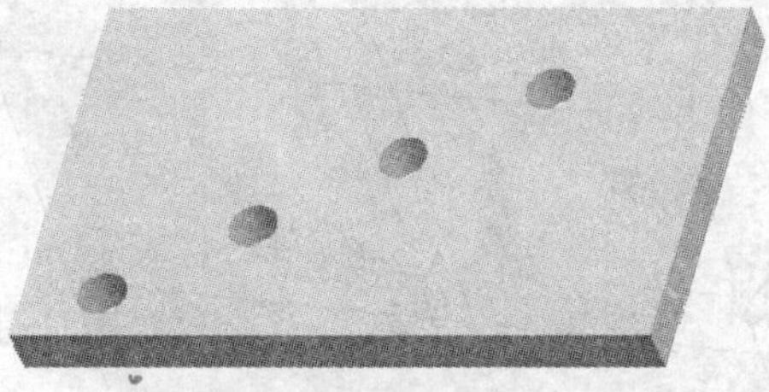

图 6-32 单方向阵列模型 2

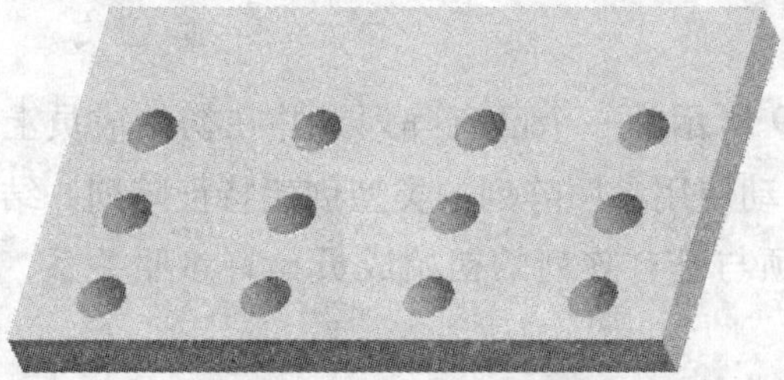

图 6-33 双方向阵列模型 1

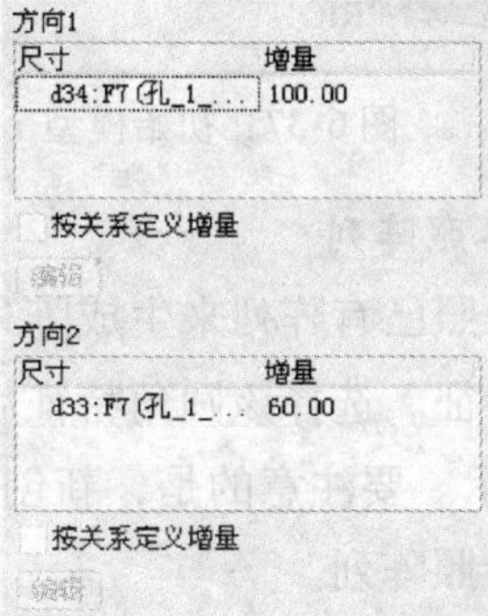

图 6-34 “尺寸”面板 1

④如图 6-35 所示模型是在两个方向分别增加孔特征直径尺寸后生成的双方向阵列，模型对应的“尺寸”面板如图 6-36 所示，增量为负值表示尺寸减小。

图 6-35 双方向阵列模型 2

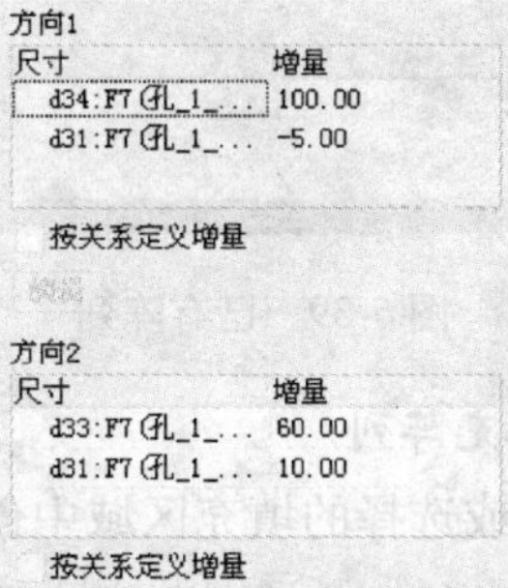

图 6-36 “尺寸”面板 2

（2）方向阵列

通过设置方向和增量来创建阵列，与尺寸阵列类似，也可以为单方向阵列或双方向阵列，只是要先选择定义方向的平面、边或轴等参照，并设置增量值。

创建方向阵列时，除了必须选择方向参照并设置增量外，也可以同时选择在该方向变化的尺寸并设置增量，阵列方向为两者的合成。

（3）轴阵列

通过设置相对轴线旋转角度和距离的增量来创建阵列。

如图 6-37 所示，在平板中心两个平面相交处创建基准轴，使用轴阵列后可得到如图 6-38 所示的模型。要注意的是，基准轴特征应在孔特征之前已存在，或通过特征重排序将其放置在孔特征之前，否则无法选择该基准轴。

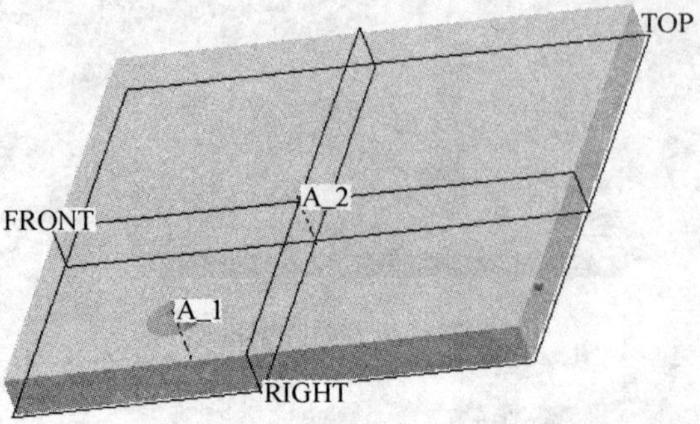

图 6-37　初始模型

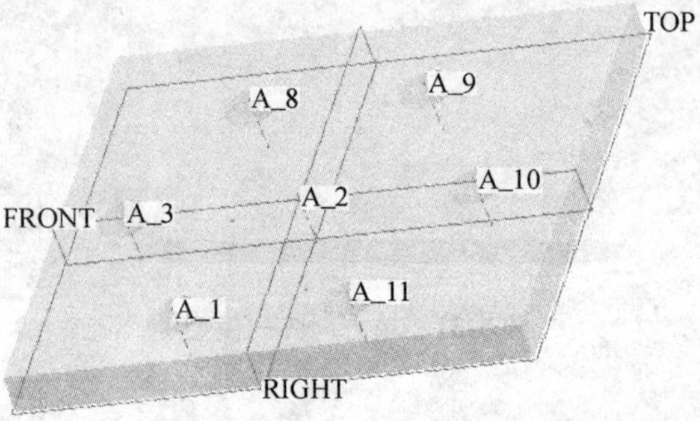

图 6-38　轴阵列

（4）参照阵列

通过参照已有阵列来生成阵列。如图 6-39 所示为一个已有阵列，并在初始成员上新创建了圆角特征。选择该圆角特征后，系统将自动使用参照阵列的类型创建特征阵列，结果如图 6-40 所示。要注意的是，新创建的特征必须与已有阵列的初始成员具有参照关系，否则无法形成参照阵列。

图 6-39　已有阵列

图 6-40　参照阵列

（5）填充阵列

在绘制或选择的填充区域中创建阵列。绘制或选择完填充区域后，还可以在操控栏中设置阵列成员的排列方式，如正方形、菱形等，设置阵列成员之间的中心距、成员中心到填充区域边界的最小距离等内容，之后可生成填充阵列。如图 6-41 所示模型是在平板整个表面上创建的填充阵列，如图 6-42 所示模型是在草绘圆周区域内创建的填充阵列，成员间的距离设置为小于孔特征的直径，因此出现了相交现象。

图 6-41　填充阵列 1

图 6-42　填充阵列 2

此外，还可以通过使用阵列表为每个阵列成员设置尺寸值来创建表阵列，或通过设置沿着曲线的阵列成员间的距离或阵列成员的数量来创建曲线阵列。

6.4.3　特征阵列的方式

在操控栏上单击“选项”，弹出的面板中包含3个选项：“相同”、“可变”和“一般”，这3个选项分别表示生成特征阵列的不同方式。

（1）相同

使用该选项方式生成阵列时，阵列出的子特征与父特征的尺寸大小相同，如之前的图6-31、图6-32等所示的情况，子特征的放置平面必须是父特征所在的平面，任何子特征都不能与放置平面的边相交，子特征之间也不能相交，否则特征阵列不能完成，并且系统将显示出错信息。

（2）可变

使用该选项方式生成阵列时，子特征可以与父特征的尺寸大小不相同，子特征的放置平面可以不是父特征所在的平面，子特征也可以与放置平面的边相交，如图6-41所示的情况，但是子特征之间不能相交，否则特征阵列不能完成，并且系统将显示出错信息。

（3）一般

使用该选项方式生成阵列时，子特征可以与父特征的尺寸大小不相同，子特征的放置平面可以不是父特征所在的平面，子特征可以与放置平面的边缘相交，子特征之间也能相交，如图6-42所示的情况。

要注意的是，由于生成的阵列为单一特征，所以若使用6.1.6节特征删除的方法则会将初始特征一起删除。如果在模型树特征列表中选中欲删除的特征名，接着单击鼠标右键，在弹出的菜单中选择“删除阵列”命令，系统就会删除选取的阵列而保留初始特征。

6.4.4　应用示例

例题：创建如图6-43所示的渐开线圆柱齿轮模型。

操作步骤如下：

（1）打开4.5.3应用示例创建的文件chilunquxian

（2）阵列轮齿

选择已创建的轮齿，单击按钮，阵列类型设置为轴阵列，选择基准轴A_1为参照，设置角度增量为360/NUM_TEETH，成员数为NUM_TEETH，完成后得到如图6-44所示的模型。

图6-43　齿轮模型

图6-44　阵列轮齿后的模型

(3) 创建中心孔和键槽

①单击按钮，打开孔特征操控栏，选择圆表面为放置平面，打开“放置”面板，设置孔特征定位方式为“同轴”，单击“次参照”文本框，在图形区选择基准轴 A_1，在操控栏中设置孔深度类型为，孔直径为5，单击按钮完成特征创建，得到如图 6-45 所示的模型。

②单击按钮，在拉伸特征操控栏上打开“放置”面板，单击“定义”按钮，在弹出的“草绘”对话框中，选择圆表面为草绘平面，RIGHT 平面为右方，绘制如图 6-46 所示截面，单击按钮退出草绘环境。

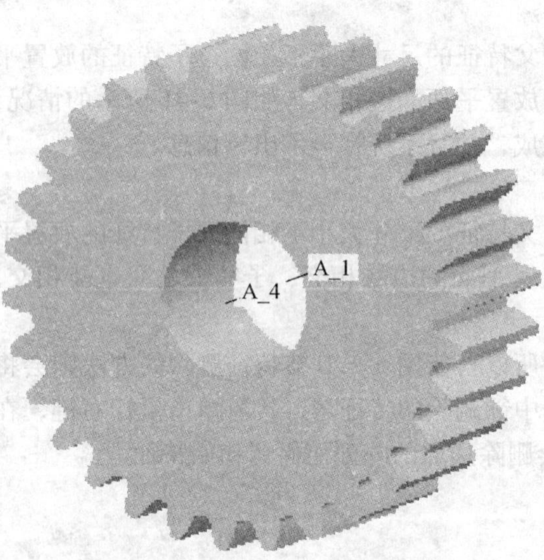

图 6-45　创建中心孔后的模型

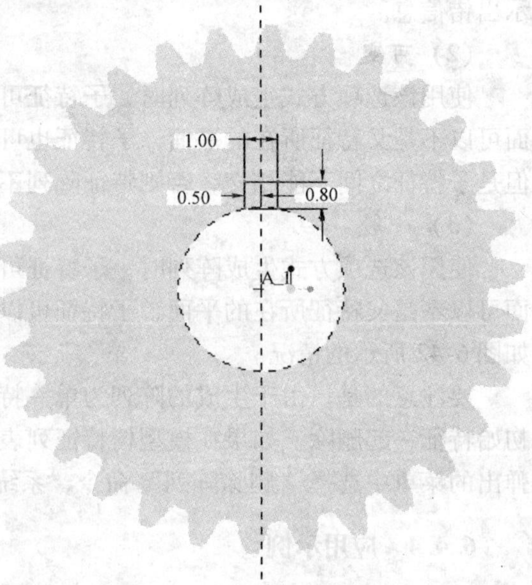

图 6-46　草绘截面

③按下按钮，通过按钮使箭头指向要切除材料的方向，设置拉伸深度为，单击操控栏中的按钮完成特征创建，得到如图 6-43 所示的模型。

完成后的齿轮模型如图 6-43 所示。

(4) 保存文件

完成模型的创建后，请读者改变齿轮参数，观察模型效果。

6.5　上机指导（箱体类零件）

例题： 创建如图 6-47、图 6-48 所示的齿轮减速箱箱盖、箱体模型。

图 6-47　箱盖模型

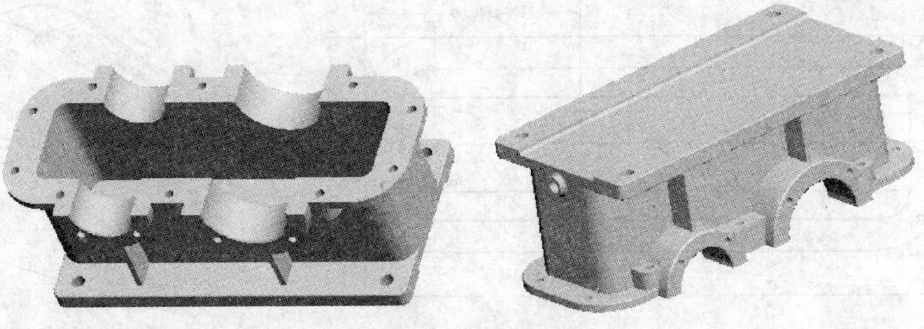

图6-48　箱体模型

建模时采用先创建减速箱整体模型，然后用“实体化”命令分割的方法，分别得到箱盖、箱体模型，在创建整体模型时又可根据其对称性，完成一侧的特征创建后采用镜像命令实现另一侧的形状。由于该模型创建步骤较多，为减小篇幅，在此只给出各步骤的创建要点，请读者结合对应示图完成模型。

操作步骤如下：

(1) 建立新文件 xianggai

(2) 创建基本体

①拉伸特征：以 FRONT 平面为草绘平面，RIGHT 平面为右方，绘制如图 6-49 所示截面，对称拉伸，深度设置为 240，得到如图 6-50 所示的模型。

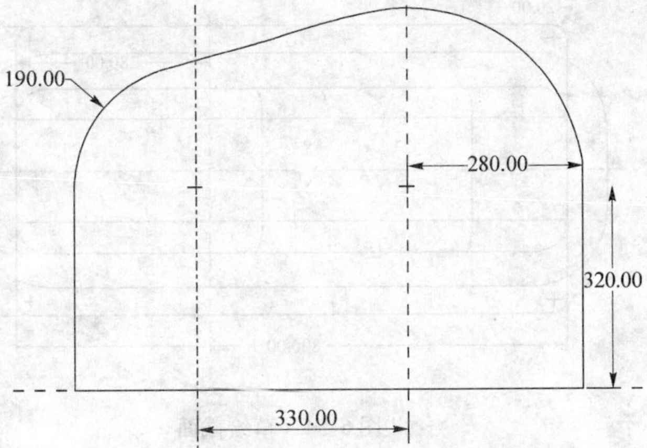

图6-49　草绘截面

②圆角特征：对两侧面的边倒圆角，圆角半径设置为45，结果如图6-51所示。

③壳特征：以下表面为移除面生成壳体，厚度设置为 18。

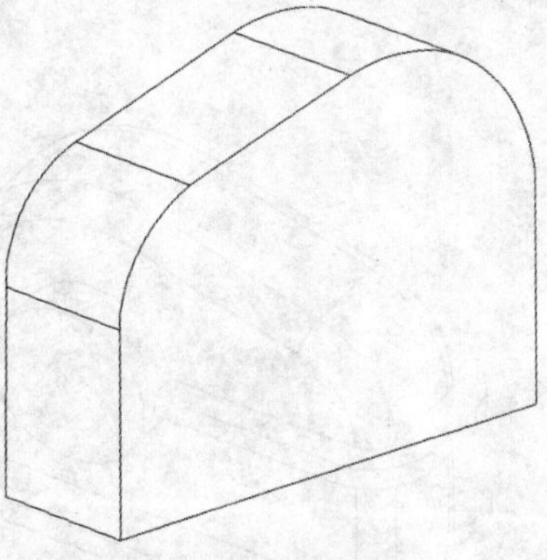

图6-50　拉伸特征

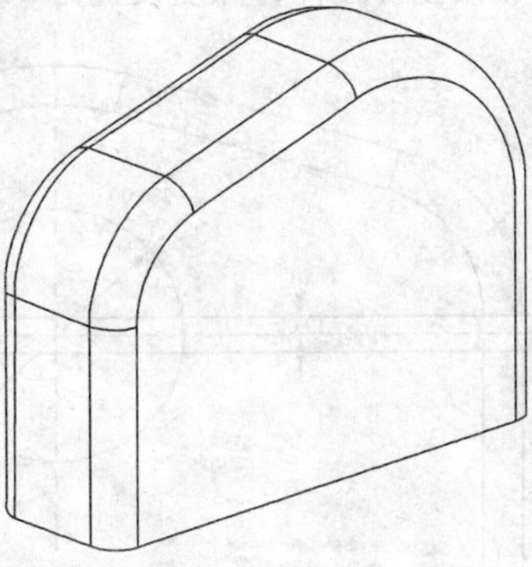

图6-51　圆角特征

(3) 创建上下箱体结合面处的基体

①基准平面：创建相对 TOP 平面偏移距离为 300 的平面 DTM1。

②拉伸特征：以平面 DTM1 为草绘平面，RIGHT 平面为右方，绘制如图 6-52 所示截面，对称拉伸，深度设置为 38，得到如图 6-53 所示的模型。

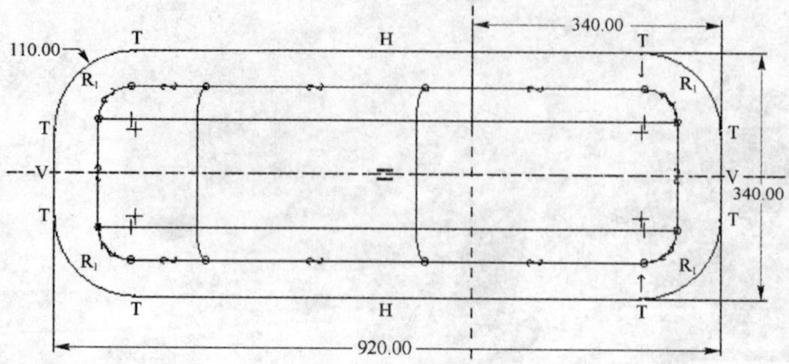

图 6-52　草绘截面

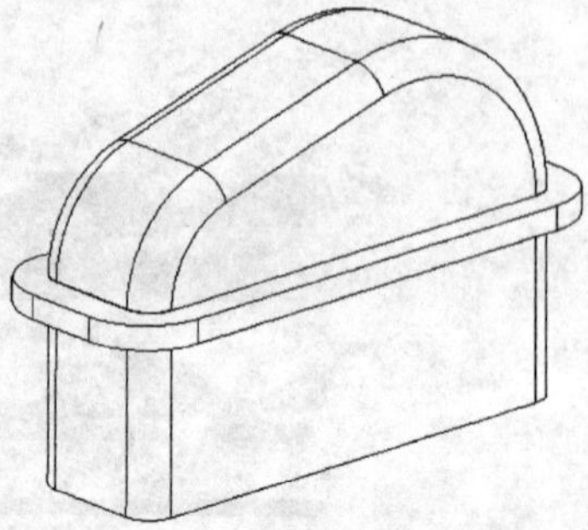

图 6-53　上下箱体结合面处的基体

（4）创建底座基体

拉伸特征：TOP 平面为草绘平面，RIGHT 平面为右方，绘制如图 6-54 所示截面，朝 TOP 平面上方拉伸，深度设置为 38，得到如图 6-55 所示的模型。

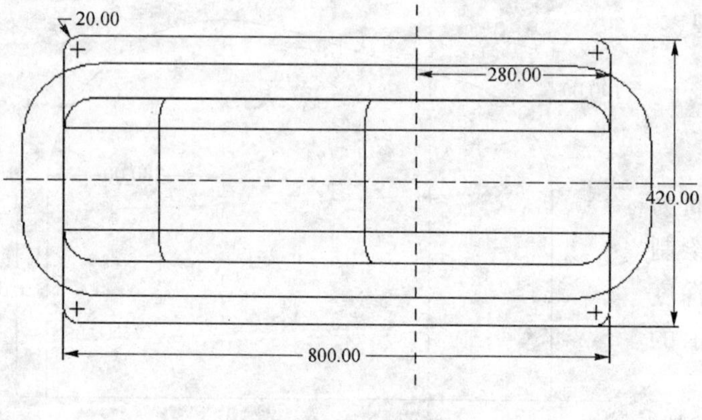

图 6-54　草绘截面

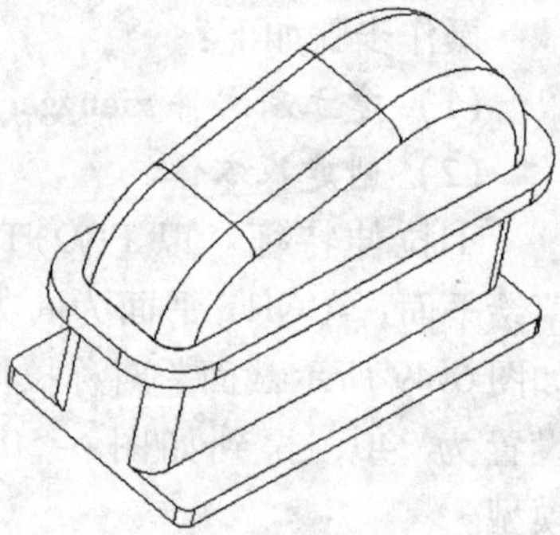

图 6-55　底座基体

（5）创建轴孔基体

①拉伸 1 特征：以模型主体侧面为草绘平面，RIGHT 平面为右方，绘制如图 6-56 所示截面，朝模型外拉伸，深度设置为 80，创建第一个轴孔基体，如图 6-57 所示。

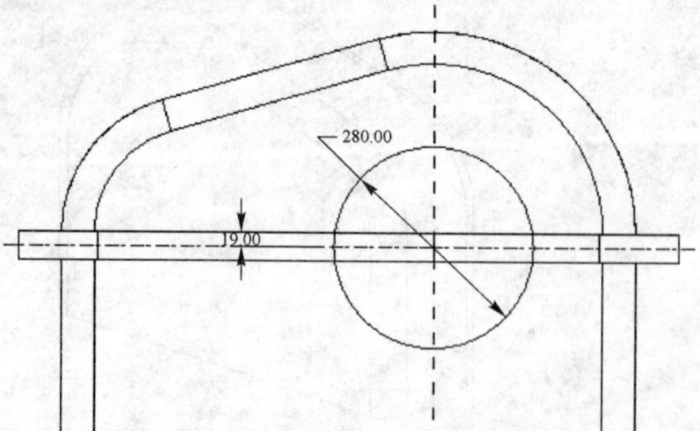

图 6-56　草绘截面

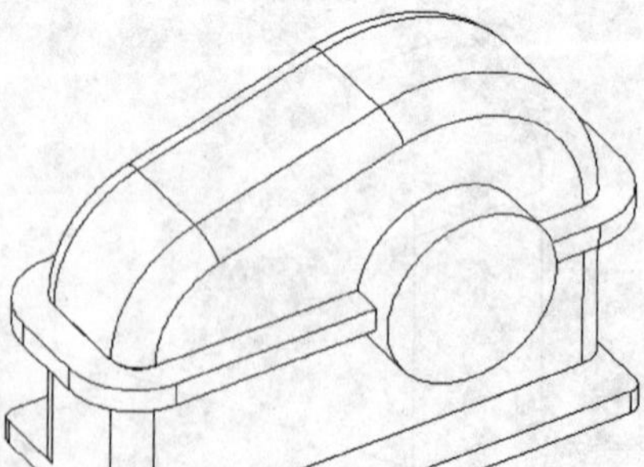

图 6-57　第一个轴孔基体

②拉伸 2 特征：以模型主体侧面为草绘平面，RIGHT 平面为右方，绘制如图 6-58 所示截面，朝模型外拉伸，深度设置为 80，创建第二个轴孔基体，如图 6-59 所示。

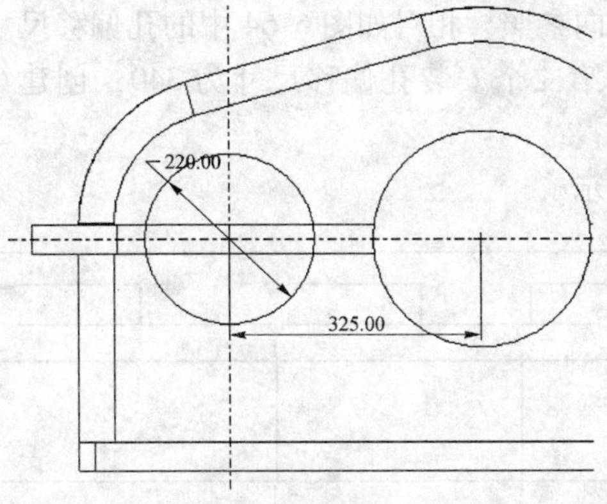

图6-58　草绘截面

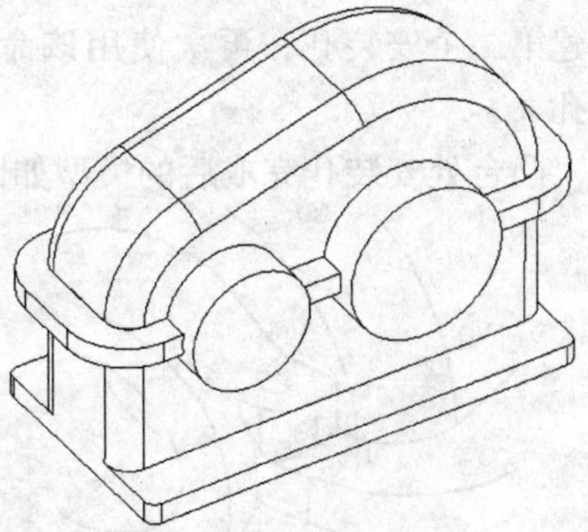

图6-59　第二个轴孔基体

(6) 创建凸台

拉伸特征：以平面 DTM1 为草绘平面，RIGHT 平面为右方，绘制如图 6-60 所示截面，对称拉伸，深度设置为 120，得到如图 6-61 所示的模型。

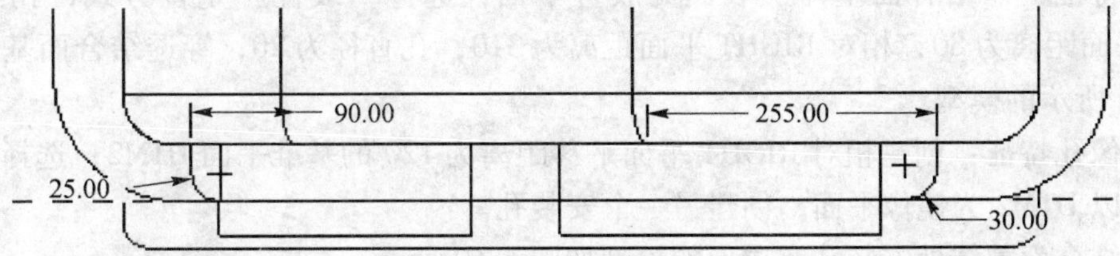

图6-60　草绘截面

(7) 创建轴孔

切除材料拉伸特征：以 FRONT 平面为草绘平面，RIGHT 平面为右方，绘制如图 6-62 所示截面，对称拉伸，深度设置为 600，得到如图 6-63 所示的模型。

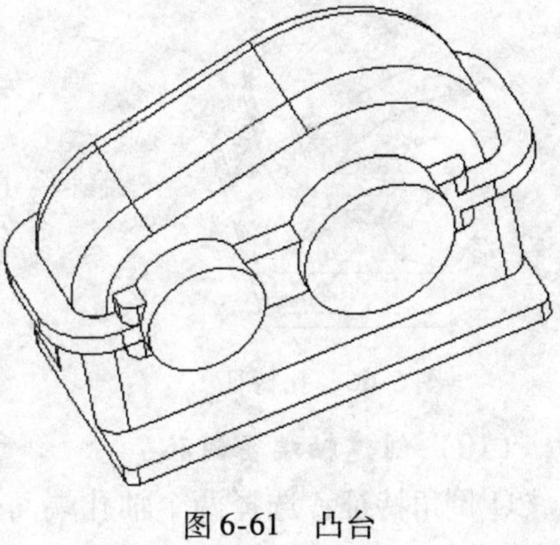

图6-61　凸台

(8) 创建凸台处的安装孔

①孔特征：以凸台上表面为放置平面，选择“线性”定位方式，孔轴线相对 FRONT 平面距离为 145，相对 RIGHT 平面距离为 −460，孔直径为 20，穿透凸台，如图 6-64 所示。

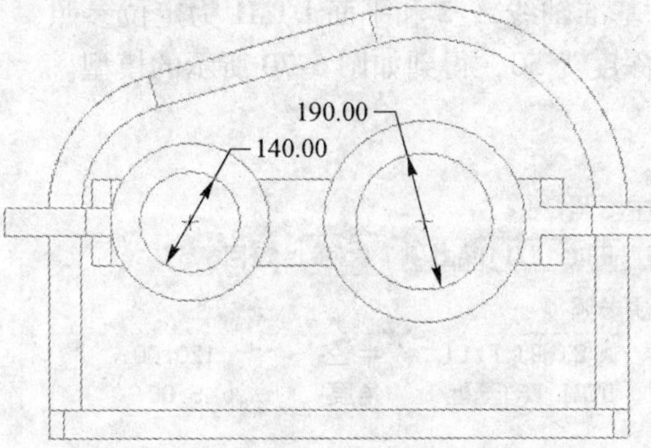

图6-62　草绘截面

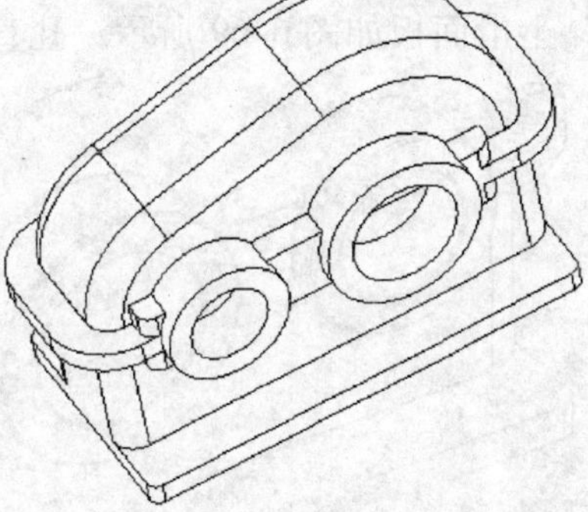

图6-63　轴孔

②复制孔特征：以 RIGHT 平面为移动方向参照，相对如图 6-64 中的孔偏移尺寸为 250，创建第二个安装孔；再次使用该命令，相对第二个安装孔偏移尺寸为 340，创建第三个安装孔。

凸台处安装孔完成后的模型如图 6-65 所示。

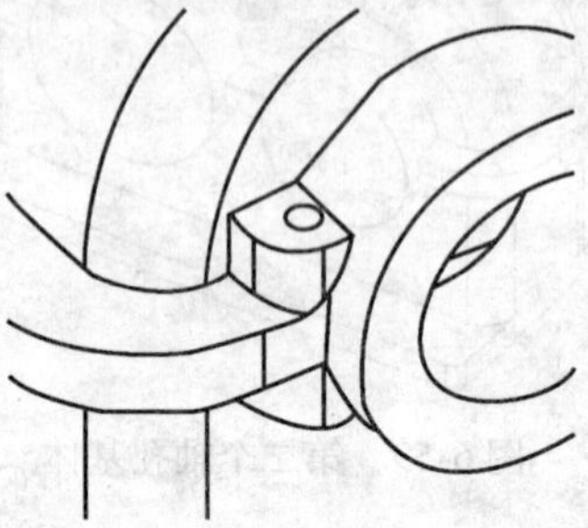

图 6-64 孔特征

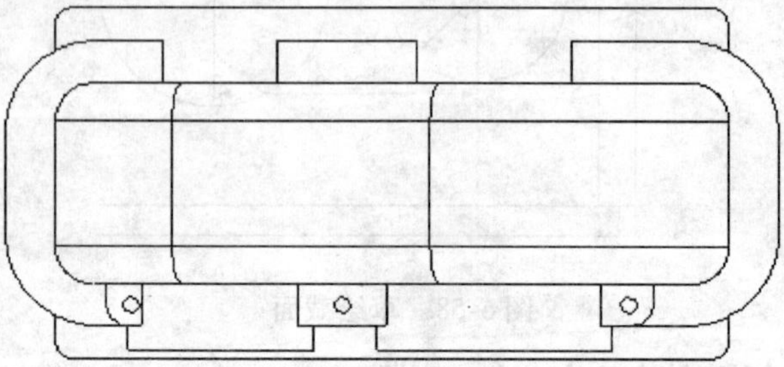

图 6-65 凸台处安装孔

（9）创建上下结合面基体处的安装孔

①孔特征：以结合面基体上表面为放置平面，选择“线性”定位方式，孔轴线相对 FRONT 平面距离为 80，相对 RIGHT 平面距离为 310，孔直径为 20，穿透结合面基体，得到如图 6-66 所示的模型。

②镜像孔特征：创建相对 RIGHT 平面平移距离为 120 的基准平面 DTM2；选择刚创建的孔特征，以 DTM2 为镜像平面，创建另一个安装孔。

上下结合面基体处安装孔完成后的模型如图 6-67 所示。

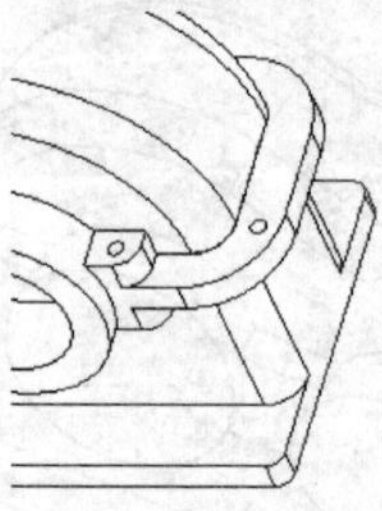

图 6-66 孔特征

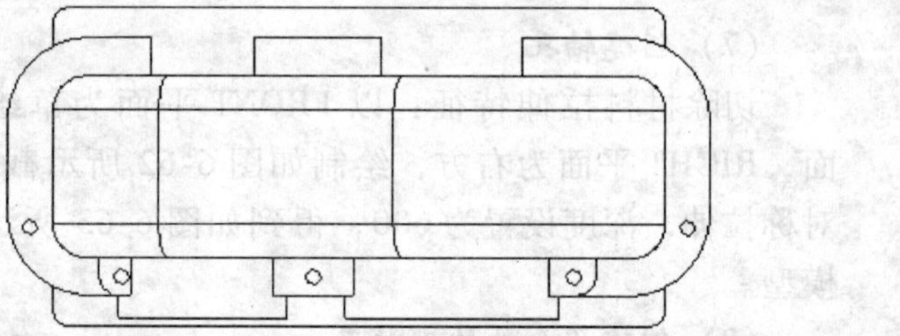

图 6-67 上下结合面基体处的安装孔

（10）创建轴端密封孔

①倒角特征：选择两个轴孔端面外缘边线，创建 45 × D 的倒角，设置 D 为 3，如图 6-68 所示。

②孔特征：以较大轴孔端面为放置平面，基准轴线 A_2 和平面 DTM1 为定位参照，“放置”上滑面板如图 6-69 所示，孔直径为 18，深度为 50，得到如图 6-70 所示的模型。

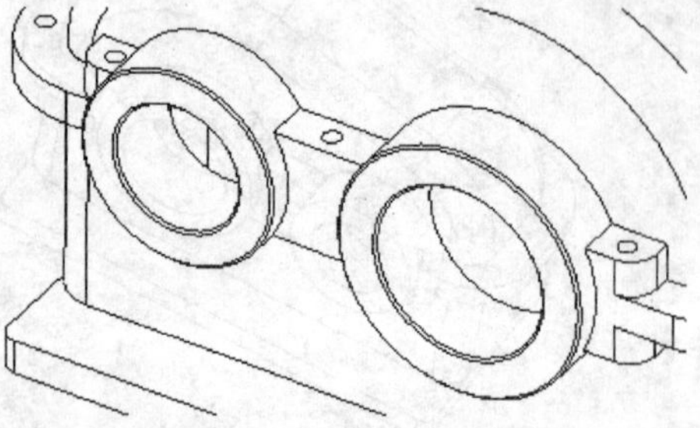

图 6-68 倒角特征

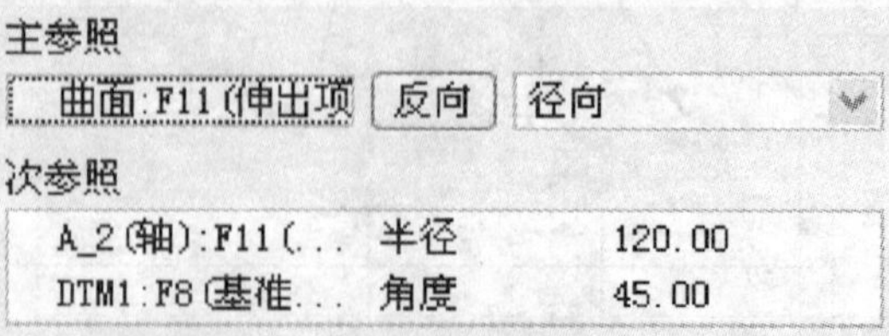

图 6-69 “放置”上滑面板

③阵列孔特征：选择刚创建的孔特征，选择角度尺寸 45°为阵列方向尺寸参照，设置增

量为 90，成员数为 4，创建阵列孔特征，如图 6-71 所示。

④复制阵列孔特征：选择阵列孔特征，采用平移复制的方式在较小轴孔端上创建密封孔，选择 RIGHT 为移动方向参照，朝向较小轴孔端，距离设置为 325。

完成后模型如图 6-72 所示。

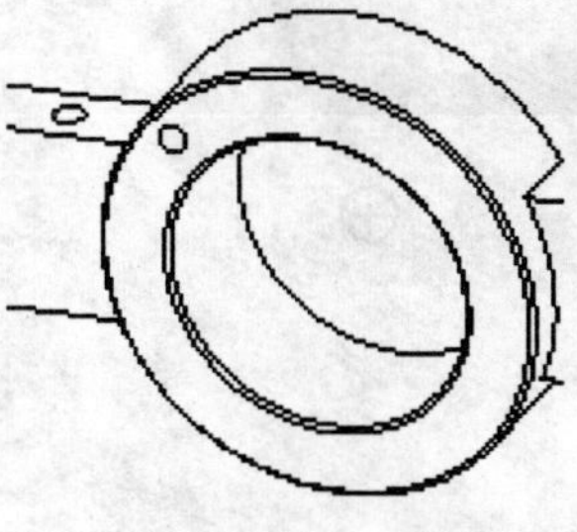

图 6-70　孔特征

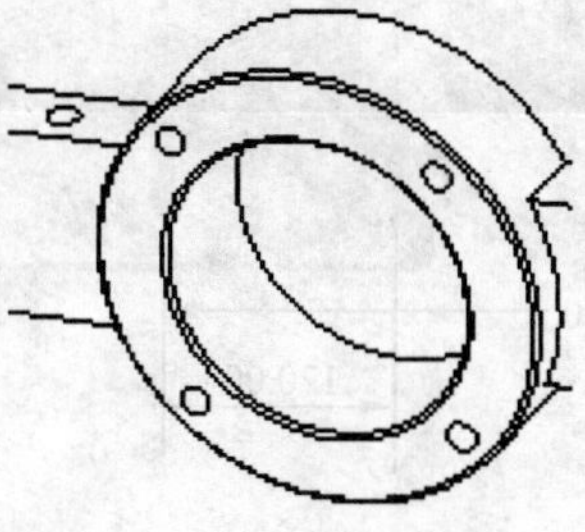

图 6-71　阵列孔特征

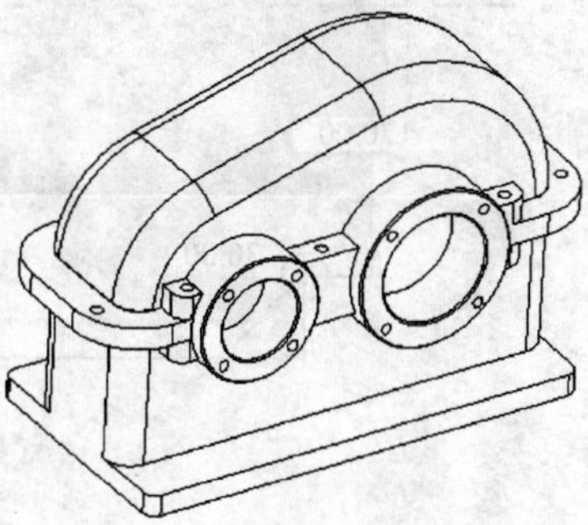

图 6-72　轴端密封孔特征

(11) 创建轴孔下方的加强筋

①加强筋特征一：创建平行于基准平面 DTM2，且通过较小轴孔轴线的基准平面 DTM3；以平面 DTM3 为草绘平面，绘制如图 6-73 所示截面，设置厚度为 12。

②加强筋特征二：以 RIGHT 平面为草绘平面，绘制如图 6-74 所示截面，设置厚度为 12。

完成轴孔下方加强筋后的模型如图 6-75 所示。

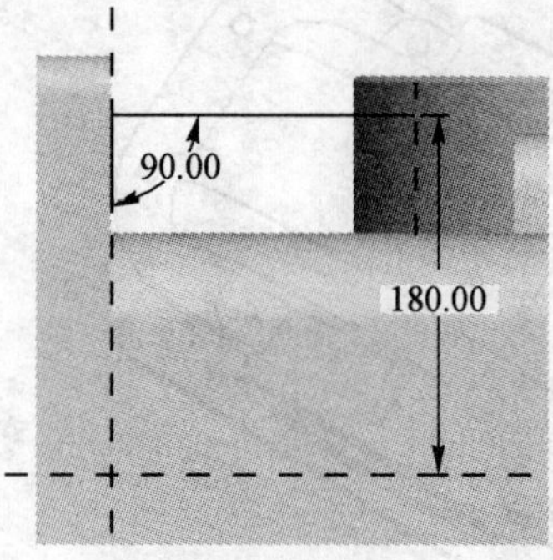

图 6-73　草绘截面

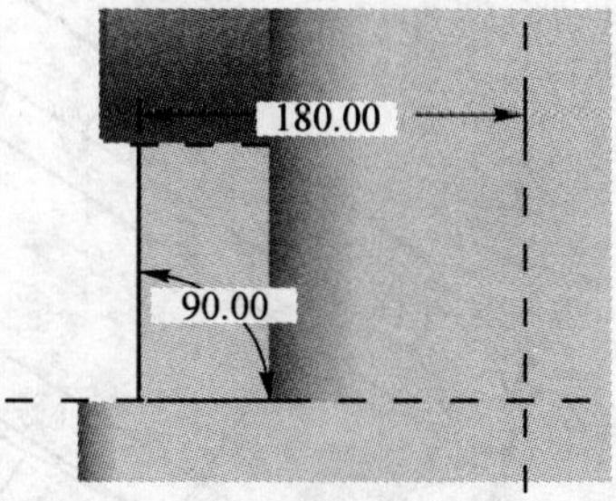

图 6-74　草绘截面

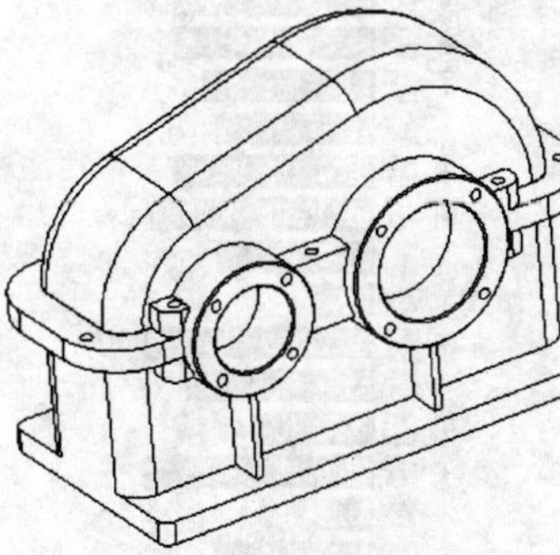

图 6-75　轴孔下方加强筋

(12) 创建轴孔上方的加强筋

①加强筋特征一：以平面 DTM3 为草绘平面，绘制如图 6-76 所示截面，设置厚度为 12。

②加强筋特征二：以 RIGHT 平面为草绘平面，绘制如图 6-77 所示截面，设置厚度为 12。

完成轴孔上方加强筋后的模型如图 6-78 所示。

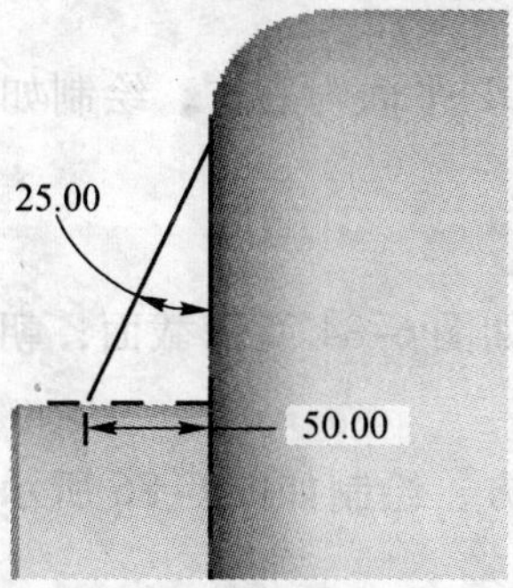

图 6-76　草绘截面

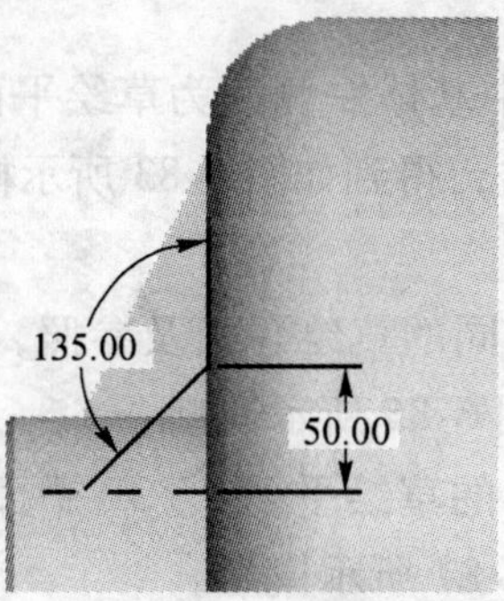

图 6-77　草绘截面

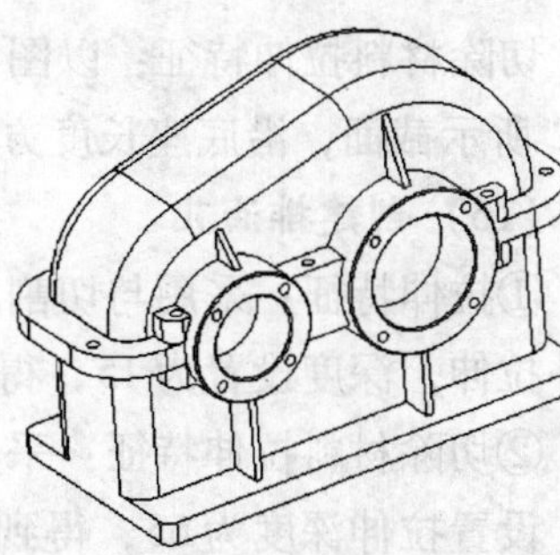

图 6-78　轴孔上方加强筋

(13) 创建底座处的安装孔

切除材料拉伸特征：以底座上表面为草绘平面，RIGHT 平面为右方，绘制如图 6-79 所示截面，拉伸深度为穿透底座。

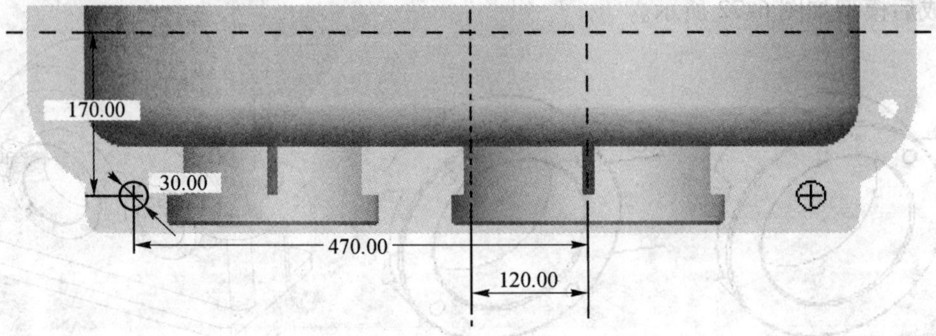

图 6-79　草绘截面

(14) 镜像特征

选择本节（5）~（13）创建的所有特征，此时模型树如图 6-80 所示，以 FRONT 平面为镜像平面，完成镜像后模型如图 6-81 所示。

图 6-80　模型树

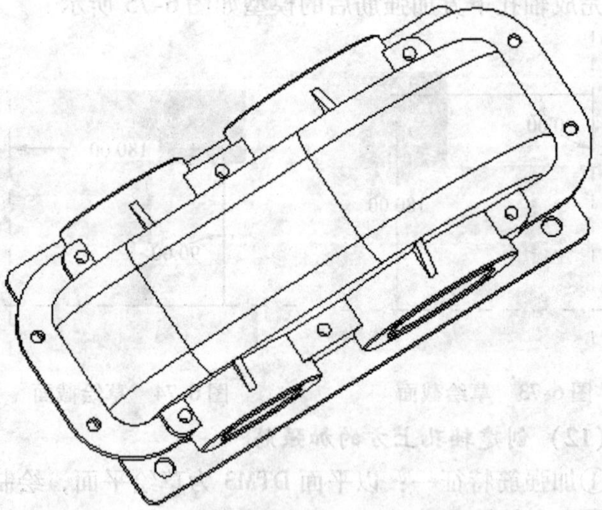

图 6-81　镜像特征

(15) 切割底座

切除材料拉伸特征：以图 6-81 中基体左侧面为草绘平面，TOP 平面为右方，绘制如图 6-82 所示截面，沿底座长度方向穿透，得到如图 6-83 所示模型。

(16) 创建排油孔

①拉伸特征：采用与切割底座相同的草绘平面及参照，绘制如图 6-84 所示截面，朝模型外拉伸，深度设置为 15，得到如图 6-85 所示模型。

②切除材料拉伸特征：采用同样的草绘平面，TOP 平面为上方，绘制如图 6-86 所示截面，设置拉伸深度为 55，得到如图 6-87 所示模型。

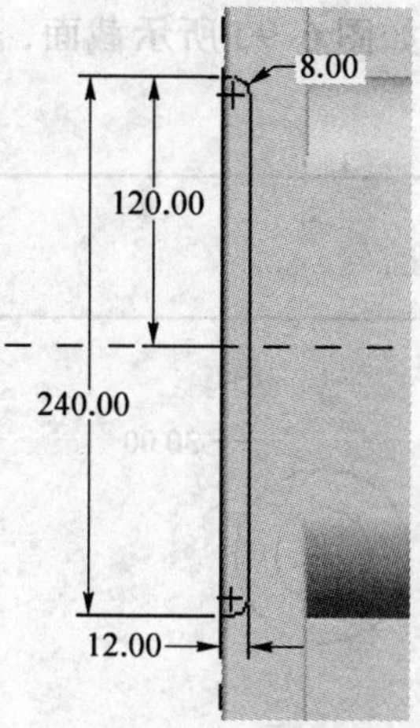

图6-82　草绘截面

图6-83　切除材料拉伸特征

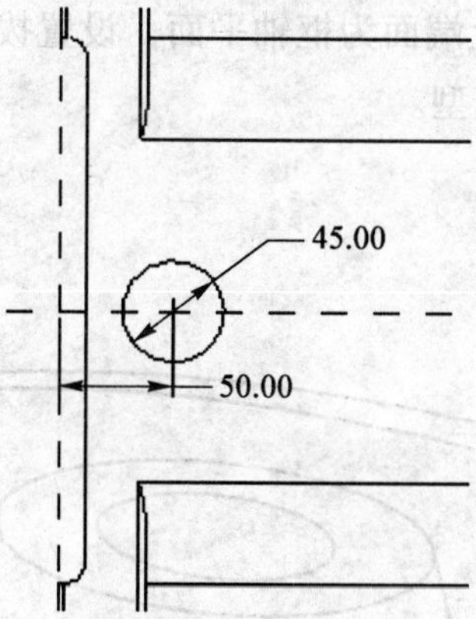

图6-84　草绘截面

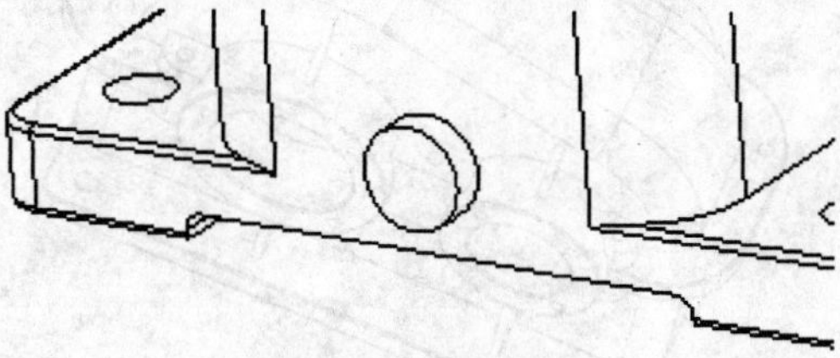

图6-85　拉伸特征

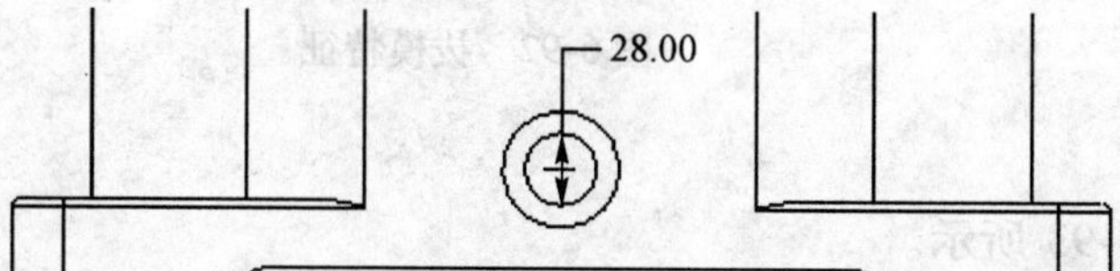

图6-86　草绘截面

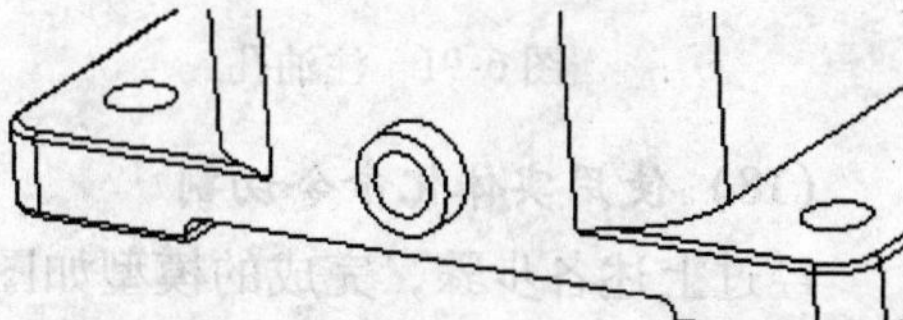

图6-87　切除材料拉伸特征

(17) 创建注油孔

①拉伸特征：创建相对平面DTM1平移距离为310的基准平面DTM4；以平面DTM4为草绘平面，FRONT平面为下方，绘制如图6-88所示截面，拉伸至弧形上表面，得到如图6-89所示模型。

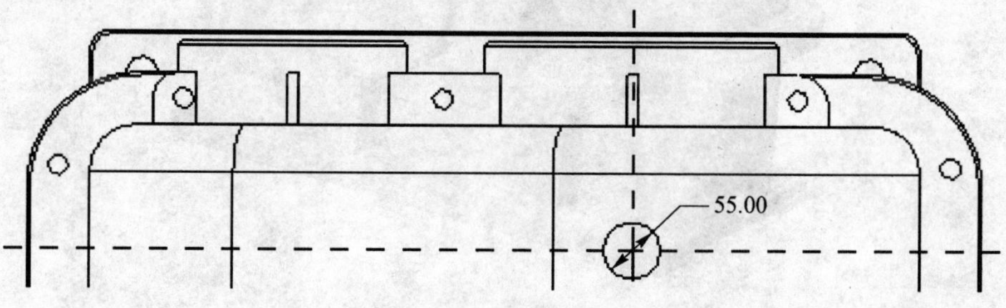

图6-88　草绘截面

②切除材料拉伸特征：采用同样的草绘平面及参照，绘制如图 6-90 所示截面，设置拉伸深度为 75，得到如图 6-91 所示模型。

图 6-89 拉伸特征

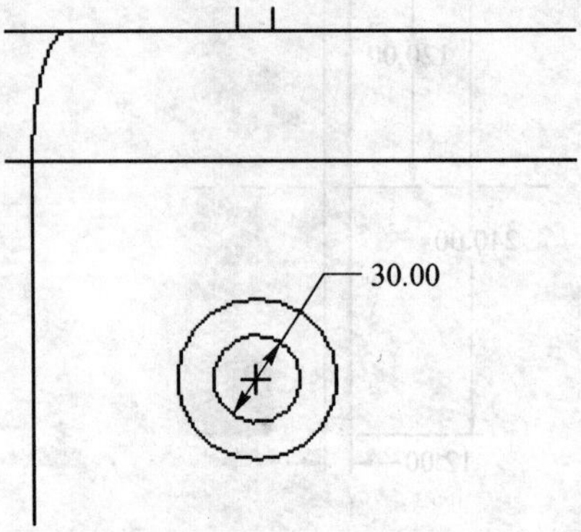

图 6-90 草绘截面

③拔模特征：选择拉伸特征的圆柱面为拔模面，以上端面为枢轴平面，设置拔模角度为 15°，方向指向下端面增大的方向，得到如图 6-92 所示模型。

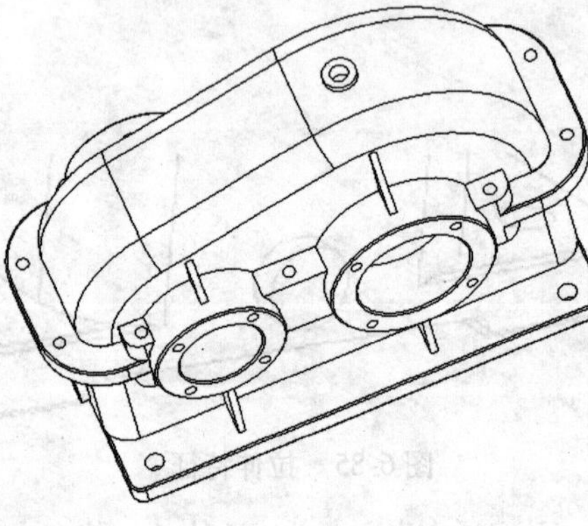

图 6-91 注油孔

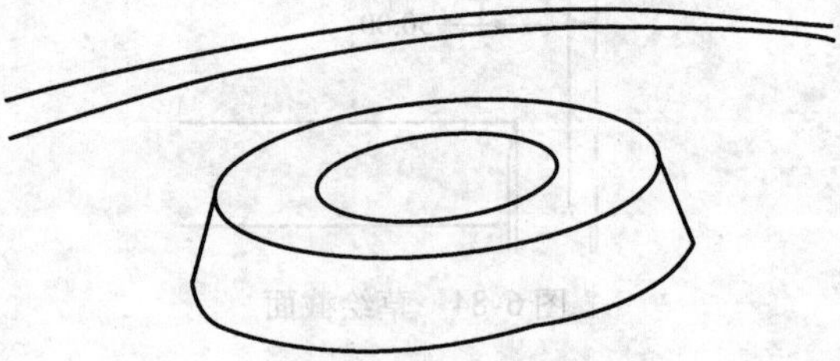

图 6-92 拔模特征

（18）使用实体化命令切割

经过上述各步骤，完成的模型如图 6-93 所示。

图 6-93 整体模型

选择平面 DTM1，激活“实体化”命令，使材料移除方向箭头指向底座所在侧，得到如图 6-47 所示的箱盖模型。

(19) 保存文件

(20) 特征进行重定义

选择模型中的实体化特征进行重定义，改变材料移除方向，得到如图 6-48 所示的箱体模型。

(21) 另保存文件

采用“保存副本”的方式保存为新文件 xiangti。

6.6 操作练习

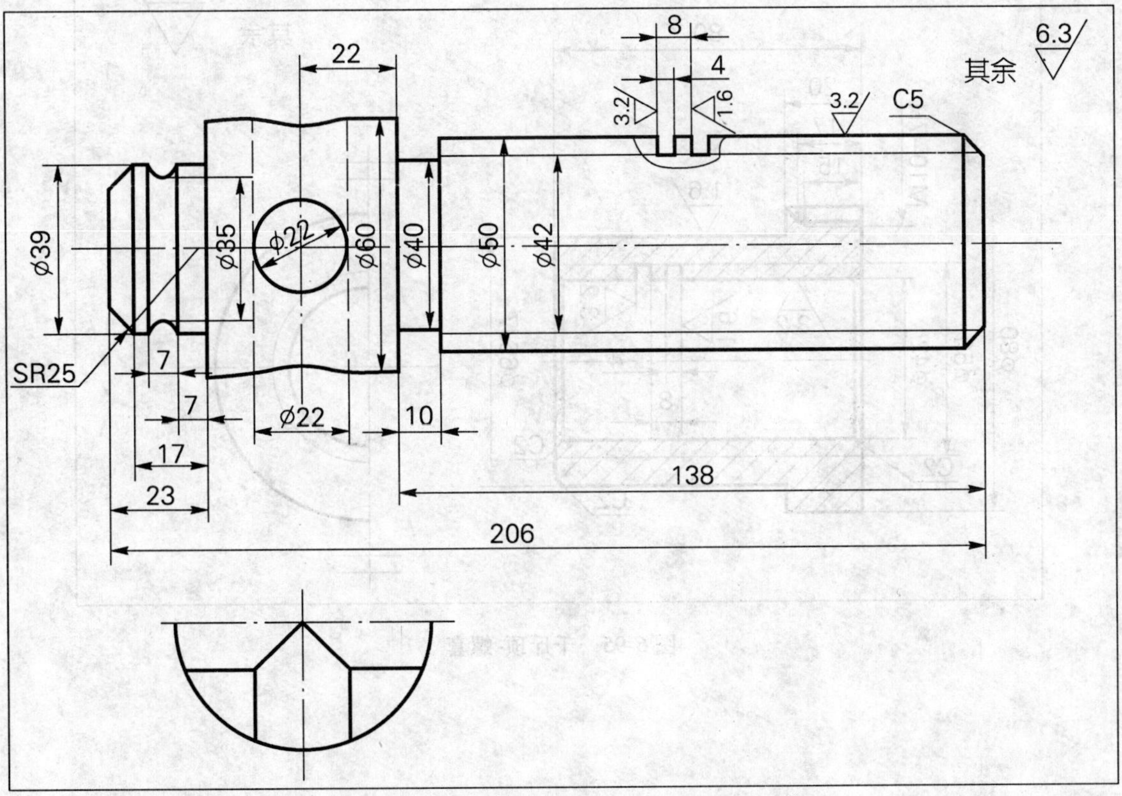

图 6-94　千斤顶-螺旋杆

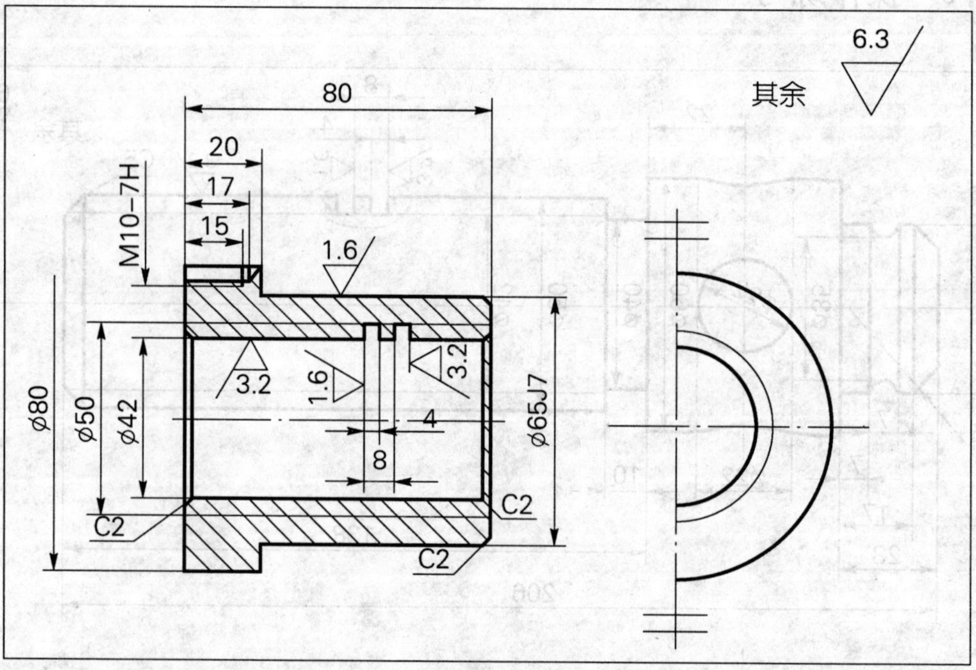

图 6-95 千斤顶-螺套

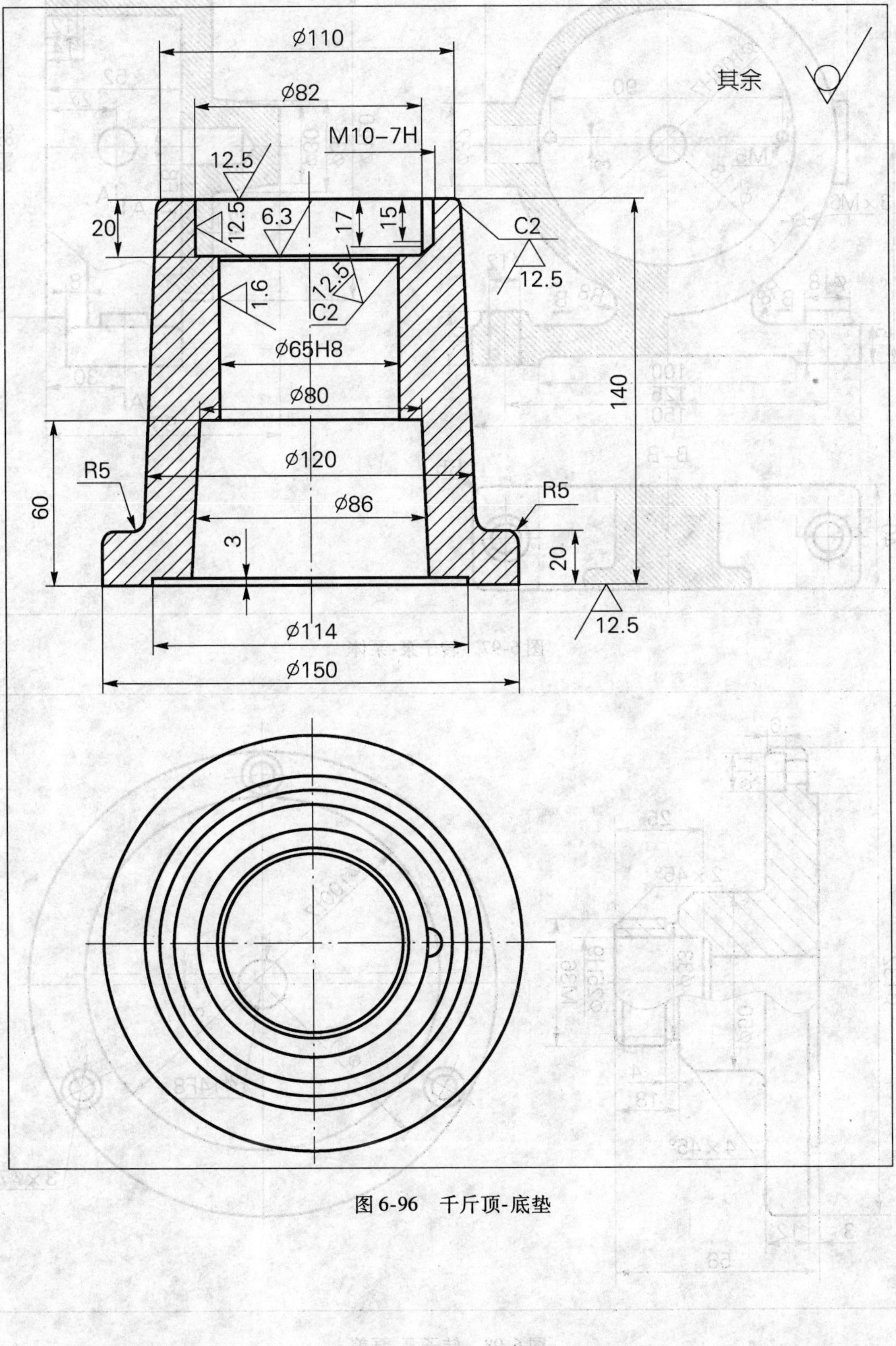

Ø110
Ø82
M10–7H
其余
12.5
20
12.5
6.3
17
15
C2
12.5
1.6
12.5
C2
Ø65H8
Ø80
140
Ø120
R5
R5
60
Ø86
3
20
12.5
Ø114
Ø150

图 6-96　千斤顶-底垫

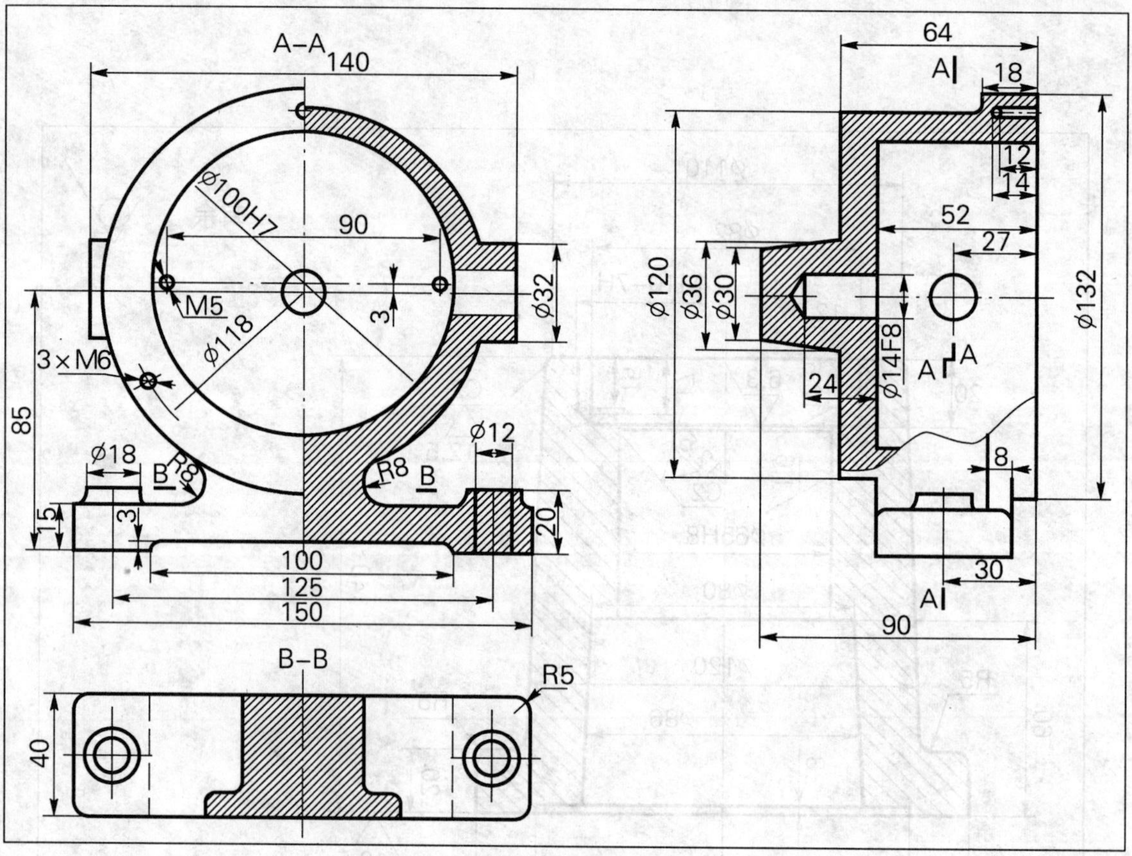

图 6-97 转子泵-泵体

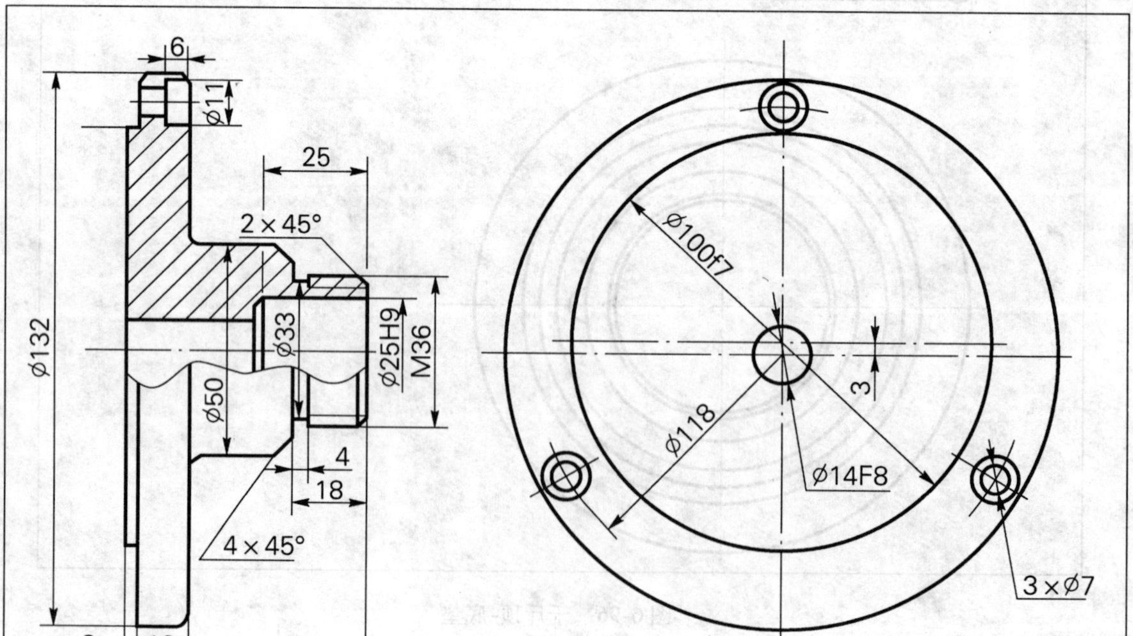

图 6-98 转子泵-泵盖

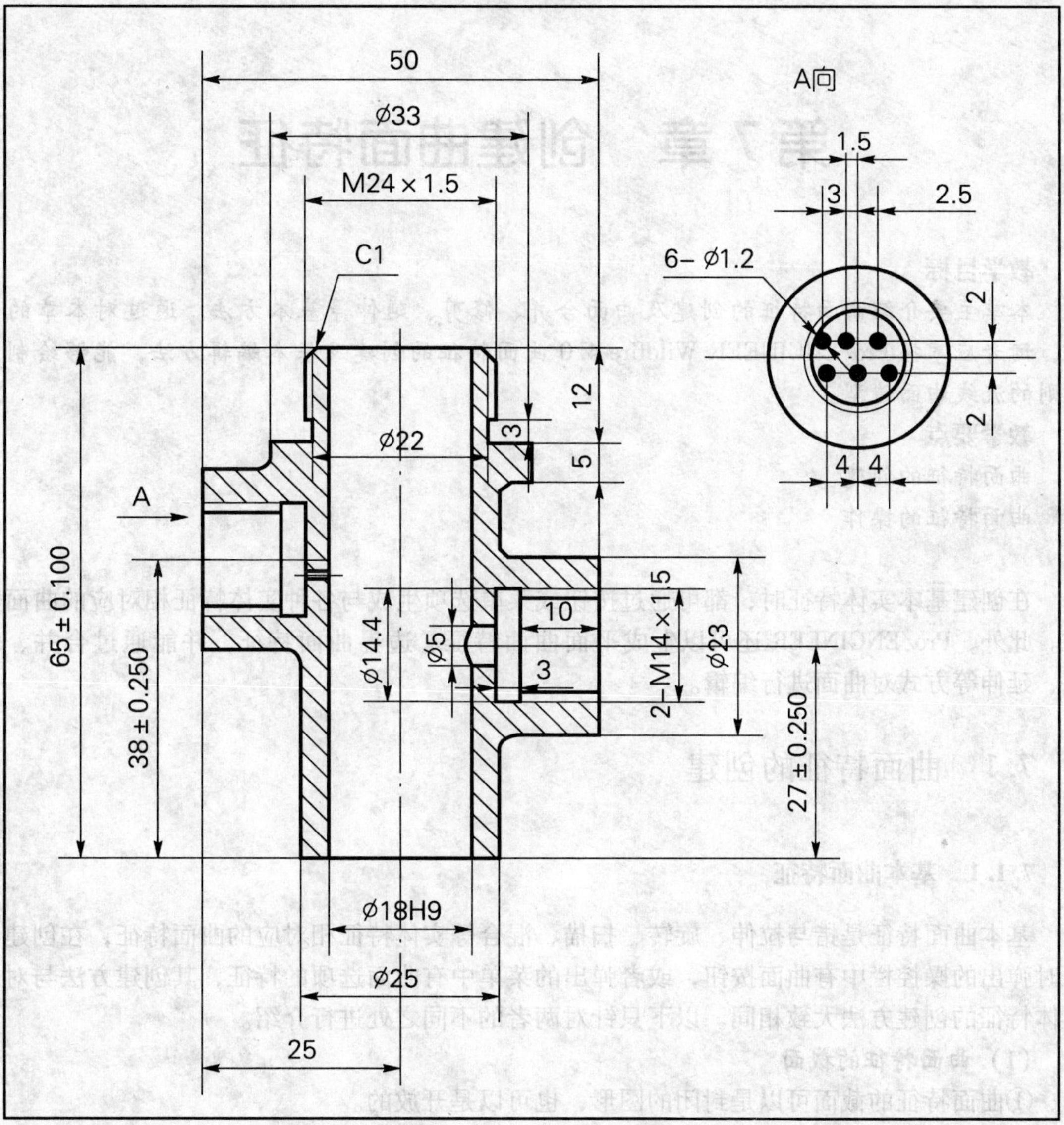
50
⌀33
M24×1.5
C1
A向
1.5
3
2.5
6−⌀1.2
2
2
4 4
12
⌀22
3
5
A
65±0.100
38±0.250
10
⌀14.4
⌀5
3
2−M14×1.5
⌀23
27±0.250
⌀18H9
⌀25
25

图 6-99　手动气阀—阀体

第7章　创建曲面特征

教学目标

本章主要介绍曲面特征的创建及曲面合并、修剪、延伸等基本方法。通过对本章的学习，读者应掌握 Pro/ENGINEER Wildfire 4.0 曲面特征的创建及基本编辑方法，能够绘制不规则的流线曲面造型。

教学要点

曲面特征的创建

曲面特征的操作

在创建基本实体特征时，都可通过按钮或菜单选项生成与各种实体特征相对应的曲面特征。此外，Pro/ENGINEER 还可以生成平面曲面特征、边界曲面特征，并能通过合并、裁剪、延伸等方式对曲面进行编辑。

7.1　曲面特征的创建

7.1.1　基本曲面特征

基本曲面特征是指与拉伸、旋转、扫描、混合等实体特征相对应的曲面特征，在创建特征时弹出的操控栏中有曲面按钮，或者弹出的菜单中有曲面选项的特征，其创建方法与对应实体特征的创建方法大致相同。以下只针对两者的不同之处进行介绍。

(1) 曲面特征的截面

①曲面特征的截面可以是封闭的图形，也可以是开放的。

②若截面封闭，则通常还可以控制生成曲面的端面是否闭合。对于通过操控栏创建特征的情况，单击操控栏中的“选项”命令，在弹出的面板中勾选端部封闭，则可创建出端部封闭的曲面特征；对于通过菜单创建特征的情况，系统会弹出包含有“开放终点”和“封闭端”选项的属性菜单，选择后可得到相应特征，图 7-1、图 7-2 分别为端面开放的扫描曲面和端面封闭的扫描曲面。

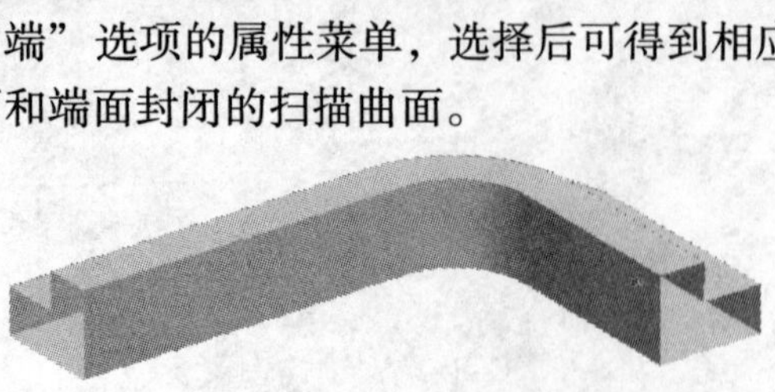

图 7-1　端面开放的扫描曲面

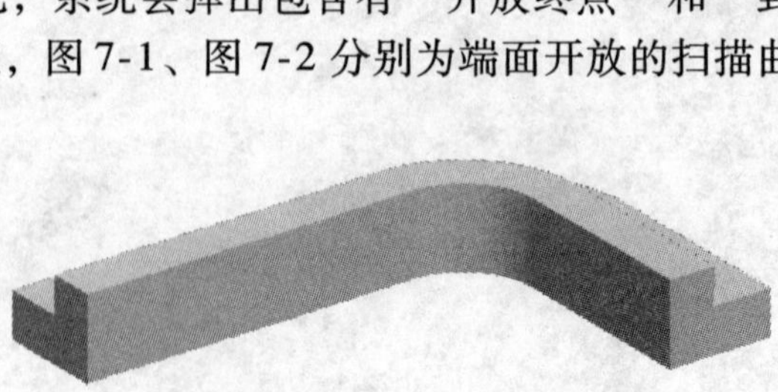

图 7-2　端面封闭的扫描曲面

应注意的是，封闭的曲面特征从表面看与实体特征相似，但其实质仍为曲面，可以通过两种特征的线框模型颜色进行比较，系统默认状态下，实体特征各边线用白色显示，曲面特征则用紫色显示棱线，用红色显示边界线，其中棱线是指两侧均为曲面特征的边，边界线是指一侧为曲面特征而另一侧不是曲面特征的边。

(2) 切除材料的曲面特征

曲面特征可以作为切除材料特征，但只能对曲面特征作材料切除，而不能对实体特征作材料切除。

①操控栏

若通过操控栏创建特征，则在操控栏中单击“面组”右侧的文本框，并在图形区选择一个要进行材料切除的曲面，后续操作与创建实体特征的方法相同。

②菜单项

若通过菜单创建特征，则在弹出的级联子菜单中选择“曲面修剪”选项，并选择一个要进行材料切除的曲面，后续操作与创建实体特征的方法相同。

7.1.2　平面曲面特征

平面曲面特征是利用封闭曲线围成曲面。在主菜单栏中单击“编辑” > “填充...”命令，系统弹出如图 7-3 所示的操控栏，打开“参照”上滑面板，单击“定义”按钮，系统弹出草绘对话框，设置后可进入草绘环境绘制截面，完成后即可生成平面曲面特征，如图 7-4所示。若图形区已有封闭曲线，则可选择该曲线。

图 7-3　平面曲面特征操控栏

图 7-4　平面曲面特征

7.1.3　边界混合曲面特征

边界混合曲面特征是由两条以上的曲线作为边界建立曲面。

操作过程如下：

①在主菜单栏中单击“插入” > “边界混合...”，或单击按钮，打开边界混合曲面特征操控栏，如图 7-5 所示。

图 7-5　边界混合曲面特征操控栏

②单击操控栏中按钮后的文本框，表示随后选取的曲线将作为第一方向边界，选取多条曲线时需要同时按住“Ctrl”键。若要从两个方向控制曲线的生成，则在完成第一方向边界选取后，单击按钮后的文本框，然后选择作为第二方向边界的曲线，选取多条曲线时也需要同时按住“Ctrl”键。

③单击“曲线”按钮，弹出如图 7-6所示的上滑面板。左半区用于选择控制曲面第一方向的曲线，右半区用于选择控制曲面第二方向的曲线，可以继续添加曲线，也可删除已选曲线，还可通过上下箭头调整曲线的先后顺序。如果选中“闭合混合”选项，则在第一

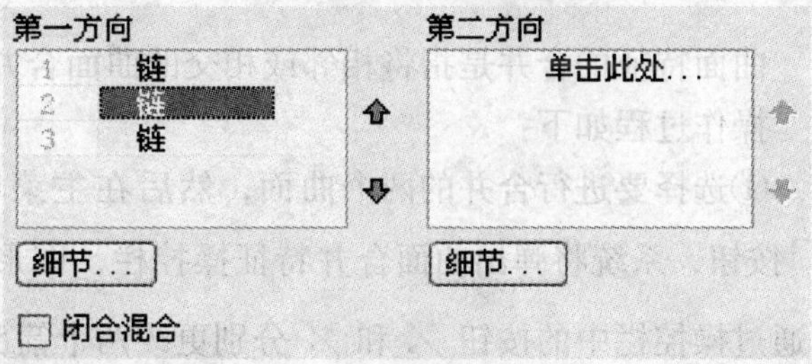

图 7-6　“曲线”上滑面板

条曲线和最后一条曲线之间封闭，形成首尾相接的环面。

④绘制如图 7-7 所示的曲线图形，然后激活边界混合命令。若依次选择图 7-7 所示的第一方向的三条曲线，可得如图 7-8 所示的单向边界混合曲面；若在选择第一方向的三条曲线后，继续依次选择图 7-7 中第二方向上的曲线，则得到如图 7-9 所示的双向边界混合曲面。

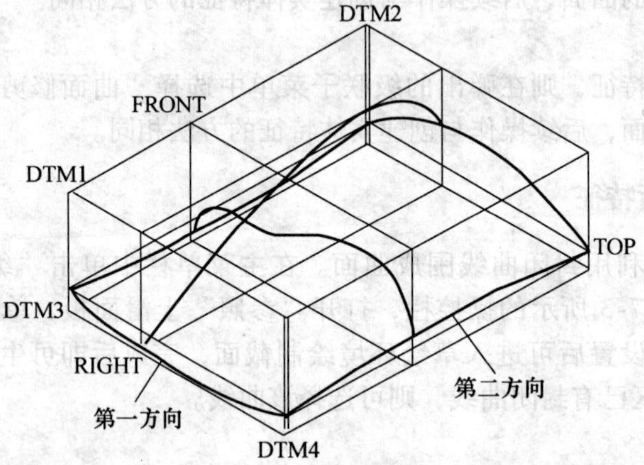

图 7-7 草绘曲线

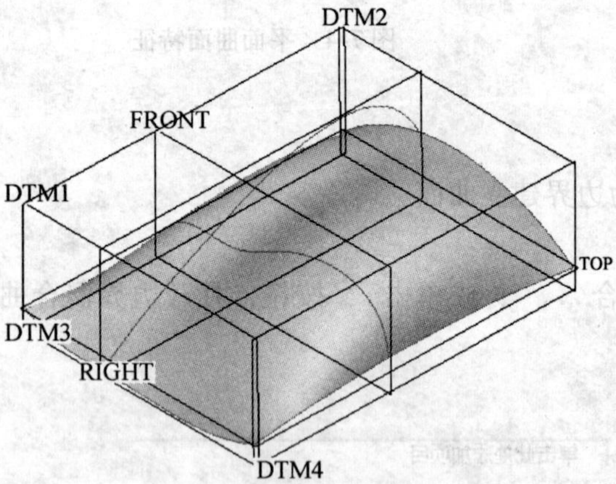

图 7-8 单向边界混合曲面

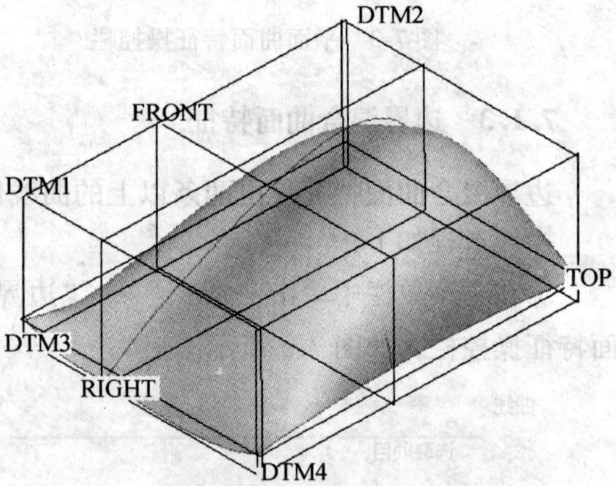

图 7-9 双向边界混合曲面

7.2 曲面特征操作

7.2.1 曲面特征的合并

曲面特征的合并是指将相邻或相交的曲面合并，生成一个曲面合并特征。

操作过程如下：

①选择要进行合并的两个曲面，然后在主菜单栏中单击“编辑”>“合并”，或单击按钮，系统将弹出曲面合并特征操控栏，图形区显示的箭头指向各曲面要保留的一侧，可通过操控栏中的按钮和分别更改两个箭头的方向，对图 7-10 所示的曲面按默认方向合并结果如图 7-11 所示，更改一个曲面的保留侧后可得如图 7-12 所示结果。

图 7-10　相交的曲面

图 7-11　按默认方向合并

图 7-12　更改方向合并

②“选项”上滑面板中的“求交”和“连接”表示曲面合并的方式，默认为“求交”方式。如果要用“连接”方式合并曲面，则要求有一个曲面完全处于另外一个曲面的一侧，即两个曲面的关系为相邻，如图 7-13 所示，合并结果如图 7-14 所示。

图 7-13　相邻的曲面

图 7-14　合并曲面

7.2.2　曲面特征的修剪

曲面特征的修剪是以两个相交曲面中的一个曲面为边界裁剪另一曲面，或以曲面上的线为边界对曲面进行剪切，并生成一个曲面修剪特征。

操作过程如下：

①选择要进行修剪的曲面，然后在主菜单栏中单击“编辑” > “修剪”，或单击工具栏上的特征按钮，系统将弹出曲面修剪特征操控栏，如图 7-15 所示。

②“参照”上滑面板如图 7-16 所示，其中“修剪的面组”表示要被修剪的曲面，“修剪对象”表示用来作为修剪边界的曲面、曲线或基准面。

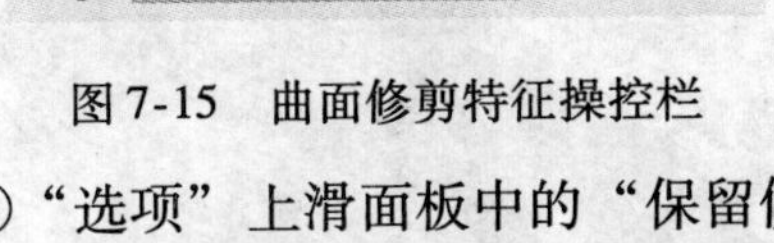

图 7-15　曲面修剪特征操控栏

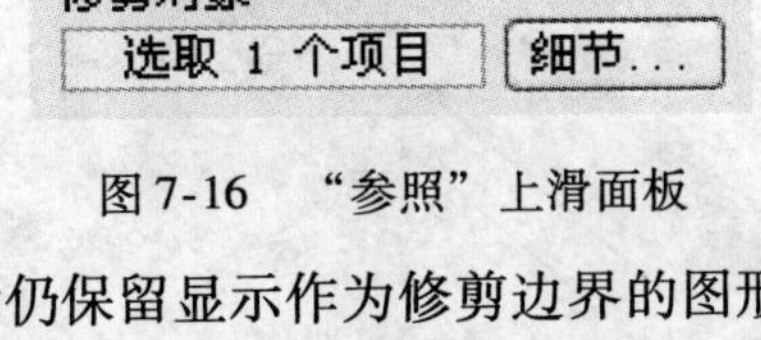

图 7-16　“参照”上滑面板

③“选项”上滑面板中的“保留修剪曲面”表示仍保留显示作为修剪边界的图形元素，对图 7-17 所示相交曲面采用该方式修剪的结果如图 7-18 所示，不保留修剪曲面的结果如图 7-19 所示，曲面的保留侧可通过操控栏中的按钮进行更改。

④“选项”上滑面板中的“薄修剪”表示将修剪对象看成薄板，并在被修剪的曲面剪

切掉该部分，结果如图 7-20 所示。薄板厚度的生成方式有垂直于曲面、自动拟合、控制拟合三种，分别表示沿曲面的垂直方向生成厚度、系统自定义坐标系并分配三个坐标方向的厚度、选择坐标系并沿指定坐标轴生成厚度。

图 7-17　相交曲面

图 7-18　“保留修剪曲面”修剪结果

图 7-19　“不保留修剪曲面”修剪结果

图 7-20　“薄修剪”修剪结果

7.2.3　曲面特征的延伸

曲面特征的延伸可将曲面延伸到指定的平面，或者将曲面的边界更改，使其覆盖范围改变，并生成一个曲面延伸特征。

操作过程如下：

①选择一个曲面，然后在主菜单栏上单击“编辑” > “延伸”，可以激活曲面延伸命令。注意在选择曲面时，一定要选中曲面的边界，使曲面的边界线成为红色的粗实线，延伸命令才会变亮，可以使用。

②曲面延伸特征操控栏如图 7-21 所示，默认状态下将使所选边界线沿原始曲面延伸，边界线上各处延伸距离相同，对图 7-22 所示曲面延伸后结果如图 7-23 所示，按钮可更改延伸方向。

图 7-21　曲面延伸特征操控栏

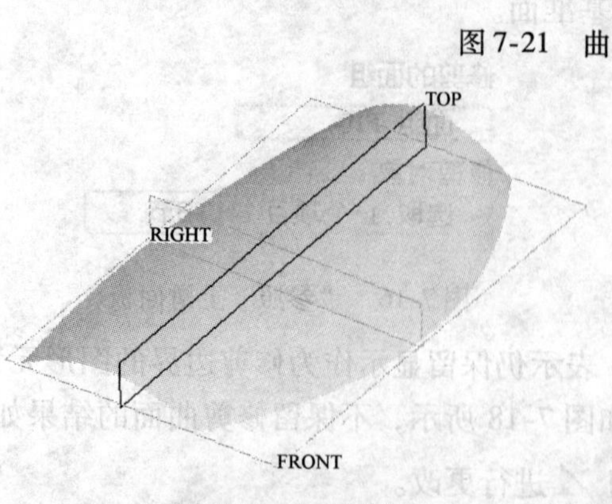

图 7-22　初始曲面

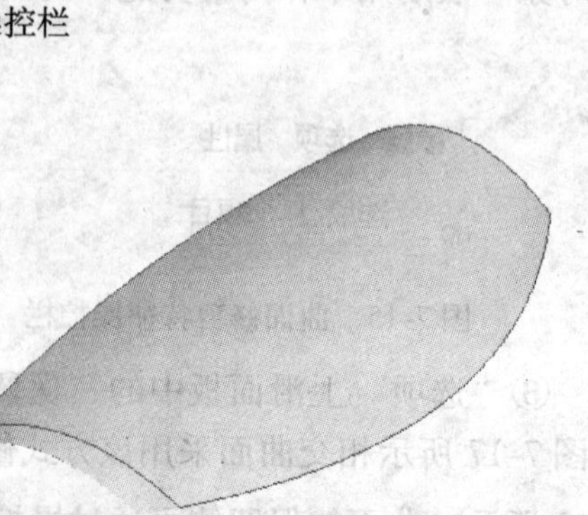

图 7-23　相同距离延伸后

③在“选项”上滑面板中设置延伸方式，相同表示延伸曲面与原曲面类型相同，相切表示沿着曲面的切线方向对曲面进行延伸，逼近延伸表示以边界混合的方式进行曲面的延伸。

④“量度”上滑面板如图 7-24 所示，在其中可设置边界线上各点不同的延伸距离，此时延伸结果如图 7-25 所示。

点	距离	距离类型	边	参照	位置
1	30.00	垂直于边	边:F10 (BOUNDARY_...	顶点:边:F10 (BOUN...	终点1
2	20.00	垂直于边	边:F10 (BOUNDARY_...	点:边:F10 (BOUNDA...	0.50
3	10.00	垂直于边	边:F10 (BOUNDARY_...	顶点:边:F10 (BOUN...	终点2

图 7-24　“量度”上滑面板

⑤按钮表示将曲面边界延伸到指定平面，如图 7-26 所示。

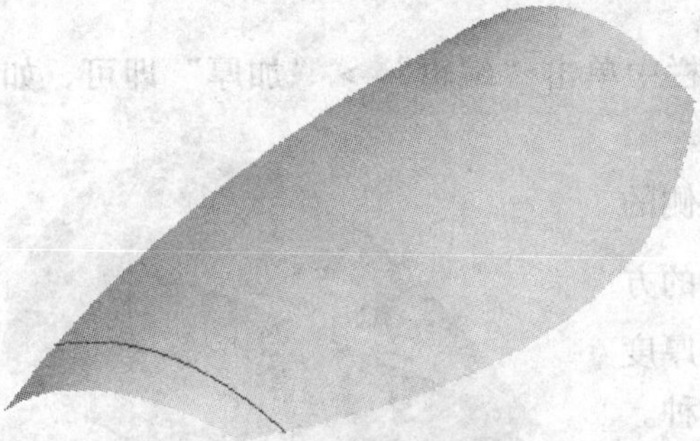

图 7-25　可变距离延伸后

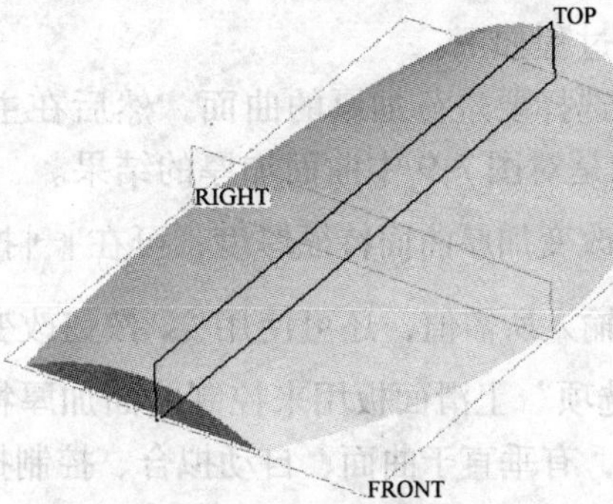

图 7-26　延伸到指定平面后

7.2.4　曲面特征的偏移

曲面特征的偏移通过将一个曲面或曲面的部分区域移动一定距离，创建一个曲面偏移特征。

操作过程如下：

①先选择要进行偏移的曲面，然后在主菜单栏中单击“编辑” > “偏移”，弹出如图 7-27 所示的操控栏。

图 7-27　偏移曲面特征操控栏

②默认状态为标准偏移，在相对原有曲面一定距离处生成相同曲面，结果如图 7-28 所示，可在“选项”上滑面板中勾选上“创建侧曲面”，得到如图 7-29 所示。

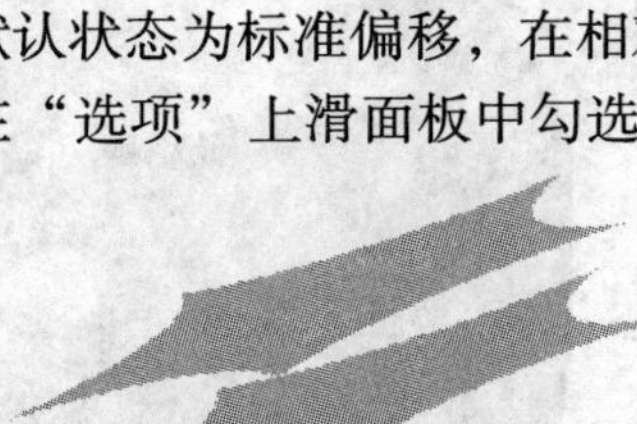

图 7-28　标准偏移

图 7-29　标准偏移（含侧曲面）

③按钮为展开偏移，要求选择或绘制一条封闭曲线，原有曲面上位于曲线内的部分偏移一定距离并自动添加侧曲面，结果如图 7-30 所示。按钮为拔模偏移，与展开偏移相似，也要求选择或绘制一条封闭曲线，并可对侧曲面进行拔模，结果如图 7-31 所示。

图 7-30　展开偏移

图 7-31　拔模偏移

7.2.5　曲面特征的加厚

曲面特征的加厚可将曲面转化为有一定厚度的薄壳实体，生成的加厚曲面特征可以是增加材料特征或切除材料特征。

操作过程如下：

①先选择要进行加厚的曲面，然后在主菜单栏中单击“编辑” > “加厚”即可，如图 7-32 所示是对图 7-9 中曲面加厚的结果。

②要改变加厚曲面特征厚度，可在按钮右侧的数值框中输入所需值，还可使用按钮改变材料的方向侧。“选项”上滑面板用来控制曲面加厚特征的厚度生成方式，有垂直于曲面、自动拟合、控制拟合三种。

③应注意的是，对曲面特征进行加厚操作时，由于曲面中的曲率不同，因此不是任何一个厚度都可以生成加厚曲面特征。

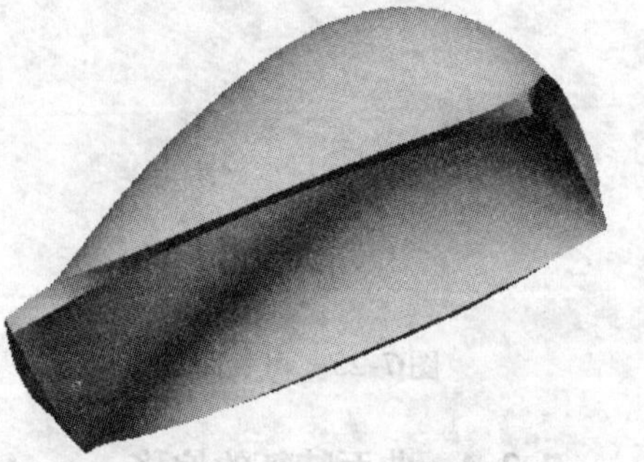

图 7-32　加厚曲面特征

7.2.6　曲面特征的实体化

对拉伸、旋转等通过操控栏方式创建的曲面特征，可对其进行重定义，实现由曲面到实体的转化。

此外，实体化工具可以将封闭的曲面特征转化为实体。选择一个要转化为实体的封闭曲面，然后在主菜单栏上单击“编辑” > “实体化”即可，生成的实体化曲面特征也可以是增加材料特征或切除材料特征。

将一个封闭的曲面特征转化为增加材料实体特征时，从表面来看并没有什么不同，但是其实质已经发生改变，可以使用曲面修剪的方法进行比较，也可以通过两种特征的线框模型颜色进行比较。

图 7-33　汽车车门模型

7.2.7　应用示例

例题：创建如图 7-33 所示的汽车车门模型。

操作步骤如下：

(1) 建立新文件 chemen

(2) 草绘样条曲线

单击按钮，以 RIGHT 平面为草绘平面，TOP 平面，为上方，进入草绘环境，绘制如图 7-34 所示的样条曲线，单击✔按钮退出草绘环境。

(3) 创建基准平面

单击按钮，选择 FRONT 平面并在“基准平面”对话框中选择偏移约束，输入平移值为 110，单击“确定”按钮完成基准平面 DTM1 的创建，注意平面 DTM1 是沿 FRONT 平面正向偏移。

(4) 草绘样条曲线

单击按钮，以平面 DTM1 为草绘平面，RIGHT 平面为右方，进入草绘环境，绘制如图 7-35 所示的样条曲线，单击✔按钮退出草绘环境。

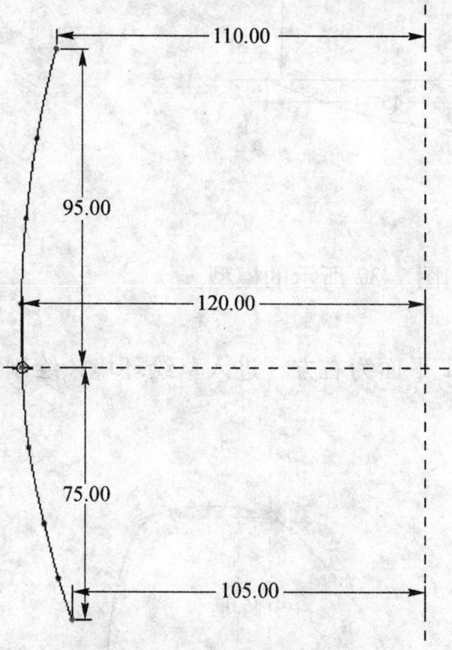

图 7-34　样条曲线 1

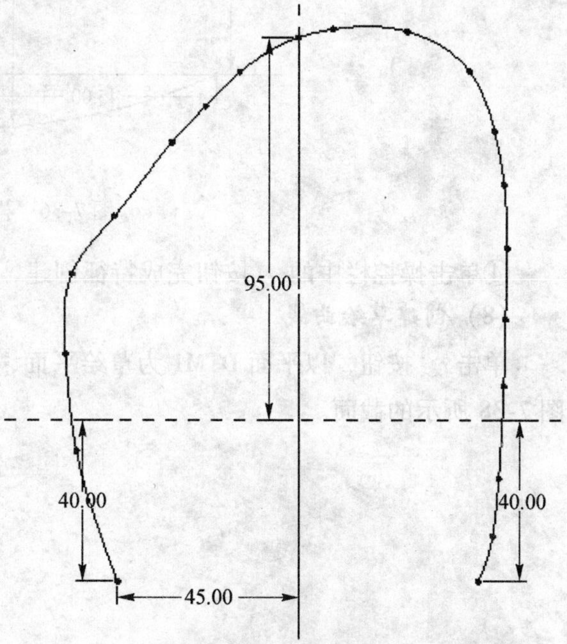

图 7-35　样条曲线 2

(5) 创建基准平面

单击按钮，选择 TOP 平面，并在“基准平面”对话框中选择偏移约束，输入平移值为 40，单击“确定”按钮完成基准平面 DTM2 的创建，注意平面 DTM2 位于 TOP 平面下方。

(6) 草绘样条曲线

单击按钮，以平面 DTM2 为草绘平面，RIGHT 平面为右方，进入草绘环境，绘制如图 7-36 所示的样条曲线，单击✔按钮退出草绘环境。

(7) 创建边界混成曲面特征

①单击按钮，打开边界混成曲面操控栏。

②单击按钮后的文本框，选择样条曲线 1 作为第一方向的边界。

③单击按钮后的文本框，选择样条曲线 2，再按下“Ctrl”键，同时选择样条曲线 3，作为第二方向的边界。

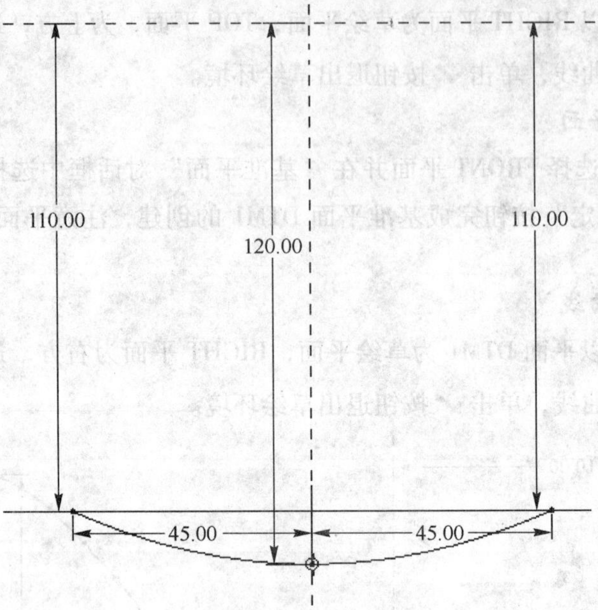

图 7-36　样条曲线 3

④单击操控栏中的✔按钮完成特征创建，得到如图 7-37 所示的模型。

(8) 创建草绘曲线

单击按钮，以平面 DTM1 为草绘平面，RIGHT 平面为右方，进入草绘环境，绘制如图 7-38 所示的截面。

图 7-37　边界混成曲面

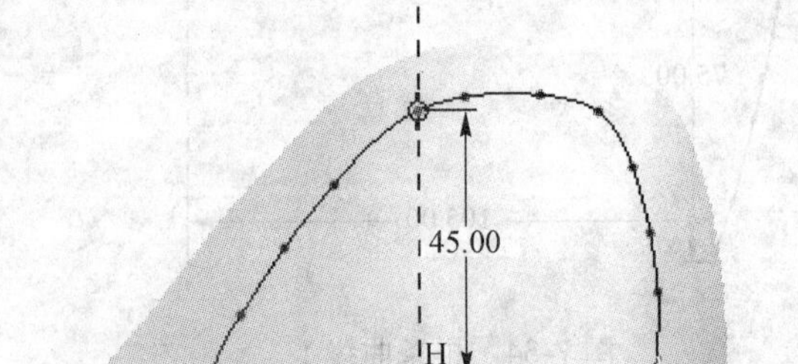

图 7-38　草绘截面 1

(9) 创建草绘曲线

单击按钮，以平面 DTM1 为草绘平面，RIGHT 平面为右方，进入草绘环境，绘制如图 7-39 所示的截面。

(10) 创建切除材料拉伸特征

①单击按钮，单击操控栏上的按钮。

②打开“放置”面板，单击“定义”按钮，在弹出的“草绘”对话框中，以平面 DTM1 为草绘平面，RIGHT 平面为右方，进入草绘环境。

③单击 按钮，依次选择本小节(8)、(9) 创建的草绘曲线，单击 按钮退出草绘环境。

④按下 按钮，单击面组后的文本框，在图形区选择合并后的曲面，并通过 按钮使箭头指向要切除材料的方向，设置拉伸深度类型为 ，单击操控栏中的 按钮完成特征创建，得到如图 7-33 所示的模型。

(11) 保存文件

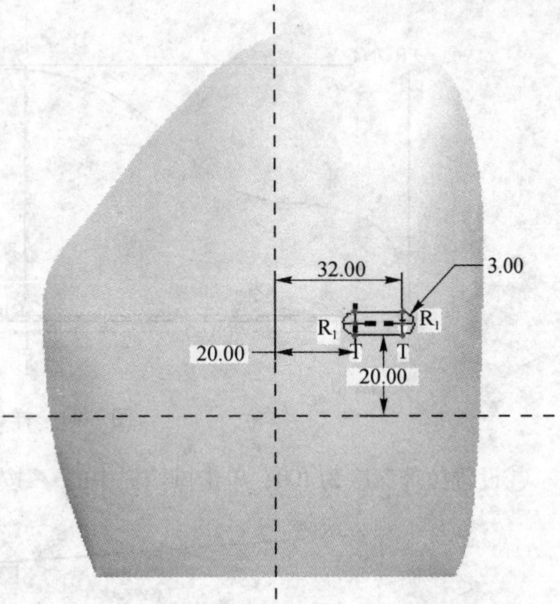

图 7-39　草绘截面 2

7.3　上机指导（汽车壳体模型）

例题：创建如图 7-40 所示的汽车壳体模型。

图 7-40　汽车壳体模型

操作步骤如下：

(1) 建立新文件 qicheketi

(2) 草绘样条曲线

单击 按钮，以 FRONT 平面为草绘平面，RIGHT 平面为右方，进入草绘环境，绘制如图 7-41 所示的样条曲线，单击 按钮退出草绘环境。

(3) 创建拉伸曲面特征

①单击 按钮，单击操控栏上的 按钮。

②打开“放置”面板，单击“定义”按钮，在弹出的“草绘”对话框中，选择“使用先前的”，进入草绘环境。

③单击 按钮，选择本小节 (2) 中绘制样条曲线，单击 按钮退出草绘环境。

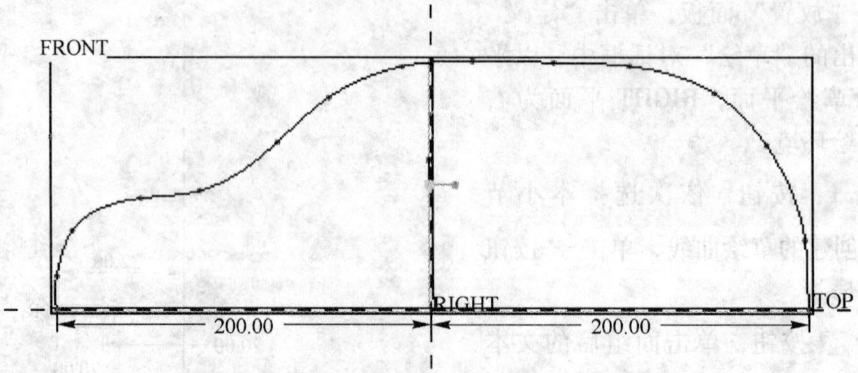

图 7-41　样条曲线 1

④设置拉伸深度为 100，单击操控栏中的✔按钮完成特征创建，得到如图 7-42 所示的模型。

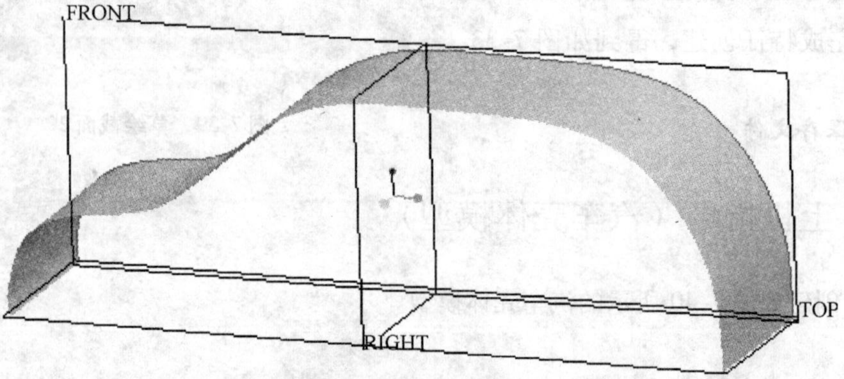

图 7-42　拉伸曲面 1

（4）草绘样条曲线

单击按钮，以 RIGHT 平面为草绘平面，TOP 平面为上方，进入草绘环境，绘制如图 7-43 所示的样条曲线，单击✔按钮退出草绘环境。

（5）创建拉伸曲面特征

①单击按钮，单击操控栏上的按钮。

②打开“放置”面板，单击“定义”按钮，在弹出的“草绘”对话框中，选择“使用先前的”，进入草绘环境。

③单击按钮，选择本小节（4）中绘制样条曲线，单击✔按钮退出草绘环境。

④设置拉伸深度类型为，深度值为 400，单击操控栏中的✔按钮完成特征创建，得到如图 7-44 所示的模型。

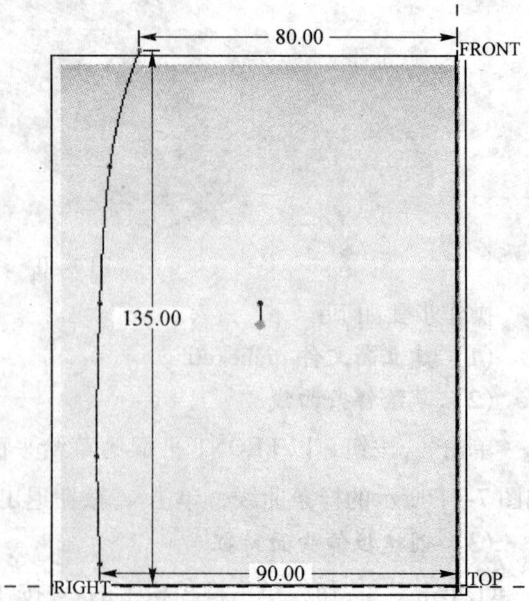

图 7-43　样条曲线 2

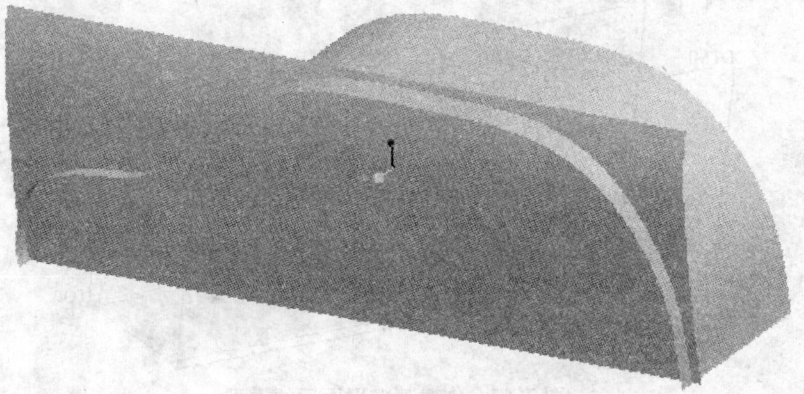

图7-44 拉伸曲面2

(6) 合并曲面

选择曲面1和曲面2，单击 按钮，图形区显示如图7-45所示。可通过按钮 和 调整曲面保留侧，两个曲面合并后效果如图7-46所示。

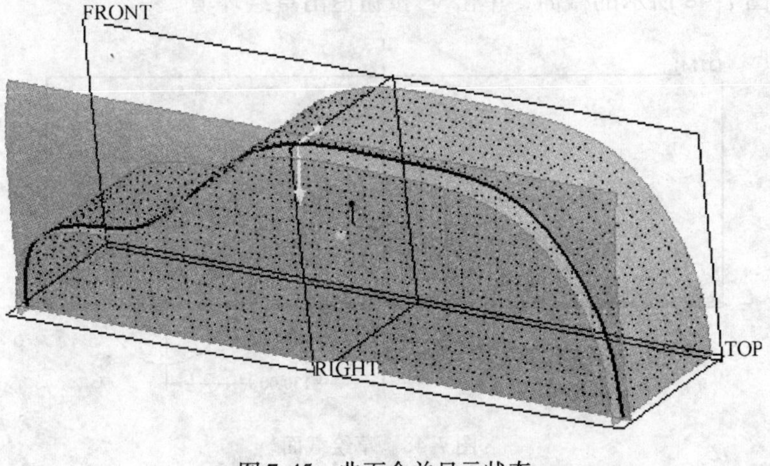

图7-45 曲面合并显示状态

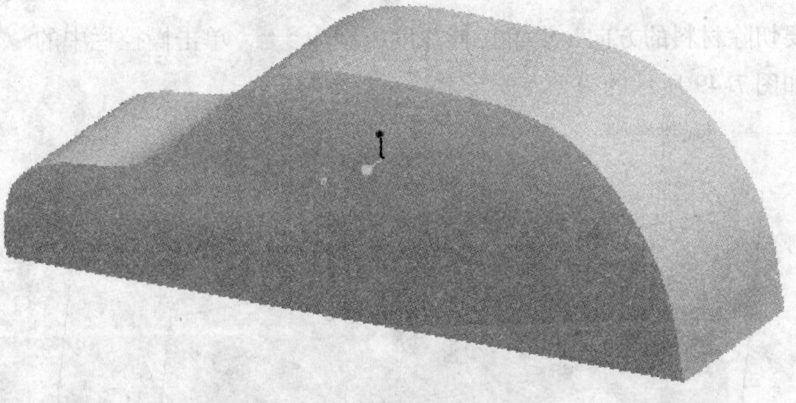

图7-46 曲面合并后的模型

(7) 创建基准平面

单击 按钮，选择FRONT平面并在“基准平面”对话框中选择偏移约束，输入平移值为100，单击“确定”按钮完成基准平面DTM1的创建，得到如图7-47所示的模型。

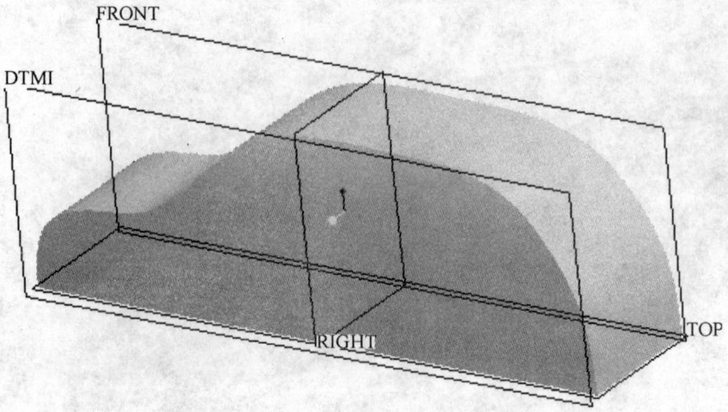

图 7-47　创建基准平面后的模型

（8）创建切除材料拉伸特征

①单击按钮，单击操控栏上的按钮。

②打开“放置”面板，单击“定义”按钮，在弹出的“草绘”对话框中，以平面 DTM1 为草绘平面，RIGHT 平面为右方，进入草绘环境。

③绘制如图 7-48 所示的截面，单击按钮退出草绘环境。

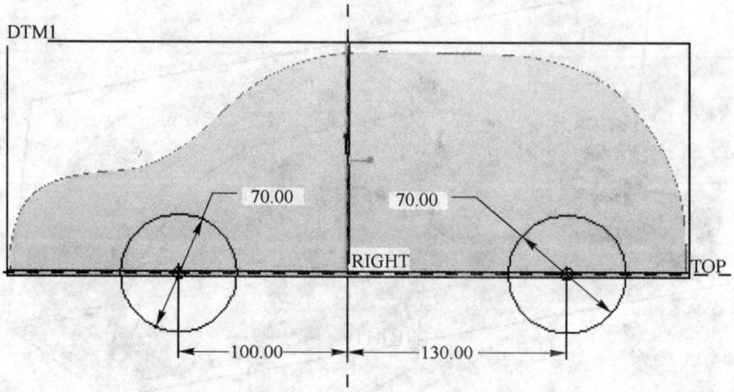

图 7-48　草绘截面

④按下按钮，单击面组后的文本框，在图形区选择合并后的曲面，并通过按钮使箭头指向要切除材料的方向，设置拉伸深度类型为，单击操控栏中的按钮完成特征创建，得到如图 7-49 所示的模型。

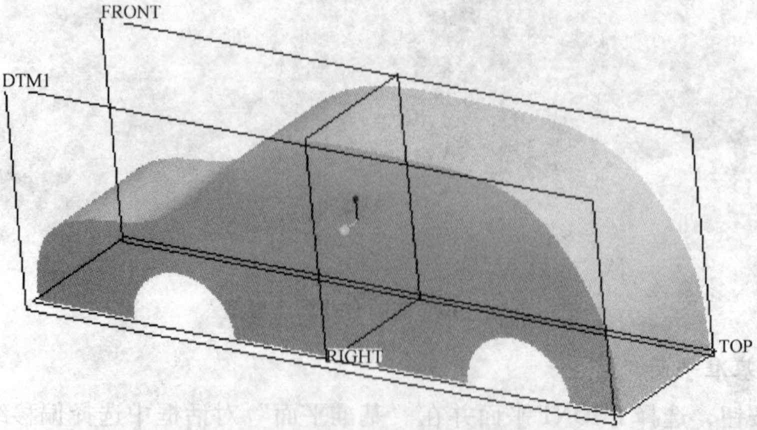

图 7-49　创建切除材料拉伸特征后的模型

(9) 创建倒圆角特征

单击按钮，选择模型的棱边（样条曲线1），设置半径为5，单击操控栏中的✔按钮完成特征创建，结果如图7-50所示。

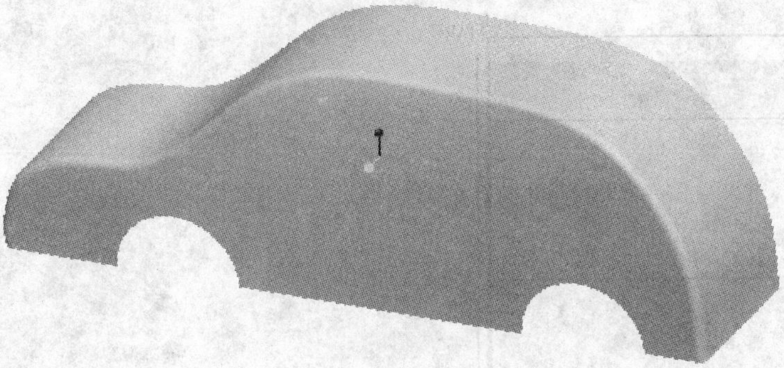

图7-50　创建倒圆角特征后的模型

(10) 创建切除材料拉伸特征

①单击按钮，单击操控栏上的按钮。

②打开“放置”面板，单击“定义”按钮，在弹出的“草绘”对话框中，以平面DTM1为草绘平面，RIGHT平面为右方，进入草绘环境。

③绘制如图7-51所示的截面，单击✔按钮退出草绘环境。

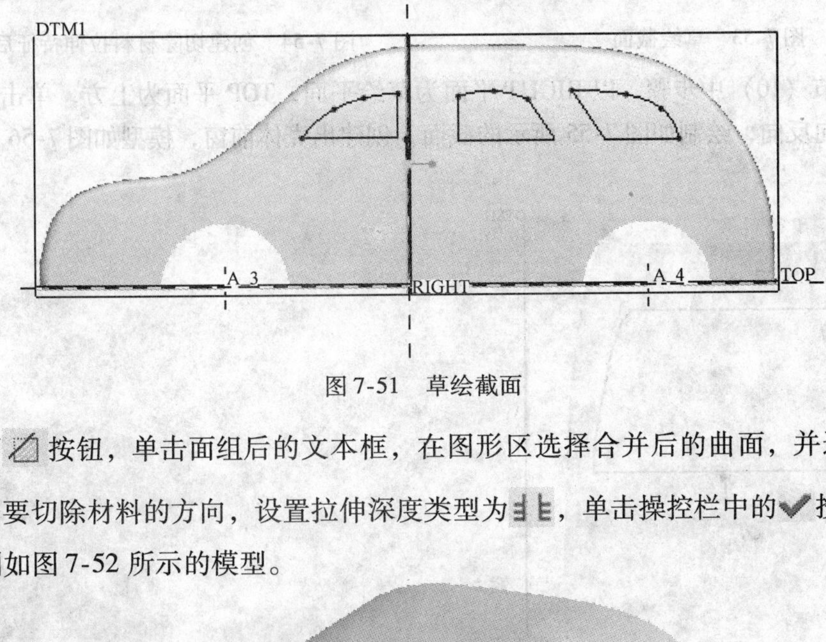

图7-51　草绘截面

④按下按钮，单击面组后的文本框，在图形区选择合并后的曲面，并通过按钮使箭头指向要切除材料的方向，设置拉伸深度类型为，单击操控栏中的✔按钮完成特征创建，得到如图7-52所示的模型。

图7-52　创建切除材料拉伸特征后的模型

(11) 创建切除材料拉伸特征

按照本节（10）中步骤，以 RIGHT 平面为草绘平面，TOP 平面为上方，绘制如图 7-53 所示的截面，创建出壳体后窗，模型如图 7-54 所示。

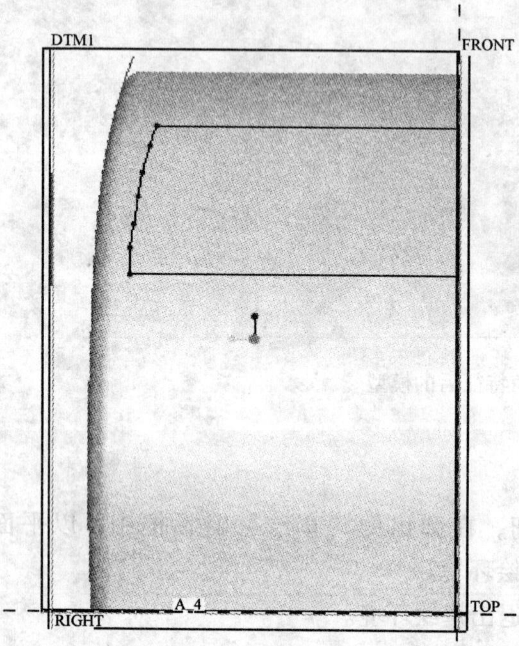

图 7-53　草绘截面

图 7-54　创建切除材料拉伸特征后的模型

按照本节（10）中步骤，以 RIGHT 平面为草绘平面，TOP 平面为上方，单击“反向”使草绘平面方向反向，绘制如图 7-55 所示的截面，创建出壳体前窗，模型如图 7-56 所示。

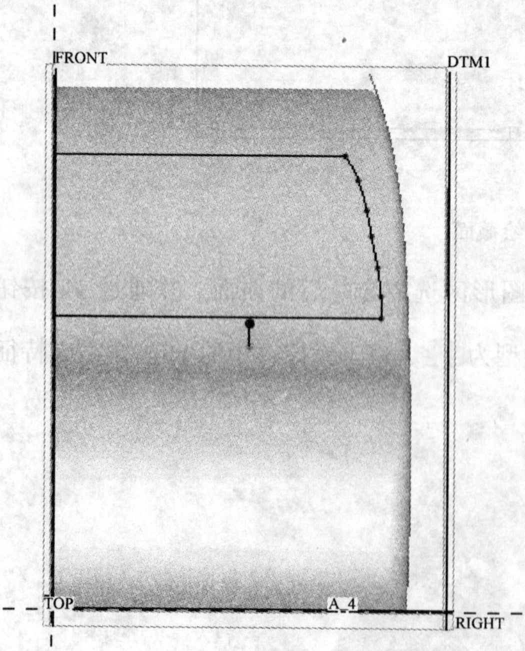

图 7-55　草绘截面

图 7-56　创建切除材料拉伸特征后的模型

(12) 创建基准平面

单击 ▱ 按钮，选择 RIGHT 平面并在“基准平面”对话框中选择偏移约束，输入平移值为200，单击“确定”按钮完成基准平面DTM2的创建。

再次创建基准平面DTM3，相对RIGHT平面偏移-200。

(13) 创建切除材料拉伸特征

按照本节（10）中步骤，分别以DTM2平面、DTM3平面为草绘平面，绘制如图7-57、图7-58所示的截面，创建切除材料拉伸特征后的模型分别如图7-59、图7-60所示。

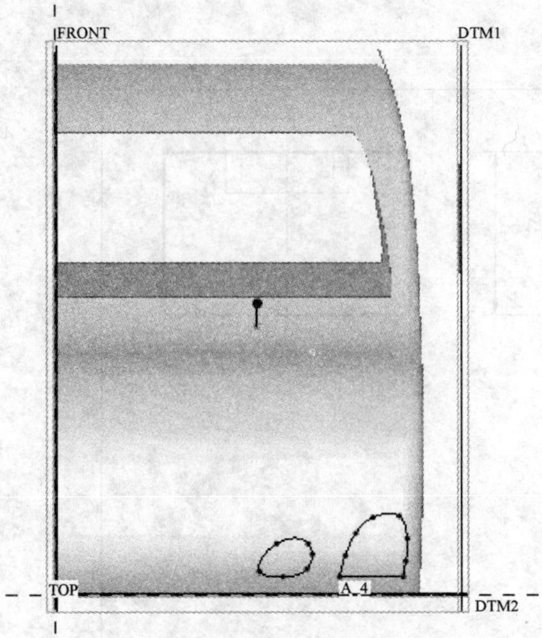

图7-57　草绘截面

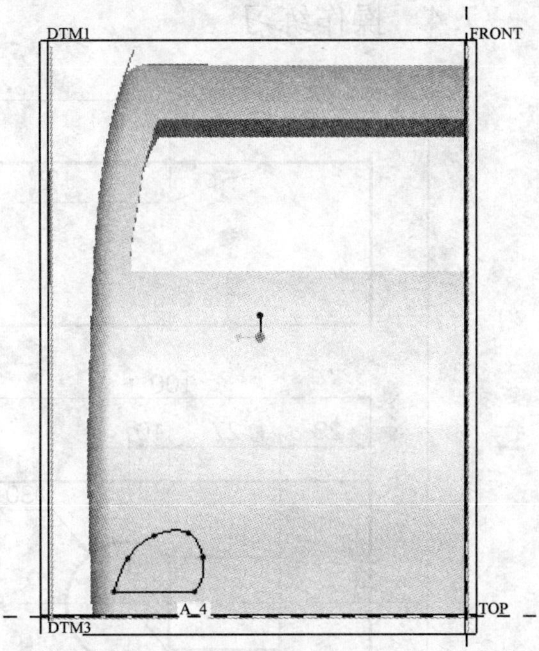

图7-58　草绘截面

图7-59　创建切除材料拉伸特征后的模型1

图7-60　创建切除材料拉伸特征后的模型2

（14）镜像特征

在模型树中选择本节（2）~（13）创建的所有特征，以 FRONT 平面为镜像平面，完成镜像后的模型如图 7-40 所示。

（15）保存文件

7.4 操作练习

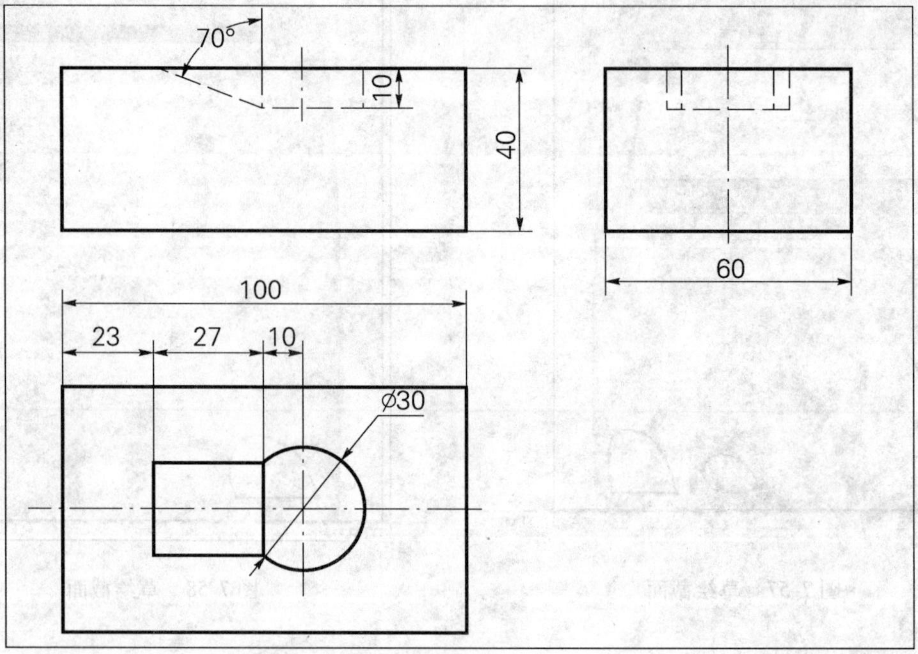

图 7-61 曲面 1

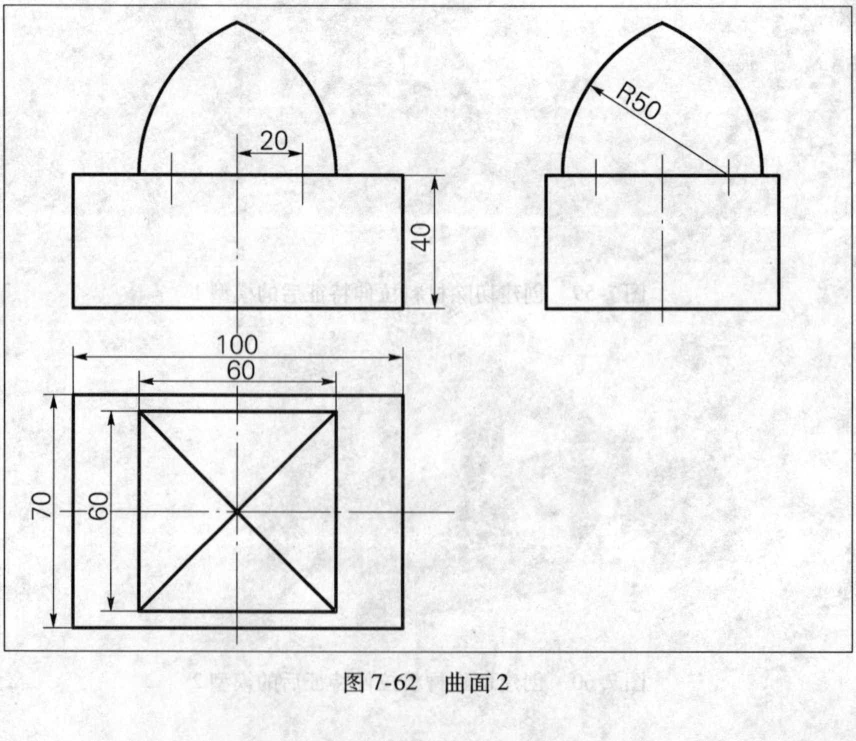

图 7-62 曲面 2

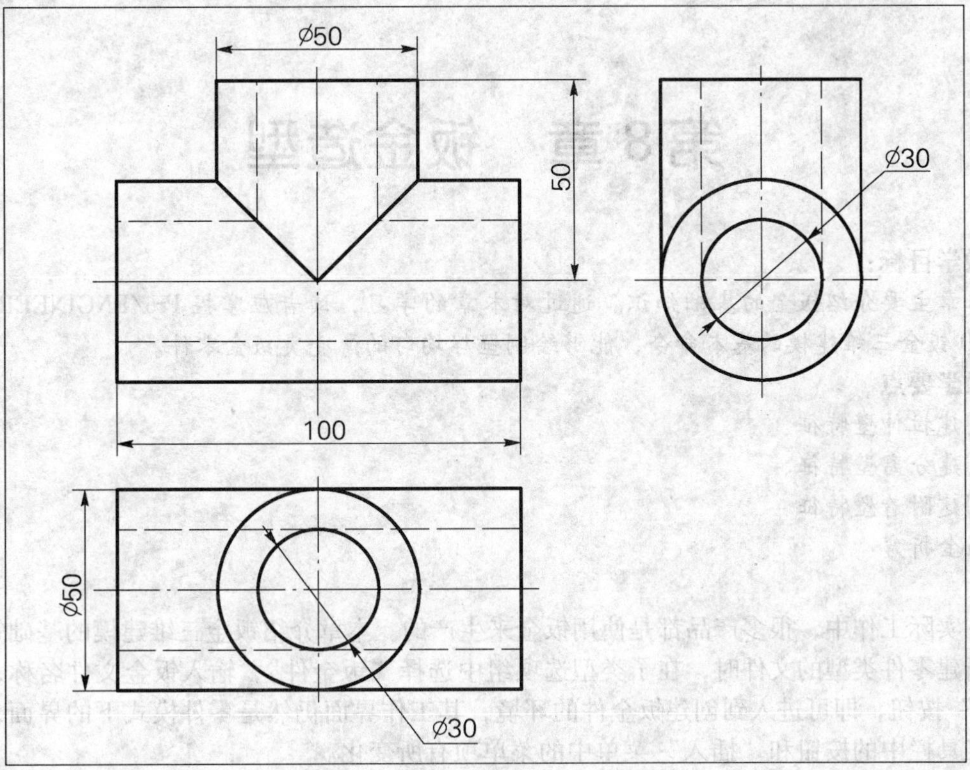

图 7-63　曲面 3

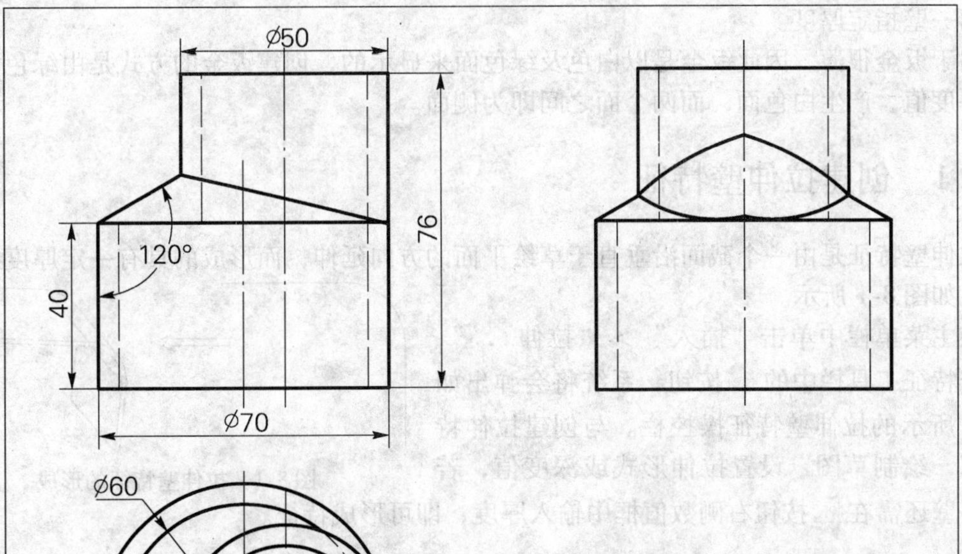

图 7-64　曲面 4

第8章　钣金造型

教学目标：

本章主要介绍钣金的基础知识。通过对本章的学习，读者应掌握 Pro/ENGINEER Wildfire 4.0 钣金三维建模的基本命令，能够绘制壁厚均匀的薄壳类钣金零件。

教学要点

创建拉伸壁特征、

创建分离壁特征、

创建附着壁特征

钣金折弯

在实际工作中，很多产品都是使用钣金来生产的。本章介绍钣金三维建模的基础知识。

新建零件类型的文件时，在子类型选项组中选择“钣金件”，输入钣金文件名称，单击“确定”按钮，即可进入到创建钣金件的环境，其工作界面仍然是零件模式下的界面，只是特征工具栏中的按钮和“插入”菜单中的菜单项有所变化。

在钣金模型中，创建的第一个薄壁特征称为第一壁，它往往是后续特征的基础，很多按钮和菜单项只有在创建了第一壁之后才可以使用。由于钣金的厚度永远是均匀的，所以只需要对第一壁指定厚度。

由于钣金很薄，因此钣金是以白色及绿色面来显示的，创建钣金的方式是由绿色面偏移一个厚度值，产生白色面，而两个面之间即为侧面。

8.1　创建拉伸壁特征

拉伸壁特征是由一个截面沿垂直于草绘平面的方向延伸，而形成的具有一定厚度的薄壁特征，如图 8-1 所示。

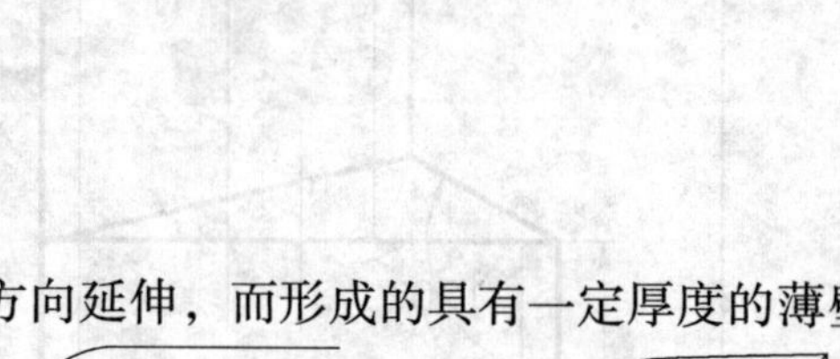

图 8-1　拉伸壁特征的形成

在主菜单栏中单击“插入” > “拉伸 ...”，或单击特征工具栏中的按钮，系统将会弹出如图 8-2 所示的拉伸壁特征操控栏。与创建拉伸特征类似，绘制草图、设置拉伸形式或深度值，若为第一壁还需在按钮右侧数值框中输入厚度，即可形成特征。

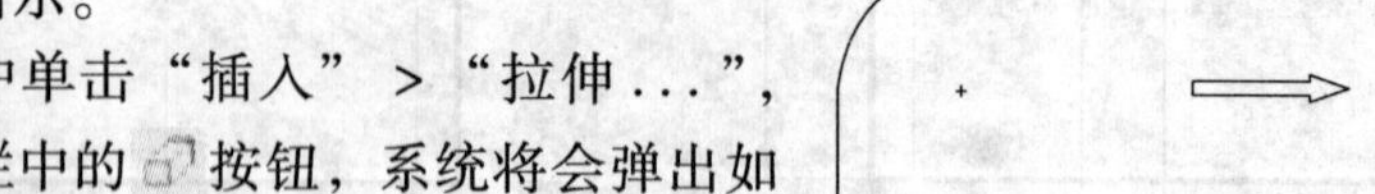

图 8-2　拉伸壁特征操控栏

8.2　创建分离壁特征

分离壁特征是一类不必依附于其他特征而能独立存在的特征，可以作为钣金件的第一壁。创建分离壁特征的方式有平整、旋转、混合、偏移，以及高级特征方式。在此主要介绍前四种基本方式。

8.2.1　以平整的方式创建分离壁特征

以平整的方式创建分离壁特征时，要求绘制一个封闭截面作为特征的轮廓线，系统在截面内填充材料，并以草绘平面为基准，按钣金厚度值沿视图方向侧形成薄壁特征，如图 8-3 所示。

在主菜单栏中单击“插入” > “钣金件壁” > “分离的” > “平整...”，或单击特征工具栏中的按钮，系统将会弹出如图 8-4 所示的分离式平整壁特征操控栏，打开“参照”上滑面板，单击“定义”按钮进入草绘环境绘制截面，完成后即可形成特征，按钮可用来对特征生成方向进行反向。

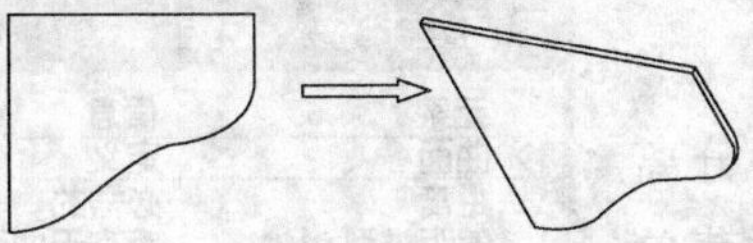

图 8-3　分离式平整壁特征的形成

图 8-4　分离式平整壁特征操控栏

8.2.2　以旋转的方式创建分离壁特征

以旋转的方式创建分离壁特征时，类似旋转特征的创建，要求绘制一个截面和一条中心线，并确定旋转角度，如图 8-5 所示。

操作说明如下：

①在主菜单栏中单击“插入” > “钣金件壁” > “分离的” > “旋转...”，或单击特征工具栏中按钮右侧的按钮，打开级联菜单，再单击按钮，系统将会弹出如图 8-6 所示的分离式旋转壁特征对话框，并同时弹出属性菜单。属性菜单中的“单侧”表示沿草绘平面一侧旋转形成特征，“双侧”表示沿草绘平面两侧对称旋转形成特征。

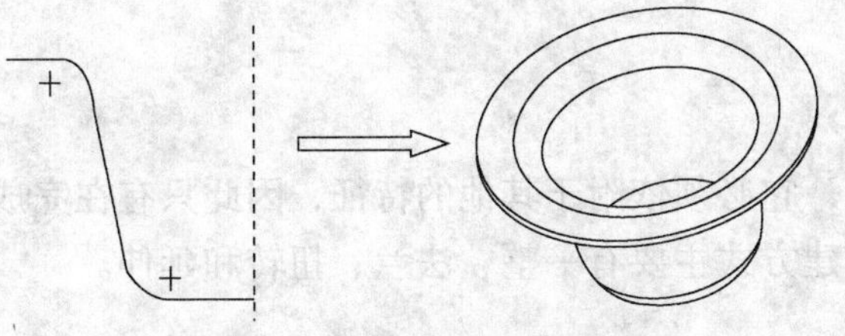

图 8-5　分离式旋转壁特征的形成

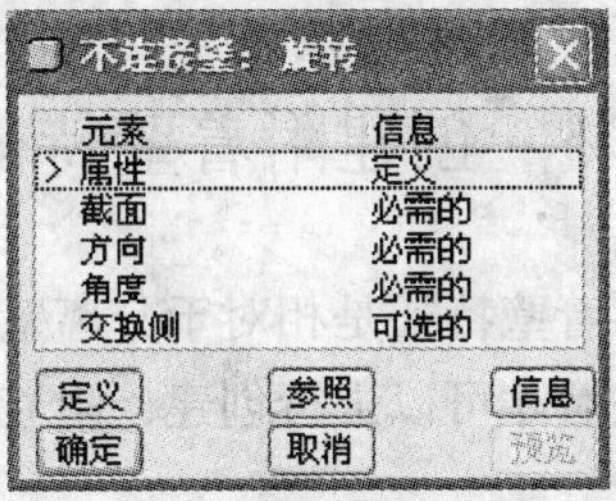

图 8-6　分离式旋转壁特征对话框

②设置属性后，系统弹出设置草绘平面的菜单，根据提示分别选择草绘平面、特征创建方向、草绘平面放置方位参照，进入草绘环境绘制截面，完成后再设置旋转角度。对话框中的“交换侧”为可选项，用于改变薄壁特征厚度形成方向，即交换绿色面和白色面，创建其他薄壁特征时若有该元素则含义相同。

8.2.3　以混合的方式创建分离壁特征

在主菜单栏中单击“插入” > “钣金件壁” > “分离的” > “混合...”，或单击特征工具栏中按钮级联菜单中的按钮，系统将会弹出混合选项菜单，后续操作类似混合特征的创建，选择混合类型后系统将会弹出对话框，对其中各选项进行设置即可。

例如，在混合选项菜单中选择了通过绘制截面的方式创建平行混合壁特征后，系统将弹出如图 8-7 所示的分离式平行混合壁特征对话框，其中各元素含义与创建平行混合特征时对应元素相同，设置各元素后可得到如图 8-8 所示的分离式平行混合壁特征。

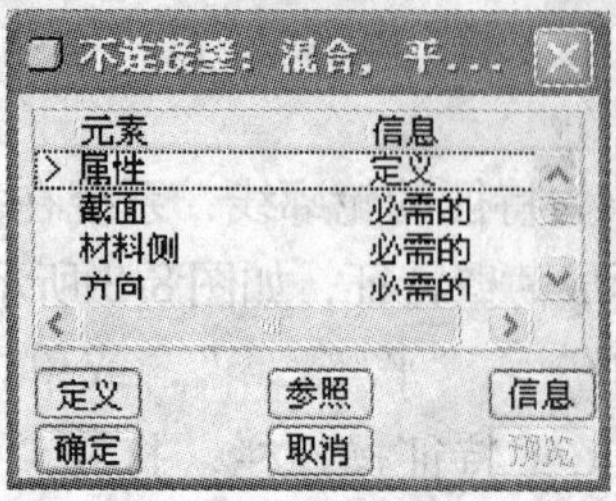

图 8-7 分离式平行混合壁特征对话框

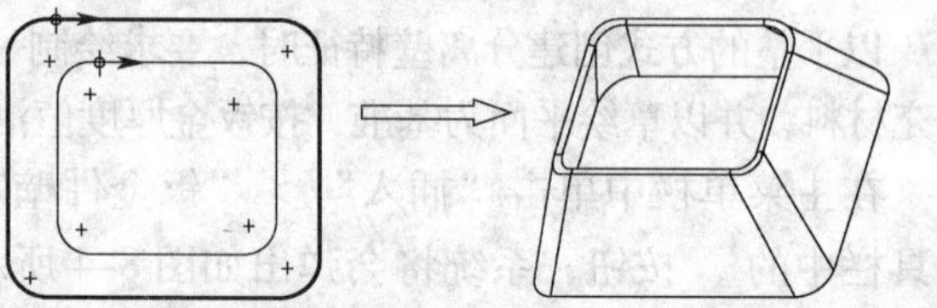

图 8-8 分离式平行混合壁特征的形成

8.2.4 以偏移的方式创建分离壁特征

在主菜单栏中单击“插入” > “钣金件壁” > “分离的” > “偏移...”，或单击特征工具栏中按钮级联菜单中的按钮，系统将会弹出如图 8-9 所示的分离式偏移壁特征对话框。根据系统提示先选择要偏移的曲面，然后在信息提示区的数值框中输入偏移距离，确定增加材料的方向即可形成特征，如图 8-10 所示。

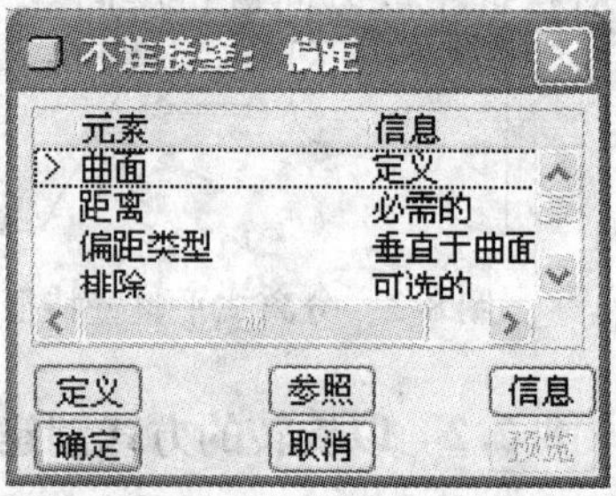

图 8-9 分离式偏移壁特征对话框

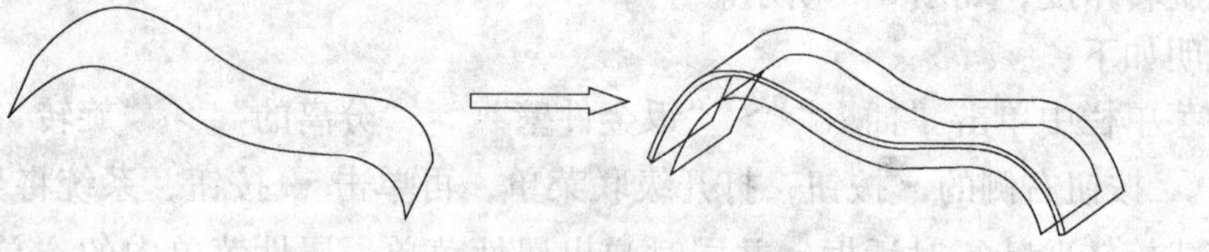

图 8-10 分离式偏移壁特征的形成

8.3 创建附着壁特征

附着壁特征是相对于分离壁特征而言的，它必须依附于其他的特征，因此只有在完成了第一壁后才可以进行创建，附着壁特征的创建方式主要有平整、法兰、扭转和延伸。

8.3.1 以平整的方式创建附着壁特征

以平整的方式创建附着壁特征时，要求在已有的钣金上选取一条边线，作为附着壁特征的附着边。

操作说明如下：

①在主菜单栏中单击“插入” > “钣金件壁” > “平整...”，或单击特征工具栏中的按钮，系统将会弹出如图 8-11 所示的平整壁特征操控栏，同时信息提示区显示“选择一个边连到侧壁上”。在图形区选择一条边后，系统以其为附着边按默认方式生成薄壁特征。

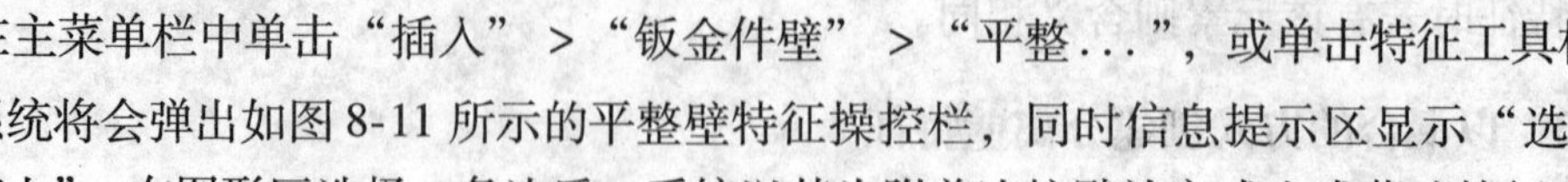

图 8-11 平整壁特征操控栏

②对平整壁特征，系统定义有矩形、梯形、L形、T形等形状，用户也可自定义特征形状，单击“矩形”右侧下拉按钮将弹出特征形状类型列表，可从中选择。确定特征形状类型后，可打开“形状”上滑面板，通过修改数值框中数值的方法改变特征尺寸。用户要自定义特征形状，可单击“形状”上滑面板中的“草绘”按钮，系统自动设定草绘平面为通过附着边且与已有薄壁特征成一定角度的平面，角度值由操控栏中△按钮右侧的数值决定，因此在弹出的草绘对话框中只需设置草绘平面的方位参照，之后便可进入草绘环境绘制特征的正面轮廓线。

如图8-12所示为已有薄壁特征，激活“平整壁特征”命令后，在其上选择一条附着边，然后选择“自定义特征形状”并绘制图8-13所示的正面轮廓线，将生成图8-14所示的平整壁特征。

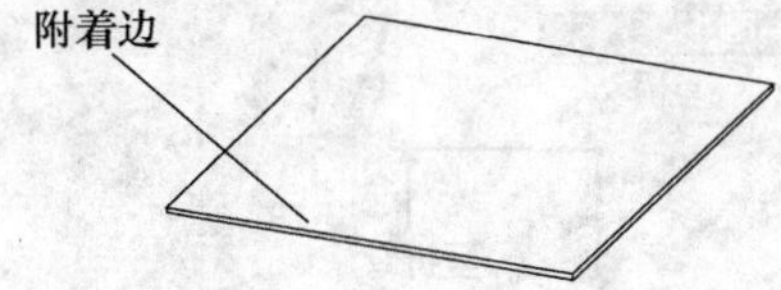

图8-12 已有薄壁特征

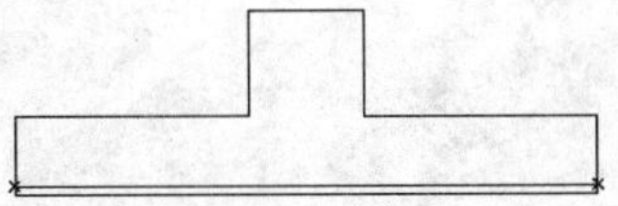

图8-13 正面轮廓线

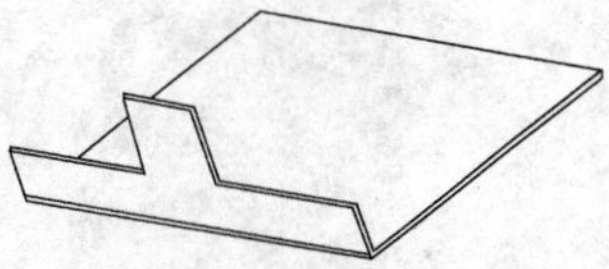

图8-14 平整壁特征

③若附着边的端点与其他边线相连接，或薄壁特征沿附着边方向的尺寸小于附着边长度，则通常需要加上止裂槽才能产生合理的几何形状。此时，可打开“减轻”上滑面板，设置止裂槽的形状和尺寸。

④止裂槽有扯裂式、伸展式、矩形、长圆形等的类型：

扯裂式止裂槽是在薄壁弯曲时，直接由其邻接薄壁撕出扯裂，如图8-15所示。选择该类型后系统自动生成止裂槽，不需设置参数，其面板如图8-16所示。

图8-15 扯裂式止裂槽图

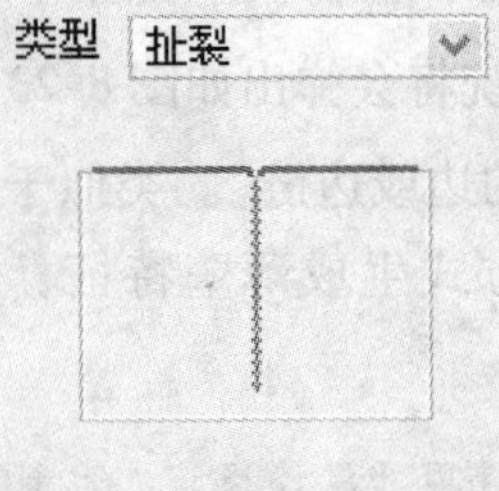

图8-16 “扯裂式止裂槽”面板

伸展式止裂槽是在薄壁弯曲处加入材料，使其与邻接薄壁间有材料连接，如图8-17所示。选择该类型后，面板如图8-18所示，需要设置止裂槽底部的宽度和伸展角度。

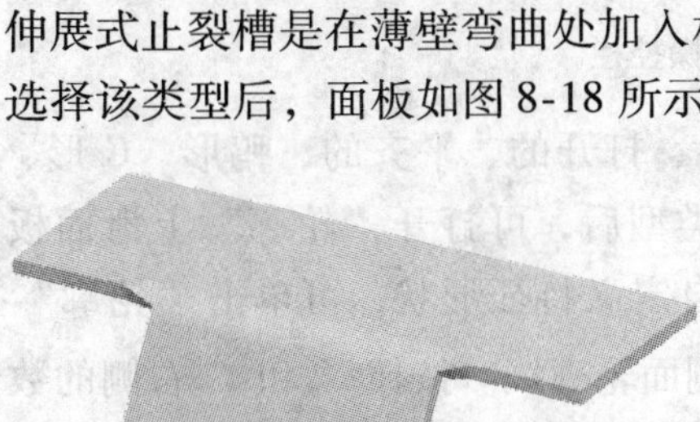

图8-17 伸展式止裂槽

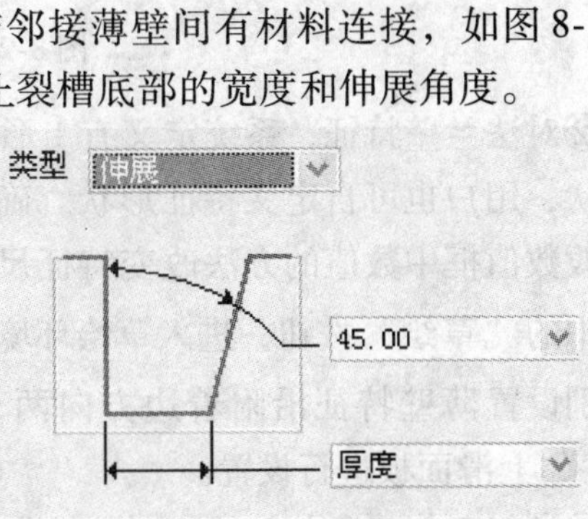

图8-18 “伸展式止裂槽”面板

矩形止裂槽是指弯曲的薄壁与其邻接薄壁间生成的矩形凹槽，如图8-19所示。选择该类型后，面板如图8-20所示，需要设置止裂槽的宽度和深度。

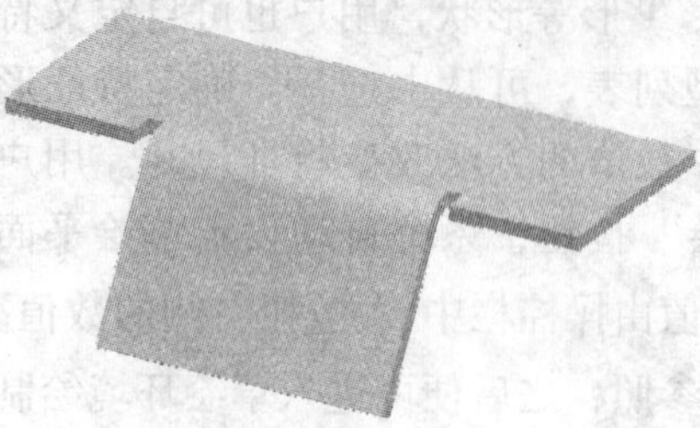

图 8-19 矩形止裂槽

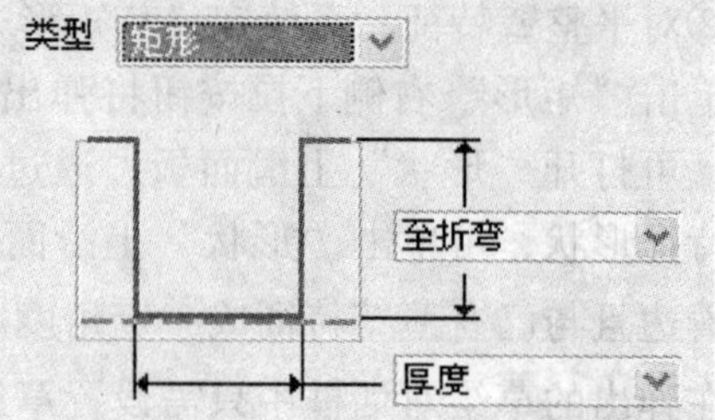

图 8-20 矩形止裂槽面板

长圆形止裂槽是指弯曲的薄壁与其邻接薄壁间生成的长方形、底部为圆弧形的凹槽，如图 8-21 所示。选择该类型后，面板如图 8-22 所示，需要设置止裂槽的宽度和深度。

图 8-21 长圆形止裂槽

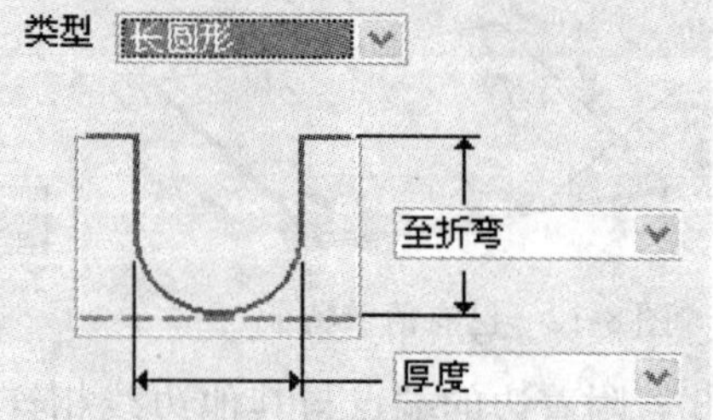

图 8-22 长圆形止裂槽面板

8.3.2 以法兰的方式创建附着壁特征

操作说明如下：

①在主菜单栏中单击“插入” > “钣金件壁” > “法兰...”，或单击特征工具栏中的按钮，系统将会弹出如图 8-23 所示的法兰壁特征操控栏，同时信息提示区显示“选取要连接到薄壁的边或边链”。类似于创建平整壁特征，在图形区选择一条边后，系统以其为附着边按默认方式生成薄壁特征，但与平整壁不同的是，法兰壁是由侧面轮廓线决定特征形状。

图 8-23 法兰壁特征操控栏

②对法兰壁特征，系统定义有 I 形、圆弧、S 形、打开的、平齐的、鸭形、C 形、Z 形等形状，用户也可自定义特征形状。确定特征形状类型后，可打开“轮廓”上滑面板，通过修改数值框中数值的方法改变特征尺寸。用户要自定义特征形状，可单击“轮廓”上滑面板中的“草绘”按钮，进入草绘环境绘制特征的侧面轮廓线。按钮和右侧的数值框可分别设置薄壁特征沿附着边方向两个端面的位置，从而确定该方向的尺寸，也可通过“长度”上滑面板进行设置。

③类似于创建平整壁特征时的操作，在如图 8-12 所示的已有薄壁特征上创建法兰壁特征。激活“法兰壁特征”命令后，在其上选择同样的附着边，然后选择“自定义特征形状”并绘制如图 8-24 所示的侧面轮廓线，将生成如图 8-25 所示的法兰壁特征。

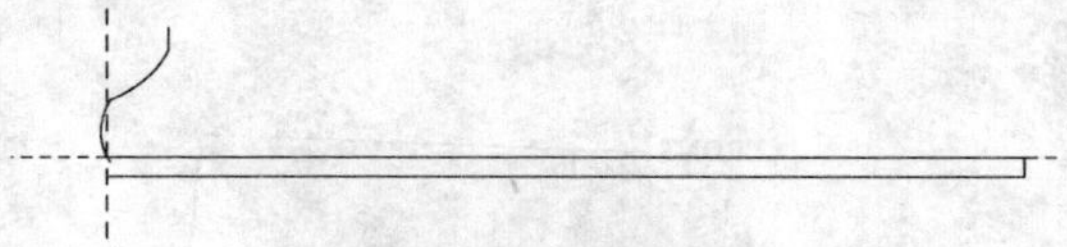

图 8-24　侧面轮廓线

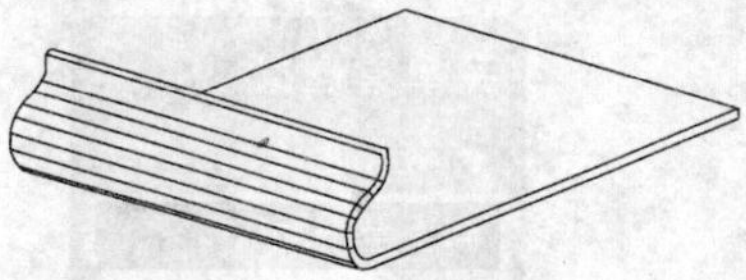

图 8-25　法兰壁特征

同样，若附着边的端点与其他边线相连接，或薄壁特征沿附着边方向的尺寸小于附着边长度，则可打开“减轻”上滑面板，设置止裂槽的形状和尺寸。

8.3.3　以扭转的方式创建附着壁特征

在主菜单栏中单击“插入” > “钣金件壁” > “扭转 ...”，系统将会弹出如图 8-26 所示的扭转壁特征对话框，同时信息提示区显示“选取扭曲侧壁应连接的直边”。在如图 8-27所示的已有钣金上选择附着边后，系统弹出扭转轴位置菜单，如图 8-28 所示，可在附着边上选取基准点确定扭转轴的位置，也可选择其中的“中点”选项使扭转轴位于附着边中点处，随后根据提示分别输入起始宽度、终止宽度、扭转角度、长度等数值，即可形成如图 8-29 所示的扭转壁特征。

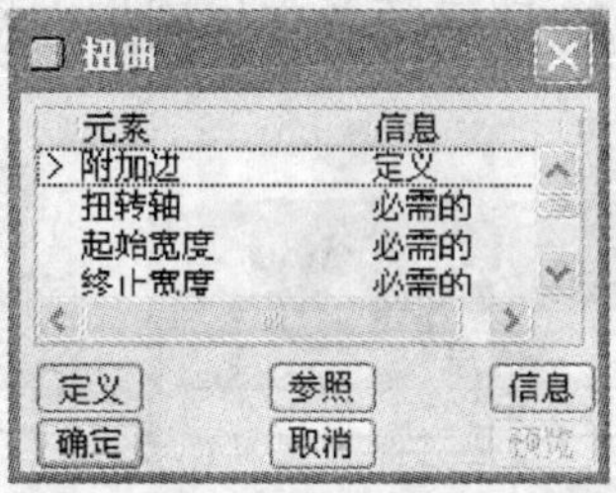

图 8-26　扭转壁特征对话框

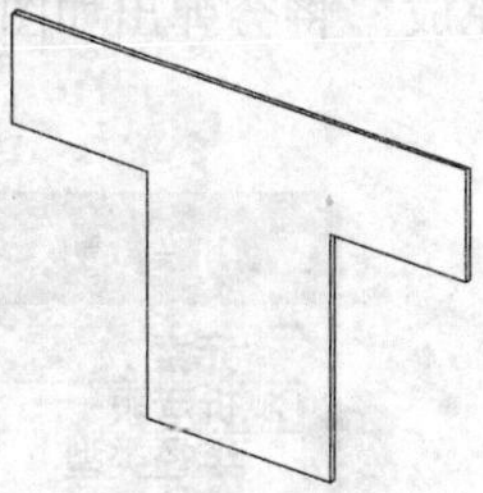

图 8-27　已有钣金

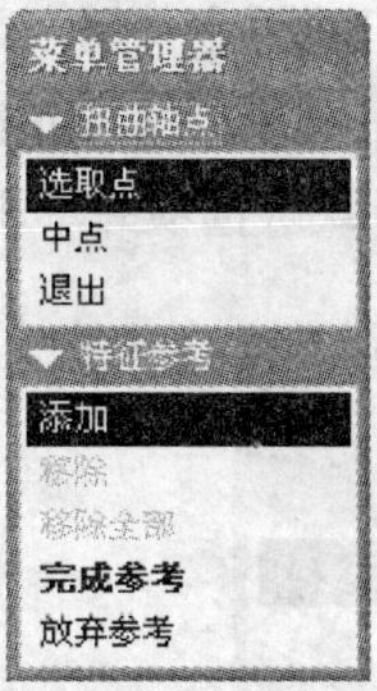

图 8-28　扭转轴位置菜单

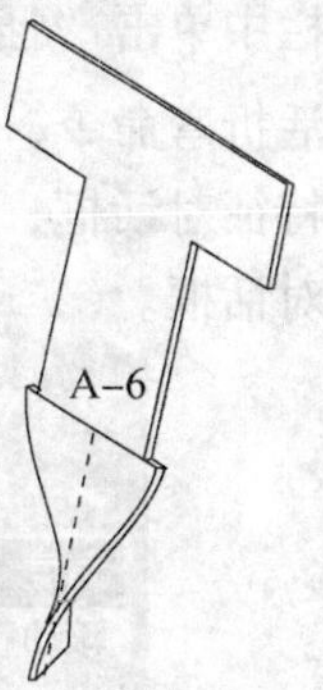

图 8-29　扭转壁特征

8.3.4　以延伸的方式创建附着壁特征

在主菜单栏中单击“插入” > “钣金件壁” > “延伸 ...”，或单击特征工具栏中的按钮，系统将会弹出如图 8-30 所示的延伸壁特征对话框，同时信息提示区显示“选取要延拓的直边”。在如图 8-31 所示薄壁特征中选择一条要延伸的边，之后系统弹出如图 8-32 所示延拓距离设置菜单，可选择延伸（或剪切）至某平面，也可选择其中的“延拓值”选项输入特定的距离值，选择的平面必须平行于要延拓的边，在图 8-31 中选择 TOP 平面，可得到图 8-33 的结果。

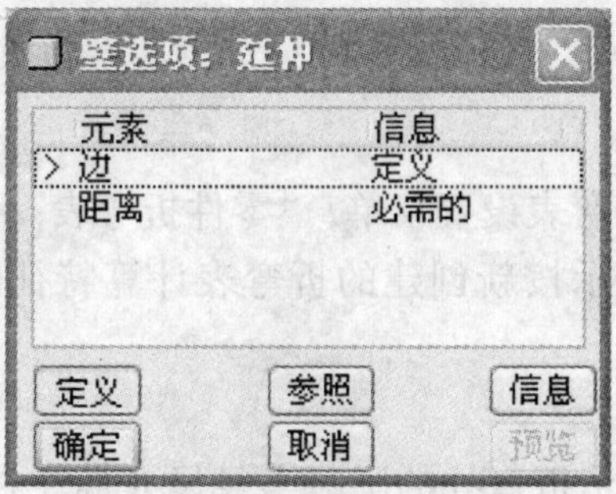

图 8-30　延伸壁特征对话框

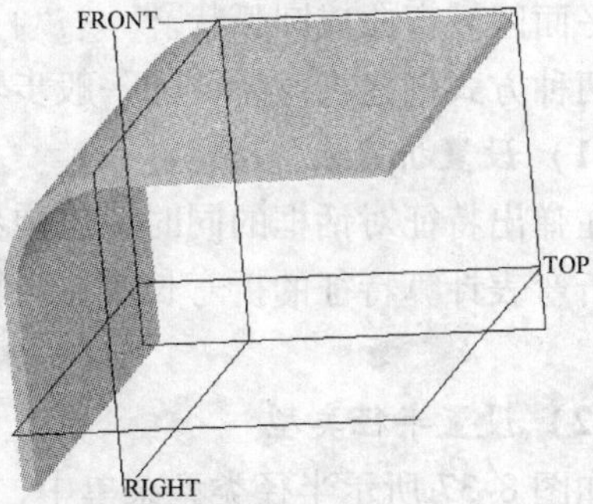

图 8-31　已有薄壁特征

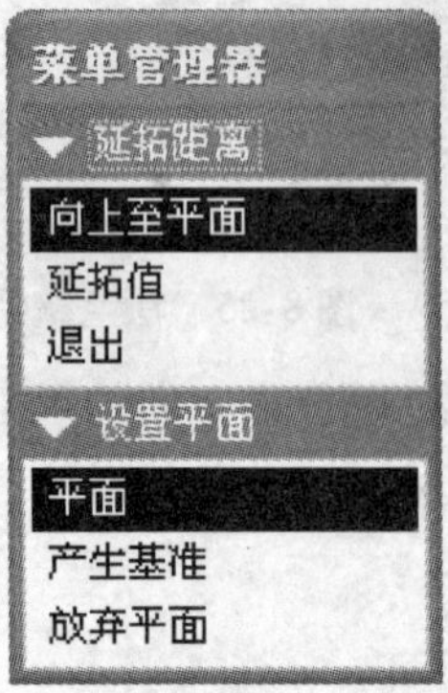

图 8-32 延拓距离设置菜单

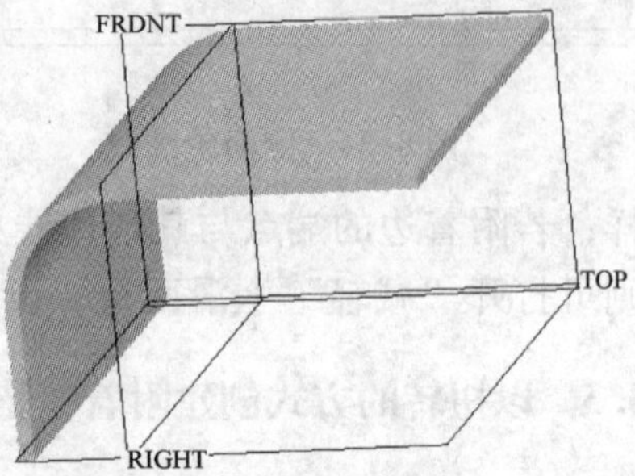

图 8-33 延伸壁特征

8.4 钣金的折弯

折弯特征可以将钣金的平面区域进行弯曲，从而生成具有特定形状的薄壁特征。在主菜单栏中单击“插入” > “钣金件壁” > “折弯 ...”，或单击特征工具栏中的按钮，可激活折弯命令，并弹出选项菜单，如图 8-34 所示。根据所选的折弯方式和类型将弹出对应的特征对话框，如选择默认选项并单击“完成”将会弹出如图 8-35 所示的角度规则折弯特征对话框。

图 8-34 折弯选项菜单

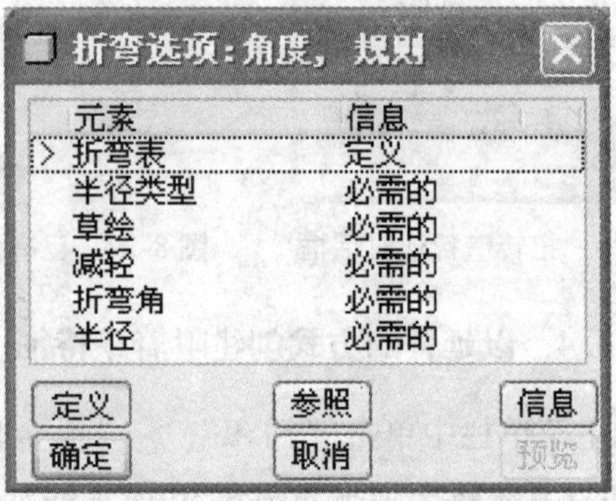

图 8-35 角度规则折弯特征对话框

8.4.1 钣金折弯的方式

钣金折弯的方式有角度和滚动两种，前者将钣金的平面区域弯曲成某个角度，后者将钣金的平面区域弯曲成圆弧状。

两种方式创建折弯特征的一般步骤为：

（1）设置折弯表

在弹出特征对话框的同时，也弹出图 8-36 所示折弯表设置菜单，“零件折弯表”表示按默认折弯表计算特征的折弯长度，“特征折弯表”表示按新创建的折弯表计算特征的折弯长度。

（2）设置半径类型

如图 8-37 所示半径类型菜单中，“内侧半径”表示折弯处的圆弧半径尺寸标注在内侧，“外侧半径”则将上述尺寸标注在外侧。

图 8-36　折弯表设置菜单

图 8-37　半径类型设置菜单

(3) 选取草绘平面

确定视图方向和方位参照，绘制折弯线，如图 8-38 所示是在已有钣金上绘制的折弯线。

(4) 指定折弯侧及固定侧

折弯侧设置菜单如图 8-39 所示，可接受当前图形区箭头指定方向，也可反向，还可选择对折弯线两侧都进行折弯。固定侧设置菜单如图 8-40 所示，可接受指定方向或反向。

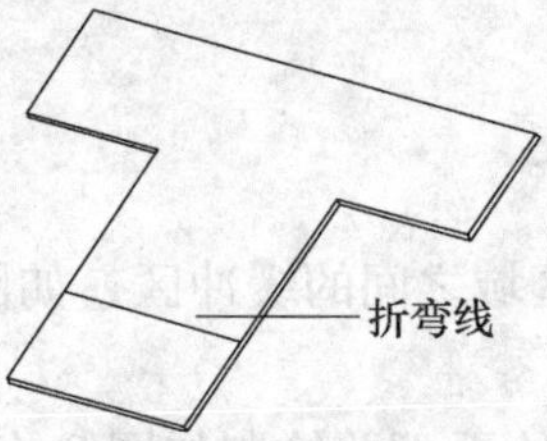

图 8-38　折弯线

图 8-39　折弯侧设置菜单

图 8-40　固定侧设置菜单

(5) 设置止裂槽

默认选项为“无止裂槽”，若需要设置止裂槽可选择“使用止裂槽”，并在类型列表中选择相应类型，参数设置可参考 8.3.1 节中的内容进行。折弯特征的止裂槽要求对两个端部分别设置，图形区中折弯线的一端显示红色 × 号，表示对该端连接处设置止裂槽，第一端完成后，将在折弯线的另一端显示红色 × 号，可重新选择止裂槽类型并设置相应参数。

(6) 指定折弯角度和折弯半径

对于角度折弯，系统将弹出如图 8-41 所示的折弯角度设置菜单，可选择特定值，也可输入所需角度值。折弯角度表示折弯侧绕折弯线逆时针旋转的角度，可勾选“反向”更改旋转方向。角度设置完成后，系统将弹出如图 8-42 所示的折弯半径设置菜单，可将半径设置与厚度相等，或为厚度的两倍，也可输入所需半径值。

对于滚动折弯，只需设置折弯半径，其折弯方向由本节（3）中的视图方向决定。

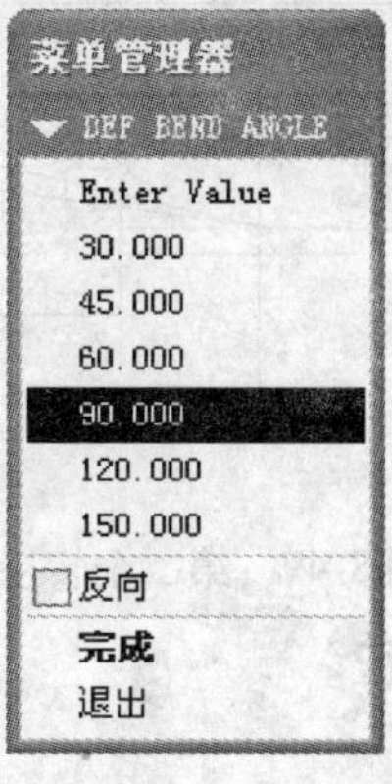

图 8-41　折弯角度设置菜单

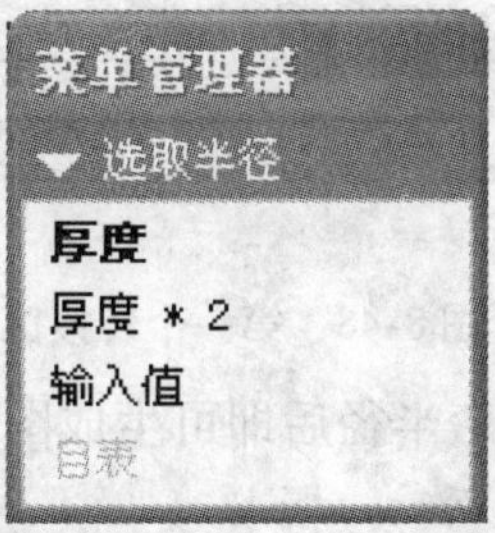

图 8-42　折弯半径设置菜单

（7）上述设置完成后单击对话框中的“确定”按钮即可生成折弯特征

如图 8-43 所示为角度规则折弯特征，如图 8-44 所示滚动规则折弯特征。

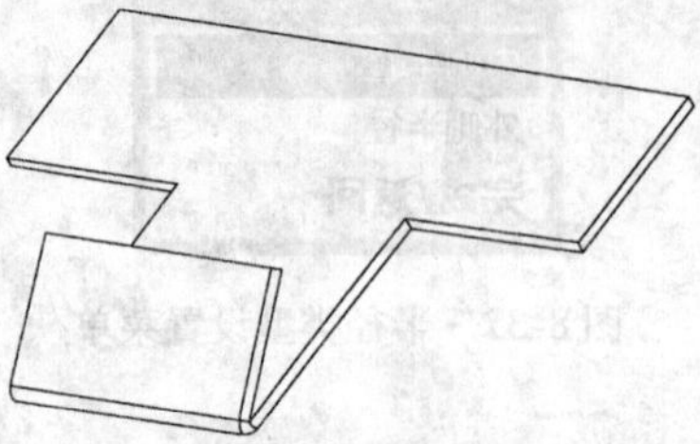

图 8-43 角度规则折弯特征

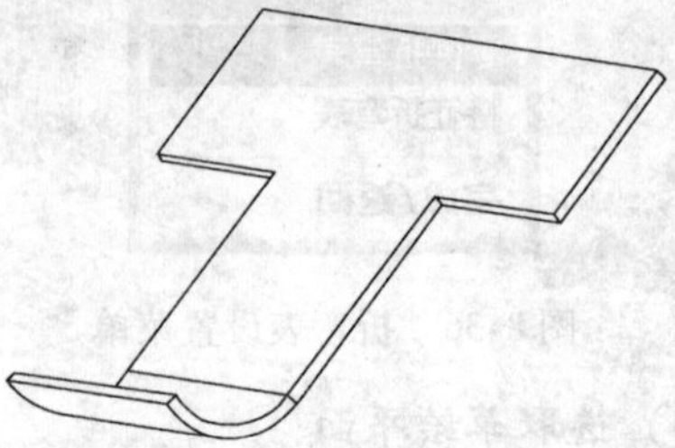

图 8-44 滚动规则折弯特征

8.4.2 钣金折弯的类型

无论是以角度还是滚动方式折弯钣金，都有规则、带有转接及平面三种类型。

（1）规则

是指一般形式的折弯，上面的两个例子都是该类型。

（2）带有转接

是指含转接区的折弯，所谓的转接区是指平面区域及折弯区域之间的缓冲区，如图8-45所示。

现对如图 8-46 所示的已有钣金进行折弯，选择上表面为草绘平面并绘制如图 8-47 所示的折弯线，将折弯线两侧均设置为折弯侧，并接受固定侧方向。

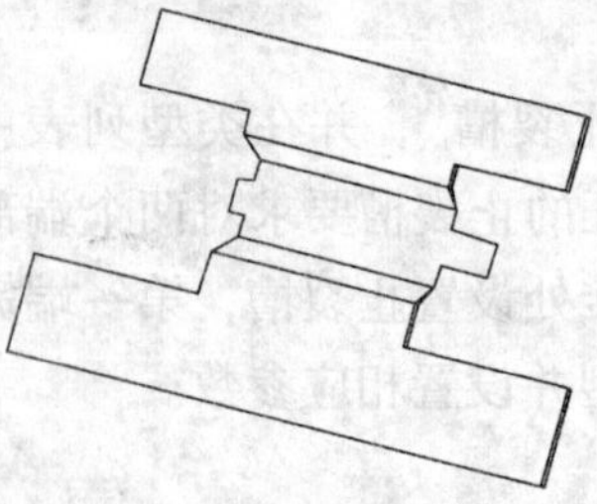

图 8-45 含转接区的折弯特征

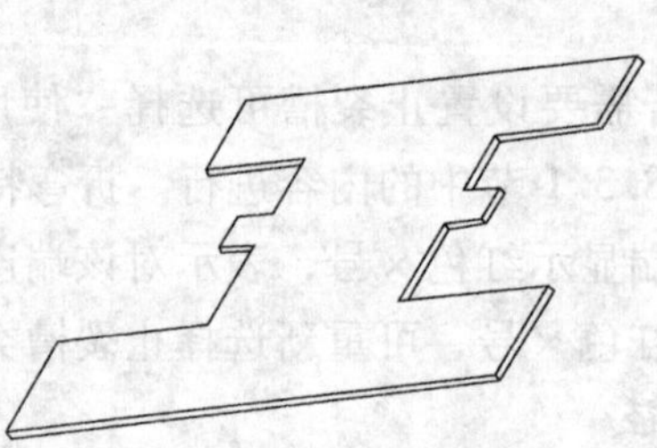

图 8-46 已有钣金

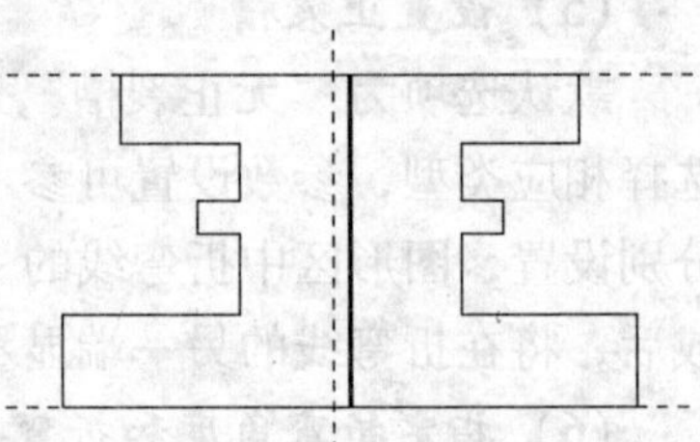

图 8-47 绘制折弯线

绘制如图 8-48 所示的线条，定义出第一个转接区，应注意的是要先画靠折弯区较近的线条。之后信息提示区显示“是否要定义其他转接区”，选取“是”以继续定义第二个转接区。绘制如图 8-48 所示的线条，定义出第二个转接区，在信息提示区选取“否”结束转接区的定义。

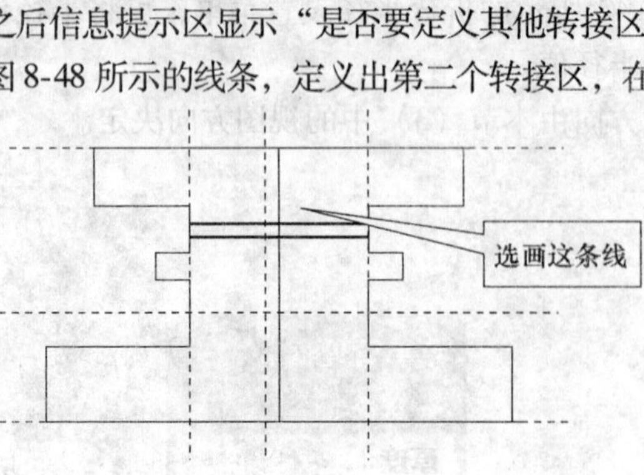

图 8-48 第一个转接区

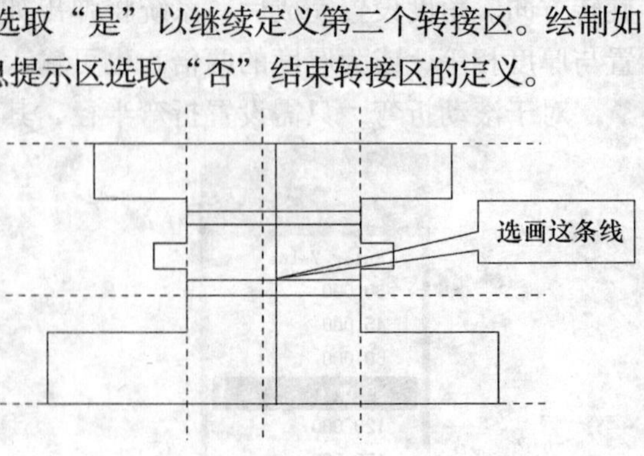

图 8-49 第二个转接区

设置折弯半径后即可生成图 8-45 所示含转接区的折弯特征。

（3）平面

是指绕一条垂直于草绘平面的轴线进行折弯，如图 8-50 所示。

在如图8-51所示的已有钣金上，选择上表面为草绘平面并绘制如图8-52所示的折弯线，将折弯线上方设置为折弯侧，折弯线下方设置为固定侧。

设置折弯角度和半径后，设置折弯旋转方向为左侧，即可生成如图8-50所示的平面折弯特征，该特征为角度折弯类型，如图8-53所示为滚动折弯类型的平面折弯特征。

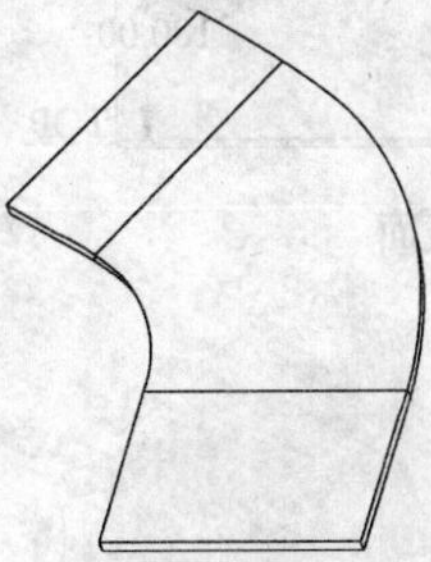
图8-50　平面折弯特征

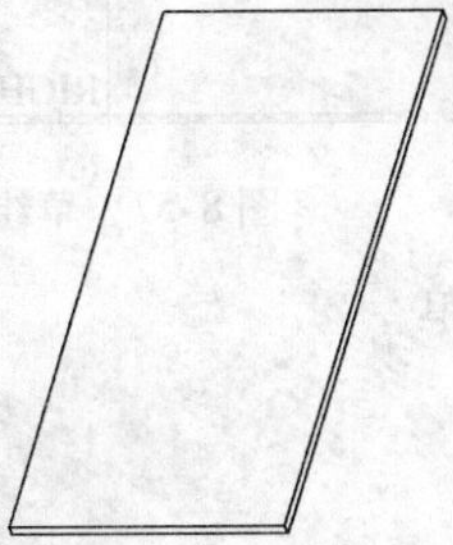
图8-51　已有钣金

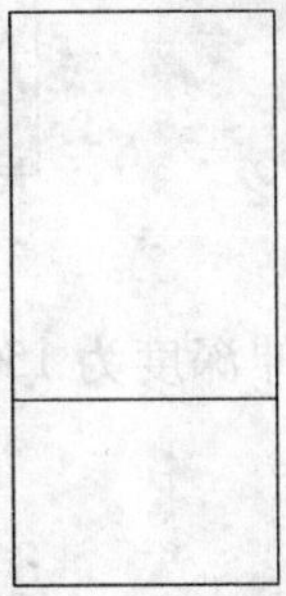
图8-52　绘制折弯线

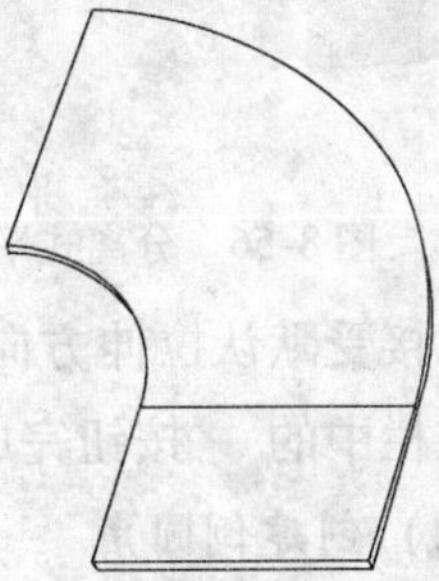
图8-53　平面折弯特征(滚动折弯)

8.4.3　应用示例

例题： 创建如图8-54所示的汽车车轮挡泥板模型。

操作步骤如下：

(1) 建立新文件

打开“新建”对话框，选择“零件”类型，“钣金件”子类型，并输入文件名称dang niban，进入钣金件建模环境。

(2) 采用平整壁的形式创建第一壁

①单击 按钮，在分离式平整壁特征操控栏中打开“参照”上滑面板。

②单击“定义”按钮，在“草绘”对话框中，选择FRONT平面为草绘平面，RIGHT平面为右方，绘制如图8-55所示的截面，单击✔按钮退出草绘环境。

图8-54　汽车车轮挡泥板模型

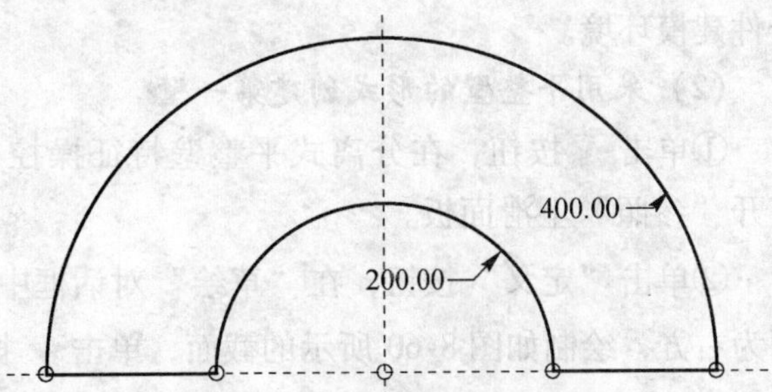

图8-55　草绘截面

③设置厚度值为6，单击操控栏中的✔按钮完成特征创建，得到如图8-56所示的分离式平整壁。

(3) 创建拉伸壁

①单击 按钮，打开拉伸壁特征操控栏。

②打开“放置”上滑面板，单击“定义”按钮，在“草绘”对话框中，选择本节(2)中平整壁表面为草绘平面，RIGHT平面为右方，绘制如图8-57所示的截面，单击✔按钮退出草绘环境。

图 8-56　分离式平整壁

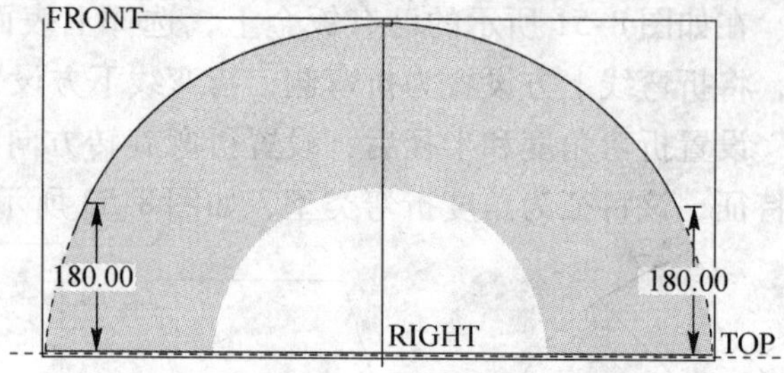

图 8-57　草绘截面

③接受默认拉伸方向，设置拉伸深度为 150，单击操控栏中的✔按钮完成特征创建。

(4) 创建倒圆角

①单击“插入” > “倒圆角”，打开倒圆角特征操控栏。

②选择圆弧线，设置圆角半径为 10，单击操控栏中的✔按钮完成特征创建，得到如图 8-58 所示的模型。

(5) 保存文件

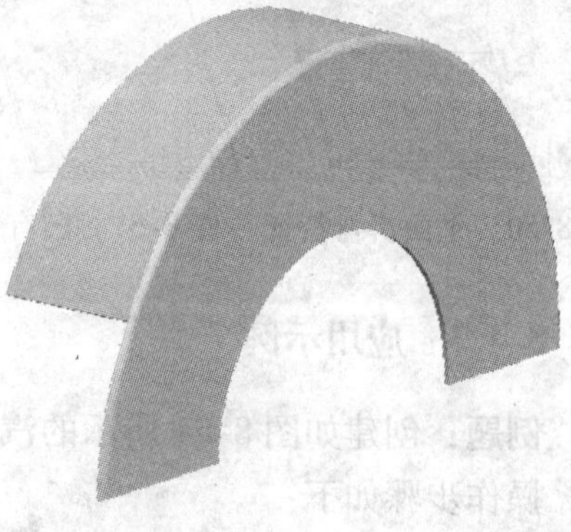

图 8-58　倒圆角

8.5　上机指导（汽车后备箱盖模型）

例题：创建如图 8-59 所示的汽车后备箱盖模型。

操作步骤如下：

(1) 建立新文件

打开“新建”对话框，选择“零件”类型，“钣金件”子类型，并输入文件名称 houbeixiang，进入钣金件建模环境。

(2) 采用平整壁的形式创建第一壁

①单击按钮，在分离式平整壁特征操控栏中打开“参照”上滑面板。

图 8-59　汽车后备箱盖模型

②单击“定义”按钮，在“草绘”对话框中，选择 FRONT 平面为草绘平面，RIGHT 平面为右方，绘制如图 8-60 所示的截面，单击✔按钮退出草绘环境。

③设置厚度值为 6，单击操控栏中的✔按钮完成特征创建，得到如图 8-61 所示的分离式平整壁。

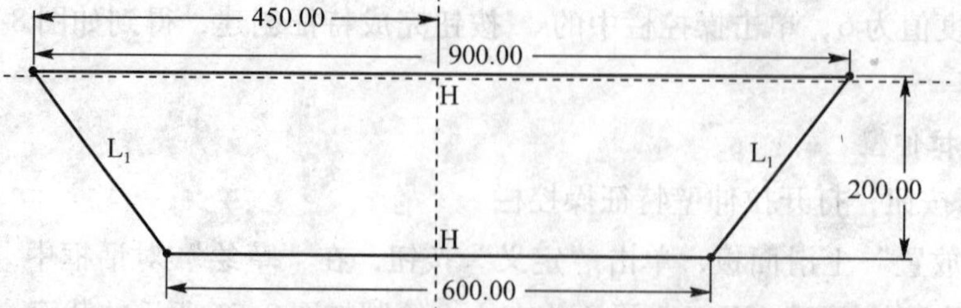

图 8-60　草绘截面

(3) 创建切除材料拉伸特征

①单击“插入”>“拉伸”，打开拉伸特征操控栏。

②打开“放置”面板，单击“定义”按钮，在弹出的“草绘”对话框中，以本节（2）中平整壁表面为草绘平面，RIGHT平面为右方，进入草绘环境。

③绘制如图8-62所示的截面，单击✔按钮退出草绘环境。

图8-61　分离式平整壁

④按下◿按钮，并通过⇗按钮使箭头指向要切除材料的方向，设置拉伸深度类型为⫶⫶，单击操控栏中的✔按钮完成特征创建，得到如图8-63所示的模型。

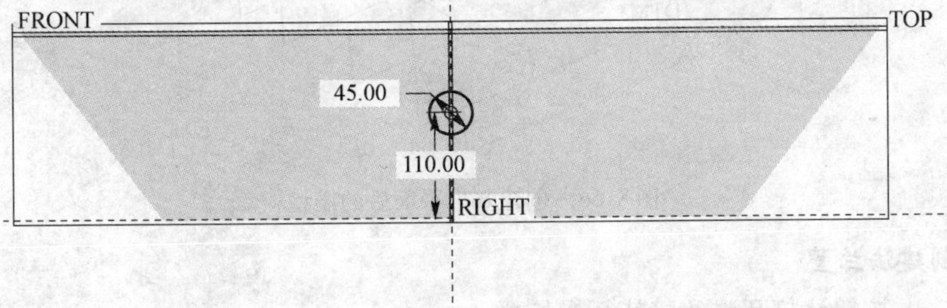

图8-62　草绘截面

(4) 创建附着式平整壁

①单击⎁按钮，打开附着式平整壁操控栏。

②选择本节（2）中分离式平整壁前表面的上边线作为附着边。

③在附着式平整壁特征操控栏类型框中选择“用户自定义”选项，打开“形状”上滑面板，单击“草绘”，接受默认视图方向，绘制如图8-64所示截面，单击✔按钮退出草绘环境。

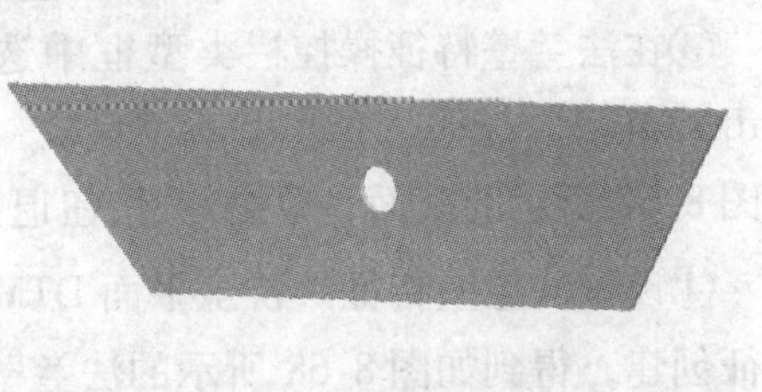

图8-63　创建切除材料拉伸特征后的模型

④设置角度值为85，折弯半径值为10，单击操控栏中的✔按钮完成特征创建，得到如图8-65所示的平整壁。

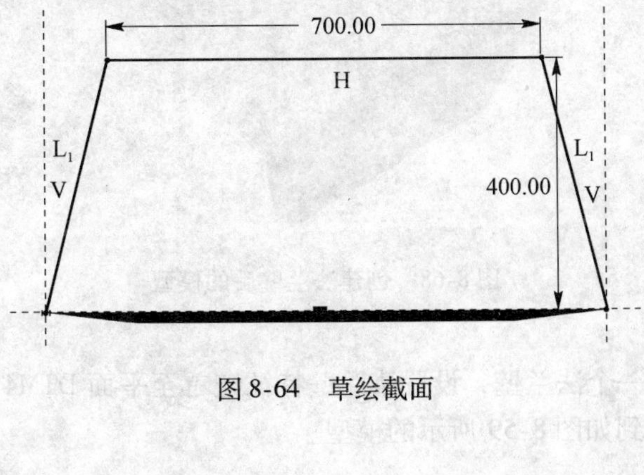

图8-64　草绘截面

图8-65　附着式平整壁

（5）创建基准平面

单击▱按钮，选择 RIGHT 平面并在“基准平面”对话框中选择偏移约束，输入平移值为 150，单击“确定”按钮完成基准平面 DTM3 的创建。

同样方法，输入平移值为 -150，250，-250，分别创建基准平面 DTM4，DTM5，DTM6 的创建。完成后模型如图 8-66 所示。

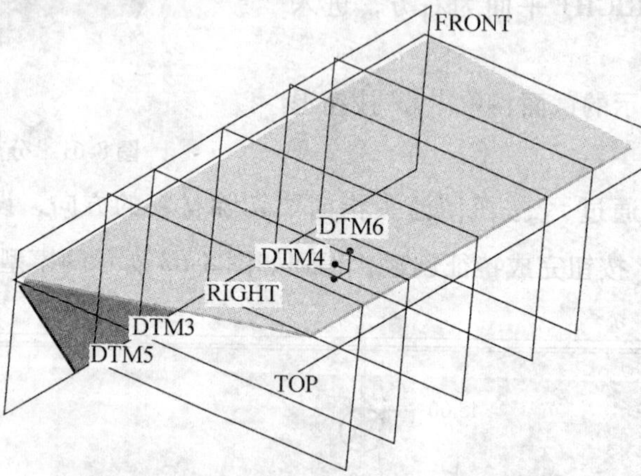

图 8-66 创建基准平面后的模型

（6）创建法兰壁

①单击按钮，打开法兰壁特征操控栏。

②选择本节（3）中附着式平整壁梯形表面较短边线作为附着边。

③在法兰壁特征操控栏类型框中选择“用户自定义”选项，打开“轮廓”上滑面板，单击“草绘”按钮，在弹出的“草绘”对话框中单击“草绘”按钮，进入草绘环境，绘制如图 8-67 所示的截面，单击✔按钮退出草绘环境。

④设置法兰壁特征链首至平面 DTM3，链尾至平面 DTM5，单击操控栏中的✔按钮完成特征创建，得到如图 8-68 所示的法兰壁。

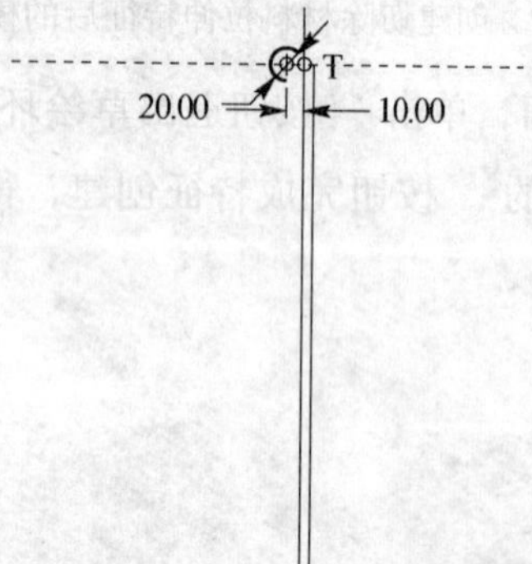

图 8-67 草绘截面

图 8-68 创建法兰壁后的模型

（7）创建另一个法兰壁

进行本节（6）中同样的操作，创建另一个法兰壁，设置法兰壁特征链首至平面 DTM4，链尾至平面 DTM6。对各棱边创建圆角后得到如图 8-59 所示的模型。

（8）保存文件

8.6　操作练习

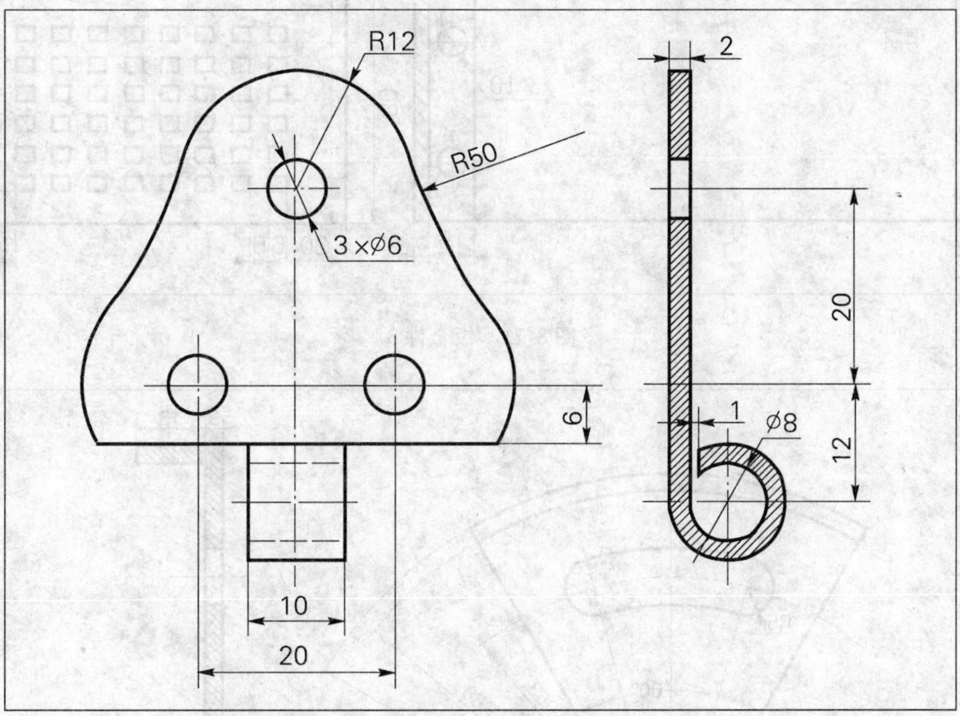

图 8-69　钣金件 1

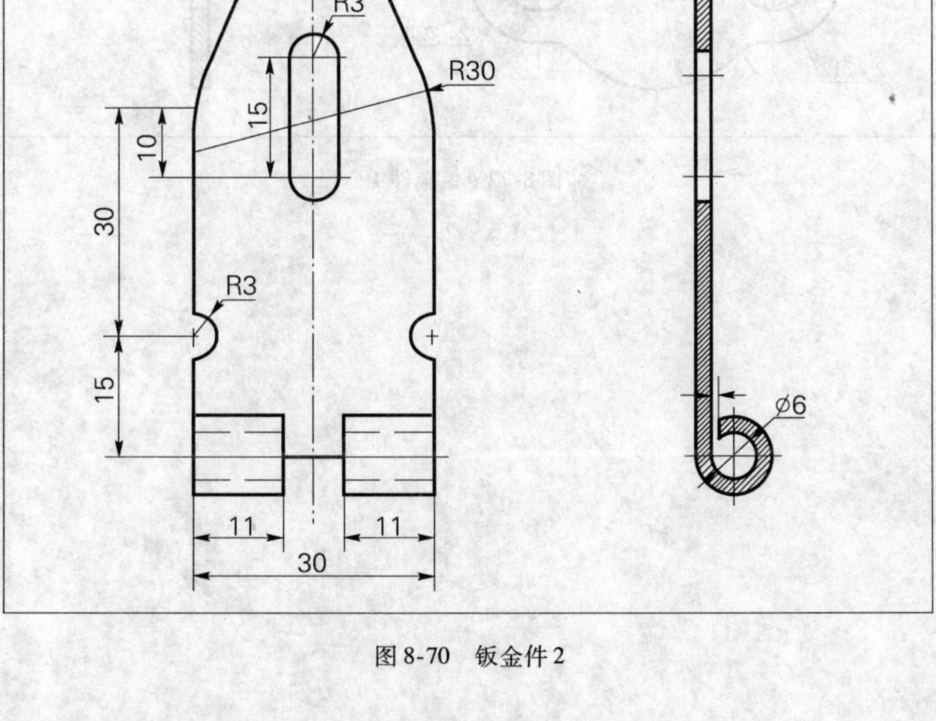

图 8-70　钣金件 2

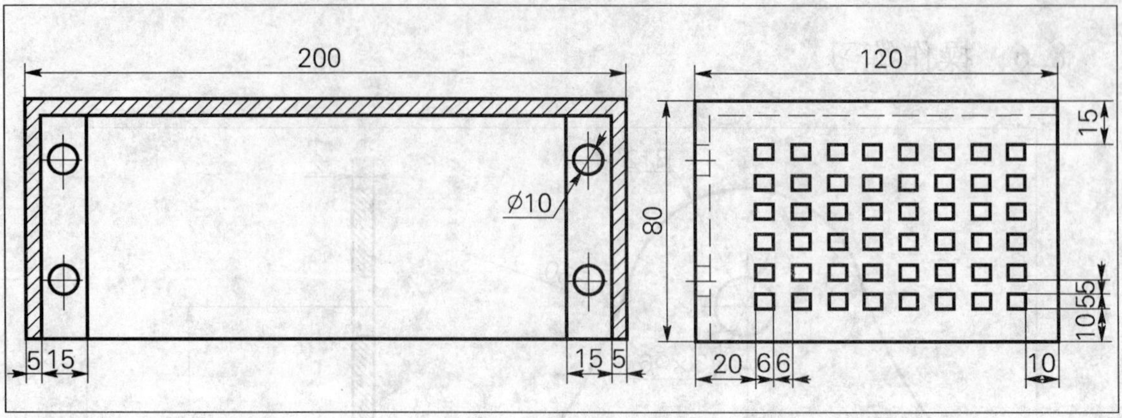

图 8-71　钣金件 3

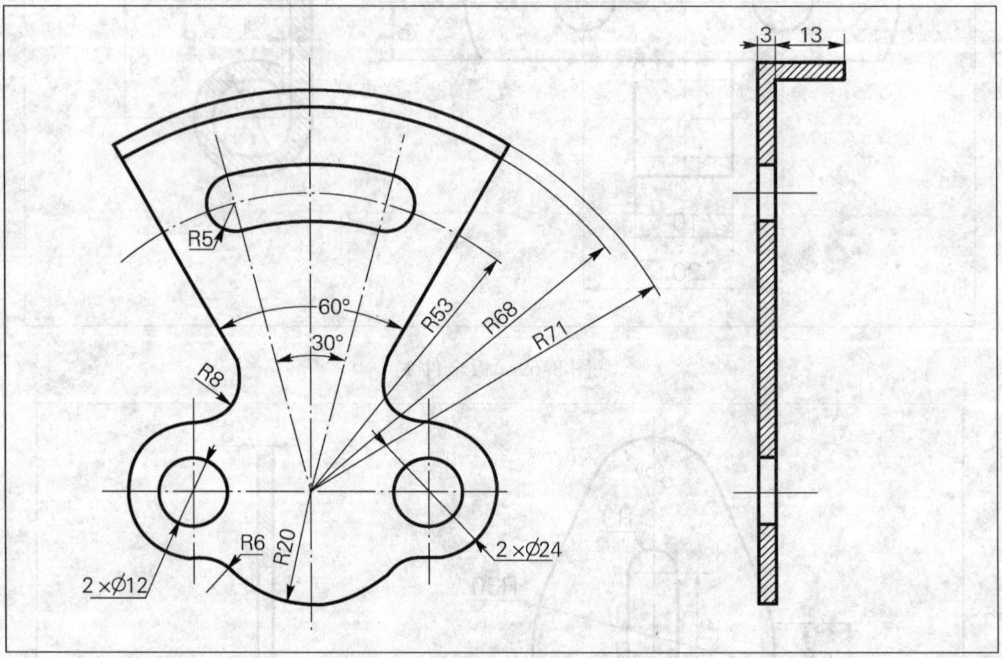

图 8-72　钣金件 4

第 9 章　装配造型

教学目标

本章主要介绍使用装配模块将多个零件进行组装配合，以及生成分解视图。通过对本章的学习，读者应掌握 Pro/ENGINEER Wildfire 4.0 在组件模块下将多个零件进行组装配合以及形成分解视图。

教学要点

装配环境

装配约束

分解视图

建立零件之后，使用装配模块可以将多个零件进行组装配合，从而生成复杂的部件、组件。在装配模块中，可检验零件设计是否合理，零件之间是否发生干涉，还可生成爆炸图，将装配体各零部件间的相对位置以分解状态显示。

9.1　装配环境

打开“新建”对话框，选择“组件”类型，“设计”子类型，输入装配体名称，进入零件装配环境。装配模式下的工作界面与零件模式下的工作界面非常相似，工具栏中新增了两个按钮和，分别用来将元件添加到组件和在组件模式下创建元件。

需要说明的是，在装配模型创建过程中，新加入的零件或部件称为元件；存在于装配模块中已完成装配的零件或部件称为组件。

9.2　装配约束的类型

在实际装配过程中，零件是通过一定设计关系组装在一起，在 Pro/ENGINEER Wildfire 4.0 中，零件的装配是通过定义零件模型之间的装配约束来实现的。

系统提供了 11 种类型的装配约束，即“匹配”、“对齐”、“插入”、“坐标系”、“相切”、“线上点”、“曲面上的点”、“曲面上的边”、“固定”、“缺省”、“自动”。

(1) 匹配

“匹配”约束用于使两平面平行，但正法线方向相反，选取该约束后接着选取两个平面即可完成，还可通过单击“反向”按钮来令匹配的表面反向。

结合“偏移”选项，可设置两平面是重合还是有一定间距。若两平面有间距，则输入的值为正数表示偏移的方向与指示的方向相同，为负数表示偏移的方向与指示的方向相反。

(2) 对齐

“对齐”约束用于使两个对象互相对齐。选择的对象可以是平面、轴线或点，但要求组件和元件中选择的约束对象要统一，即面与面、线与线、点与点对齐。使用“对齐”约束时，也可以指定对齐的偏移距离。

(3) 插入

“插入”约束常用于轴与孔之间的装配，使两者共轴线。选取该约束后，接着选取其中的轴（可以是圆柱形曲面）和孔（可以是旋转曲面孔），系统就会自动将轴装配入孔中。

(4) 坐标系

“坐标系”约束用于使组件和元件中的坐标系重合，也就是相对应的坐标轴和原点分别重合在一起。选取该约束后，接着分别选取组件和元件上的坐标系，系统就会自动将选取的坐标系进行重合布置。

(5) 相切

“相切”约束用于使两个面（至少包含一个曲面）以相切方式进行装配。选取该约束后，分别选取要进行装配的两个面即可。

(6) 线上点

“线上点”约束可以使组件（元件）上一点与元件（组件）上一条直线对齐。选取该约束后，要先选取点，然后再选取线。

(7) 曲面上的点

“曲面上的点”约束可以使组件（元件）上一点与元件（组件）上一个面对齐。选取该约束后，要先选取点，然后再选取面。

(8) 曲面上的边

“曲面上的边”约束可以使组件（元件）上一条边与元件（组件）上一个面对齐。

(9) 固定

“固定”用于将元件固定在当前位置。

(10) 缺省

“缺省”用于将元件的默认环境坐标系与装配环境的默认坐标系对齐。该约束常用于对第一个零件的装配定位。

(11) 自动

“自动”约束是指以系统默认的形式进行装配，该约束也为系统的默认项。

9.3 装配模型的创建

9.3.1 装配过程

在装配环境中，直接单击右侧工具栏中的 按钮，或单击主菜单栏中的“插入” > “元件” > “装配选项”，调入欲装配的主体零件到设计窗口中，进行约束；然后用同样的方法调入要装配的另一个零件到设计窗口中，根据装配体的要求定义两零件之间的装配关系；再次调入要装配的零件进行约束，直到全部装配完成。

9.3.2 装配操控栏的设置

装配模型的创建是通过对装配操控栏中相关项进行设置完成的。如图9-1所示在装配操控栏中，除了可对组件和元件设置约束外，还可对元件的显示、移动进行设置，也可显示约束对象、约束状态等内容。

图9-1　装配操控栏

(1) 元件的显示

在装配操控栏中，按下按钮使元件在独立窗口中显示，按下按钮使元件按钮在组件窗口中显示。当二者同时按下时，将在两个窗口中同时显示元件。

(2) 约束对象与约束类型的选择

在装配操控栏中，单击“放置”按钮，弹出如图9-2所示的“放置”上滑面板。

用户可以通过“选取元件项目”和“选取组件项目”分别来确定约束对象。当某个约束确定后，就可以通过下面的“新建约束”选项来建立新的约束，直到在“状态”中显示“完全约束”为止。对于已经建立的约束，可以通过快捷菜单的“移除”选项删除。

(3) 元件的移动

“移动”上滑面板主要用于调整元件在设计窗口中的位置，如图9-3所示。

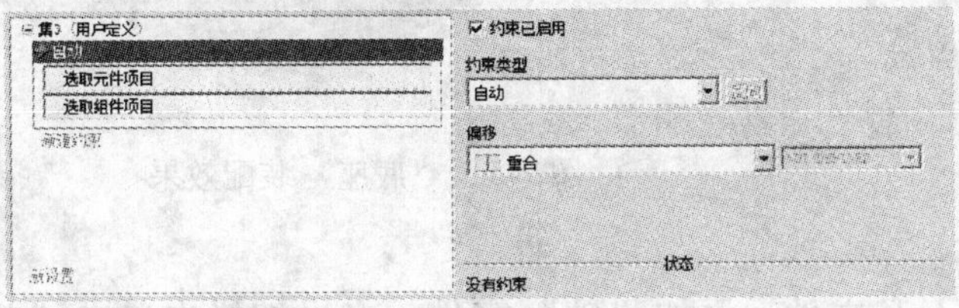

图9-2　“放置”上滑面板

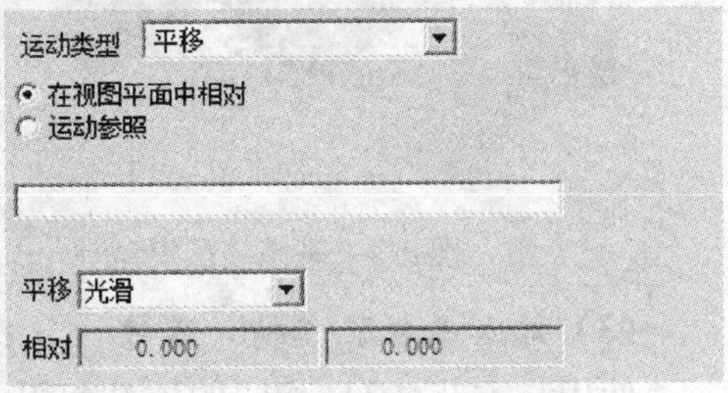

图9-3　“移动”上滑面板

①运动类型

“定向模式”选项将激活定向模式和定向模式快捷菜单，从而选择一个需要的方向，单击图形窗口，蓝色的旋转中心出现，旋转要放置的元件并确定位置。

“平移”或“旋转”选项使元件移动或者旋转。

“调整”选项通过输入偏移值使元件自动进行调整。

②运动参照类型

选取运动参照，就是指定元件移动的相对参照物。选择“在视图平面中相对”则平行于视图平面移动元件；选择“运动参照”则相对于运动参照移动元件，此时将添加“垂直”和“平行”两种方式。

③平移或旋转增量

当对元件进行平移或旋转操作时，需要设置平移增量或旋转增量。其中“光滑”为默认设置项，即平稳移动或旋转，平移操作则一次可移动任意长度的距离，旋转操作则一次可旋转任意大小的角度，各数值选项则表示以相应长度或角度增量进行移动。

④相对坐标

相对坐标显示元件当前位置相对于移动操作前原位置的坐标值。只有在运动类型为“调整”时才能够输入数值。

9.3.3　应用示例

例题：完成如图9-4所示基座装配模型的创建，该模型主要包括底座、轴、顶座、带轮、后座、平键以及双头螺柱、螺母、垫片等零件。

操作步骤如下：

（1）建立新文件

打开“新建”对话框，选择“组件”类型，“设计”子类型，输入装配体名称 asmbase，进入零件装配环境。

（2）添加并定位“底座”零件

单击按钮，在弹出的“打开”对话框中选择要添加的零件文件名 base，单击“打开”按钮，“底座”零件显示在图形区，在操控栏中单击“放置”按钮，并在约束类型中选择“缺省”，效果如图 9-5 所示，单击按钮结束该零件的装配。

图 9-4　基座装配模型

图 9-5　“底座”装配效果

（3）添加并装配“轴”零件

使用与本节（2）相同的方法打开 shaft 文件，添加“轴”零件。在操控栏中单击“放置”按钮，使用以下三个约束来装配“轴”零件。

①选择约束类型为“匹配”，再分别选择轴的圆柱面和底座的半圆孔面，设置偏移选项为“重合”。

②单击“新建约束”，选择约束类型为“对齐”，再分别选择两个端面，设置偏移选项为“重合”。

③单击“新建约束”，选择约束类型为“对齐”，再分别选择轴上的 RIGHT 平面和底座的上表面，使轴上有键槽的一侧朝上，设置偏移选项为“重合”。

单击按钮结束该零件的装配，结果如图 9-6 所示

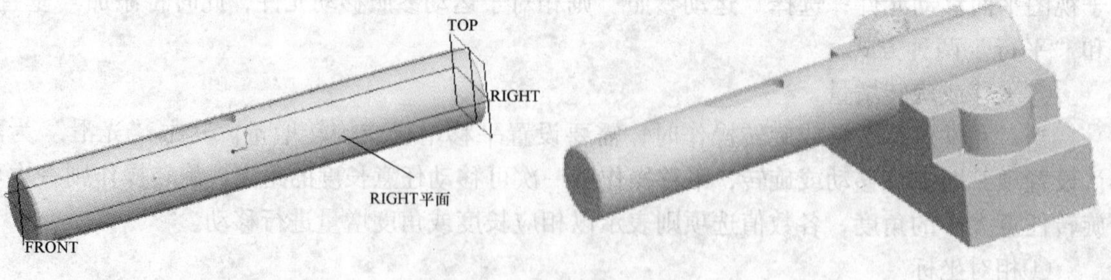

图 9-6　“轴”装配效果

（4）添加并装配“双头螺柱”零件

使用与本小节（2）相同的方法打开 shaft 文件，添加“双头螺柱”零件。在操控栏中单击“放置”按钮，使用以下两个约束装配“双头螺柱”零件。

①约束类型为“对齐”，分别选择双头螺柱的轴线和底座螺纹孔的轴线。

②约束类型为“对齐”，分别选择双头螺柱上的 DTM2 平面和底座的上表面，设置偏移选项为“重合”。

单击✔按钮结束该零件的装配，结果如图 9-7 所示。采用相同方法装配另一个双头螺柱。

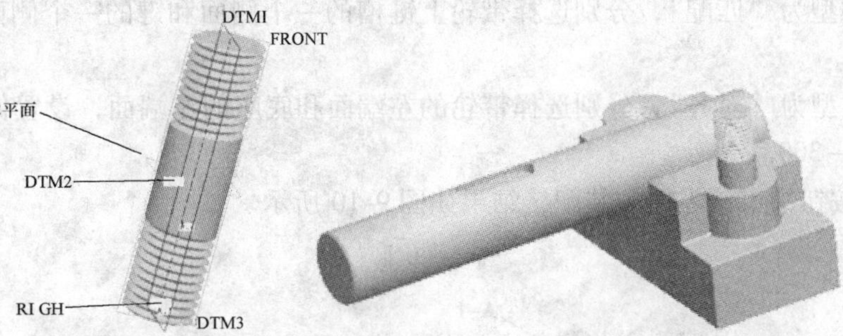

图 9-7　“双头螺柱”装配效果

(5) 添加并装配“顶座”零件

使用与本节（2）相同的方法打开 upseat 文件，添加“顶座”零件。在操控栏中单击“放置”按钮，使用以下两个约束装配“顶座”零件。

①约束类型为“匹配”，分别选择顶座的下表面和底座的上表面，设置偏移选项为“重合”。

②约束类型为“对齐”，再分别选择顶座外侧孔的轴线和对应侧双头螺柱的轴线。

单击✔按钮结束该零件的装配，结果如图 9-8 所示。

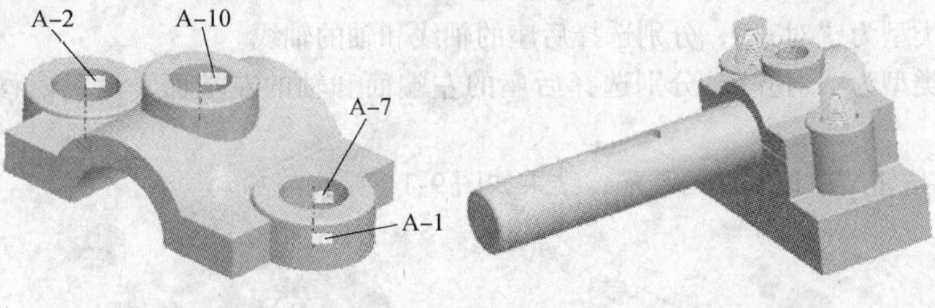

图 9-8　“顶座”装配效果

(6) 添加并装配“键”零件

使用与本节（2）相同的方法打开 bond 文件，添加“键”零件。在操控栏中单击“放置”按钮，使用以下三个约束装配“键”零件。

①约束类型为“匹配”，分别选择键的一个侧面和轴上键槽的一个侧面，设置偏移选项为“重合”。

②约束类型为“匹配”，分别选择键的另一个侧面和轴上键槽的另一个侧面，设置偏移选项为“重合”。

③约束类型为“匹配”，分别选择键左端的半圆柱面和轴上键槽的左端半圆柱面，设置偏移选项为“重合”。

图 9-9　“键”装配效果

单击✔按钮结束该零件的装配，结果如图 9-9 所示。

(7) 添加并装配"带轮"零件

使用与本节（2）相同的方法打开 wheel 文件，添加"带轮"零件。在操控栏中单击"放置"按钮，使用以下三个约束装配"带轮"零件。

①约束类型为"对齐"，分别选择带轮的轴线和轴的轴线。

②约束类型为"匹配"，分别选择带轮上键槽的一个侧面和键的一个侧面，设置偏移选项为"重合"。

③约束类型为"对齐"，分别选择带轮的左端面和底座的左端面，设置偏移选项为"偏距"，数值为 -300。

单击✔按钮结束该零件的装配，结果如图 9-10 所示。

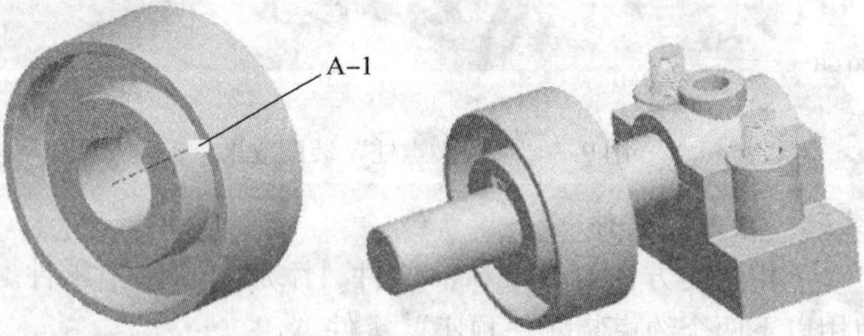

图 9-10 "带轮"装配效果

(8) 添加并装配"后座"零件

使用与本节（2）相同的方法打开 rearseat 文件，添加"后座"零件。在操控栏中单击"放置"按钮，使用以下两个约束装配"后座"零件。

①约束类型为"对齐"，分别选择后座的轴线和轴的轴线。

②约束类型为"对齐"，分别选择后座的左端面和轴的左端面，设置偏移选项为"重合"。

单击✔按钮结束该零件的装配，结果如图 9-11 所示。

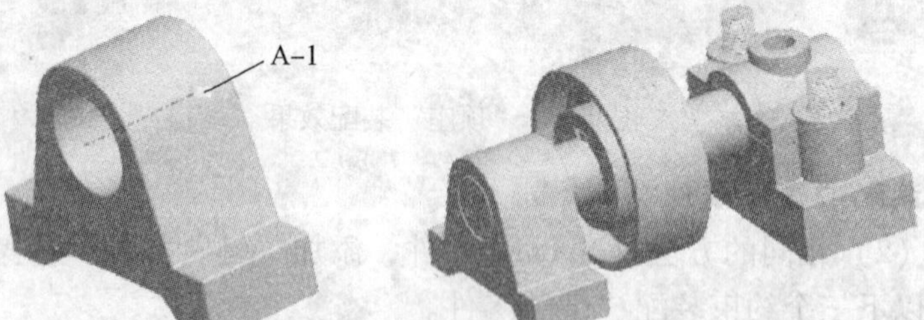

图 9-11 "后座"装配效果

(9) 添加并装配"垫片"零件

使用与本节（2）相同的方法打开 nut 文件，添加"垫片"零件。在操控栏中单击"放置"按钮，使用以下两个约束装配"垫片"零件。

①约束类型为"对齐"，分别选择垫片的轴线和顶座外侧孔的轴线。

②约束类型为"匹配"，分别选择垫片的下表面和顶座外侧孔圆柱凸台处的上表面，设置偏移选项为"重合"。

单击✔按钮结束该零件的装配，结果如图 9-12 所示。采用相同方法装配另一个垫片。

(10) 添加并装配“螺母”零件

使用与本节（2）相同的方法打开 nut 文件，添加“螺母”零件。在操控栏中单击“放置”按钮，使用以下两个约束装配“螺母”零件。

①约束类型为“对齐”，分别选择螺母的轴线和垫片的轴线。

②约束类型为“匹配”，分别选择螺母的下表面和垫片的上表面，设置偏移选项为“重合”。

单击✔按钮结束该零件的装配，结果如图 9-13 所示。采用相同方法装配另一个螺母。

图 9-12　“垫片”装配效果

图 9-13　“螺母”装配效果

完成的装配模型如图 9-4 所示。

(11) 保存文件

9.4　装配修改

Pro/ENGINEER Wildfire 4.0 是建立在单一数据库之上的，零件与装配件相关联，零件的修改将会引起装配件的更改，而装配件的修改也会导致零件的修改。

9.4.1　在零件环境中进行修改

在装配环境的模型树中用鼠标右键单击要进行修改的零件，或者在设计窗口中选取要进行修改的零件，然后按下鼠标右键，系统弹出快捷菜单，接着在快捷菜单中单击“打开”选项，系统将进入零件设计模式，并打开用户选中的零件。此时，用户可对零件进行修改。

修改完成后，在主菜单栏的“编辑”菜单中选取“再生”命令，即可再生零件模型。在主菜单栏的“窗口”菜单中选取装配文件名选项，激活装配文件窗口，返回到原来的装配环境。

9.4.2　在装配环境中修改

在装配环境的模型树中用鼠标右键单击要进行修改的零件，或者在设计窗口中选取要进行修改的零件，然后按下鼠标右键，系统弹出快捷菜单，接着在快捷菜单中单击“激活”选项，激活零件并进行修改。

修改完成后，在主菜单栏的“编辑”菜单中选取“再生”命令，即可再生零件模型。

9.5　分解视图

在装配完成之后，有时候还需要将装配好的零件分离开，以便更加清晰地看到装配体的组成情况。

在装配环境下，单击“视图”>“分解”>“分解视图”，可对装配体进行分解，系统将按默认方式生成分解视图。当已经处于分解状态时，“分解视图”变为“取消分解视图”，选择该选项将恢复为装配状态。

用户可对系统默认分解视图进行修改，也可直接将装配体根据需要进行分解。单击“视图”>“分解”>“编辑位置”，先在图形区选择运动参照，然后选择要移动的零件，拖动到适当位置用鼠标左键定位即可。

9.6 上机指导（转子泵）

例题：完成如图9-14所示转子泵装配模型的创建，该模型主要包括泵体、转子、泵盖、衬套、带轮、压盖、轴、垫片、填料压盖、叶片等零件，各零件的模型可通过前几章操作练习创建。

装配的时候通常先对各个零部件的相互关系进行分析，把关系紧密的几个零部件先进行装配，组成子装配体；再按照零部件之间的疏密关系顺序逐步进行装配。本例中，轴、转子和叶片三者的关系最为固定和紧密，因此，将这三者先行装配组成子装配体，再与其他的零件按顺序装配。

操作步骤如下：

(1) 建立新文件

单击□按钮，在弹出的“新建”对话框中选择“组件”类型，“设计”子类型，并在“名称”文本框中输入文件名称rotor；去掉对话框中“使用缺省模板”复选项前面的钩号，在弹出的“新文件选项”对话框列表中选择mmns_asm_solid模板，单击“确定”按钮。

(2) 添加并定位“轴”零件

①单击按钮，在弹出的“打开”对话框中选择要添加的零件文件名axis，单击“打开”按钮，“轴”零件显示在图形区。

②操作鼠标按钮调整轴的位置，使轴上短键槽开口位于上方，如图9-15所示。

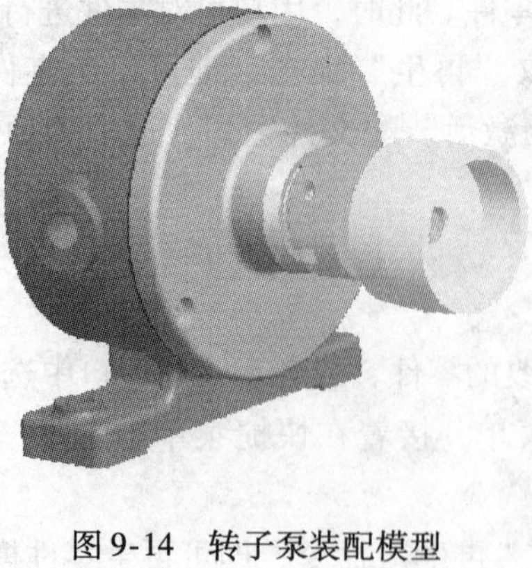

图9-14 转子泵装配模型

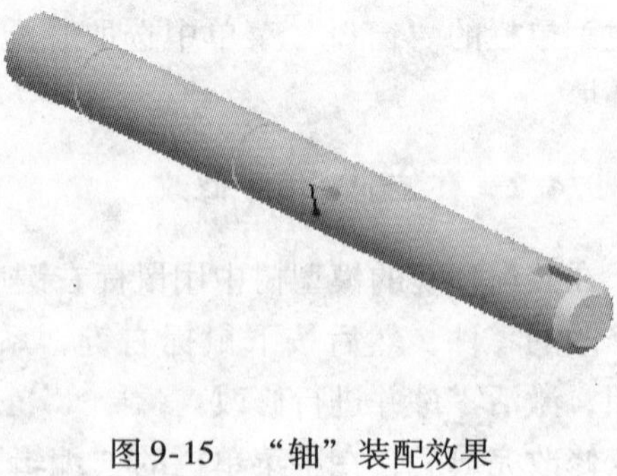

图9-15 “轴”装配效果

③在操控栏中单击“放置”按钮，并在约束类型中选择“固定”。

单击✔按钮结束该零件的装配。

(3) 添加并装配“转子”零件

使用与本小节（2）相同的方法打开rotor文件，添加“转子”零件。在操控栏中单击

“放置”按钮，使用以下三个约束来装配“转子”零件。

①选择约束类型为“插入”，再分别选择轴表面和转子内圆表面。

②单击“新建约束”，选择约束类型为“匹配”，再分别选择轴上短键槽侧面和转子内部键槽另一侧侧面，设置偏移选项为“定向”。若转子内部键槽开口位于下方，可通过单击“反向”按钮进行调整。

③单击“新建约束”，选择约束类型为“对齐”，再分别选择转子凹陷的端面和轴上相应的轴肩面，设置偏移选项为“重合”。

单击✔按钮结束该零件的装配，结果如图9-16所示。

(4) 添加并装配“叶片”零件

使用与本节（2）相同的方法打开vane文件，添加“叶片”零件。在操控栏中单击“放置”按钮，使用以下三个约束来装配“叶片”零件。

①选择约束类型为“匹配”，再分别选择叶片的一个侧面和转子开口的一个侧面，设置偏移选项为“定向”。

②单击“新建约束”，选择约束类型为“匹配”，再分别选择叶片较宽的底面和转子开口的底面，设置偏移选项为“重合”。

③单击“新建约束”，选择约束类型为“对齐”，再分别选择叶片的端面和转子的端面，设置偏移选项为“重合”。

单击✔按钮结束该零件的装配，结果如图9-17所示。

图9-16　“转子”装配效果

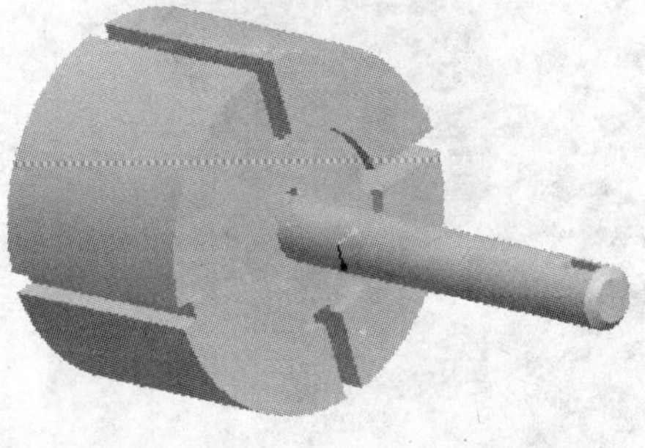

图9-17　“叶片”装配效果

(5) 阵列叶片

①在模型树中选择本节（4）中装配的“叶片”零件，单击鼠标右键，在弹出的快捷菜单中选择“阵列”。

②在阵列操控栏中，选择阵列参照为“轴”，打开基准轴的显示，选择“轴”零件的基准轴，设置阵列个数为4个，角度为90°。

单击✔按钮完成阵列，结果如图9-18所示。

图9-18　阵列叶片后的效果

(6) 保存并关闭文件rotor

(7) 再次建立新文件

单击□按钮，在弹出的“新建”对话框中选择“组件”类型，“设计”子类型，并在“名称”文本框中输入文件名称rotorpump；去掉对话框中“使用缺省模板”复选项前面的钩号，在弹出的“新文件选项”对话框列表中选择mmns_asm_solid模板，单击“确定”按钮。

(8) 添加并定位“泵体”零件

①单击 按钮，在弹出的“打开”对话框中选择要添加的零件文件名 base，单击“打开”按钮，“泵体”零件显示在图形区。

②操作鼠标按钮调整泵体到如图 9-19 所示位置。

③在操控栏中单击“放置”按钮，并在约束类型中选择“固定”。

④单击 按钮结束该零件的装配。

(9) 添加并装配“衬套”零件

使用与本节（2）相同的方法打开 bush 文件，添加“衬套”零件。在操控栏中单击“放置”按钮，使用以下三个约束来装配“衬套”零件。

①选择约束类型为“匹配”，再分别选择泵体零件内壁底面和衬套零件的相应断面，设置偏移选项为“重合”。

②单击“新建约束”，选择约束类型为“插入”，再分别选择泵体零件的侧壁通孔和衬套零件侧孔。

③单击“新建约束”，选择约束类型为“插入”，再分别选择泵体零件内壁和衬套零件的内壁。

单击 按钮结束该零件的装配，结果如图 9-20 所示。

图 9-19 “泵体”装配效果

图 9-20 “衬套”装配效果

(10) 添加并装配“转子”子装配体

使用与本节（2）相同的方法打开 rotor 文件，添加“转子”子装配体。在操控栏中单击“放置”按钮，使用以下两个约束来装配“转子”子装配体：

①选择约束类型为“插入”，再分别选择泵体零件泵腔底面深孔的圆柱面和轴的外壁。

②单击“新建约束”，选择约束类型为“匹配”，再分别选择泵体零件的内底面和转子零件的断面，设置偏移选项为“重合”。

单击 按钮结束该零件的装配，结果如图 9-21 所示。

(11) 添加并装配“垫片”零件

使用与本节（2）相同的方法打开 shim 文件，添加“垫片”零件。在操控栏中单击“放置”按钮，使用以下三个约束来装配“垫片”零件：

①选择约束类型为“插入”，再分别选择泵体零件最上面的螺纹孔和垫片宽度最窄处的通孔。

②单击“新建约束”，选择约束类型为“插入”，再分别选择泵体零件的外壁和垫片零件的外壁。

③单击“新建约束”，选择约束类型为“匹配”，再分别选择零件的端面和相对泵体零件的垫片零件端面，设置偏移选项为“重合”。

单击✔按钮结束该零件的装配，结果如图9-22所示。

图9-21 “转子”子装配体装配效果

图9-22 “垫片”装配效果

（12）添加并装配“泵盖”零件

使用与本节（2）相同的方法打开pumpcap文件，添加“泵盖”零件。在操控栏中单击“放置”按钮，使用以下三个约束来装配“泵盖”零件。

①选择约束类型为“插入”，再分别选择泵体外圆面和泵盖外圆面。

②单击“新建约束”，选择约束类型为“对齐”，再分别选择泵体上部的螺钉孔轴线和泵盖宽度最窄处的螺钉孔轴线。

③单击“新建约束”，选择约束类型为“匹配”，再分别选择垫片外侧面和泵盖的内侧最大面，设置偏移选项为“重合”。

单击✔按钮结束该零件的装配，结果如图9-23所示。

（13）添加并装配“填料压盖”零件

使用与本节（2）相同的方法打开fillcap文件，添加“填料压盖”零件。在操控栏中单击“放置”按钮，使用以下两个约束来装配“填料压盖”零件。

①选择约束类型为“插入”，再分别选择轴的外圆面和填料压盖的外圆面。

②单击“新建约束”，选择约束类型为“对齐”，再分别选择泵盖零件的外端面和填料压盖的平的端面，设置偏移选项为“重合”。如果配合方向不对，点击“反向”按钮。

单击✔按钮结束该零件的装配，结果如图9-24所示。

图9-23 “泵盖”装配效果

图9-24 “填料压盖”装配效果

(14) 添加并装配“压盖螺母”零件

使用与本节（2）相同的方法打开 nut 文件，添加“压盖螺母”零件。在操控栏中单击“放置”按钮，使用以下两个约束来装配“压盖螺母”零件。

①选择约束类型为“插入”，再分别选择轴的外圆面和压盖螺母的外圆面。

②单击“新建约束”，选择约束类型为“匹配”，再分别选择填料压盖的外端面和压盖螺母的内凸台面，设置偏移选项为“重合”。如果配合方向不对，点击“反向”按钮。

单击✔按钮结束该零件的装配，结果如图 9-25 所示。

(15) 添加并装配“带轮”零件

使用与本节（2）相同的方法打开 wheel 文件，添加“带轮”零件。在操控栏中单击“放置”按钮，使用以下三个约束来装配“带轮”零件。

①选择约束类型为“插入”，再分别选择轴的外圆面和带轮的外圆面。

②单击“新建约束”，选择约束类型为“匹配”，再分别选择轴的键槽底部平面和带轮的键槽底部平面，设置偏移选项为“定向”。

③单击“新建约束”，选择约束类型为“插入”，再分别选择轴上的定位孔和带轮上螺纹孔。

如果配合方向不对，单击“新建约束”，选择约束类型为“匹配”，再分别选择带轮的端面和轴的端面，设置偏移选项为“定向”，通过“反向”按钮改变方向。

单击✔按钮结束该零件的装配，结果如图 9-26 所示。

图 9-25 “压盖螺母”装配效果

图 9-26 “带轮”装配效果

(16) 保存文件 rotorpump

(17) 特别提示

在装配过程中，如要临时解除或取消某一装配关系，可以在相应的装配关系上单击鼠标右键，选择“禁用”即可；要恢复这一装配关系，则右键选择“启用”。要在装配过程中移动或旋转零部件，请选择“放置”旁边的“移动”选项，然后选择相应的操作命令即可。

(18) 创建分解视图

①在装配环境下，单击“视图” > “分解” > “分解视图”，系统生成默认分解视图，如图 9-27 所示。

②单击“视图” > “分解” > “编辑位置”，在弹出的“分解位置”对话框中，先单击“运动参照”后的文本框，并在图形区选择泵体底座的下边线作为运动参照，然后单击

“选取的元件”后的文本框，选取零件并调整位置，到适当位置用鼠标左键定位。

图9-27　默认的分解视图

③根据需要继续调整，结果如图9-28所示。

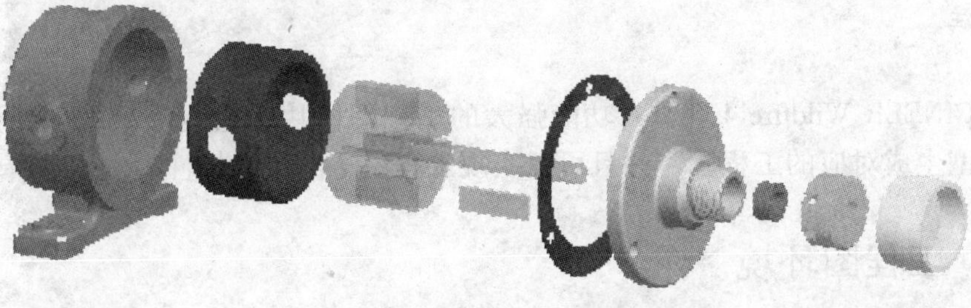

图9-28　编辑后的分解视图

9.7　操作练习

在第3、5、6章的操作练习中有千斤顶和手动气阀和转子泵的全套零件图，读者根据零件图创建或模型并组装成部件。

第 10 章　创建二维工程图

教学目标

通过对本章的学习，读者应掌握 Pro/ENGINEER Wildfire 4.0 在绘图模块下根据创建好的零件模型或装配模型生成对应的二维工程图、标注尺寸并打印出图。

教学要点

工程图环境设置

视图创建

尺寸标注

Pro/ENGINEER Wildfire 4.0 具有功能强大的工程图模块，它能够根据创建好的零件模型或装配模型生成对应的工程图，并且可以实现工程图上的尺寸标注、文本注释等操作。

10.1　工程图环境

10.1.1　工程图环境的进入

在“文件”菜单中选择“新建”命令，或单击按钮，系统将弹出“新建”对话框。在“类型”选区中选中“绘图”选项，在“名称”文本框中输入工程图名称，单击“确定”按钮，将弹出如图 10-1 所示的“新制图”对话框，确定了要创建工程图的模型、是否使用模板、图纸格式及大小等内容后，即可进入工程图环境。

(1) 确定要创建工程图的模型

如果在建立工程图文件之前没有打开任何 Pro/ENGINEER 文件，则“新制图”对话框中的“缺省模型”框中显示“无”字样；如果在建立工程图文件之前已经打开了一个或多个 Pro/ENGINEER 文件，则此编辑框中将显示处于激活窗口中的模型文件名称。

当需要选取其他零件或者装配件模型时，可以单击右侧的“浏览”按钮，此时系统将弹出“打开”对话框，从工作目录或内存中选择相应的模型文件即可。

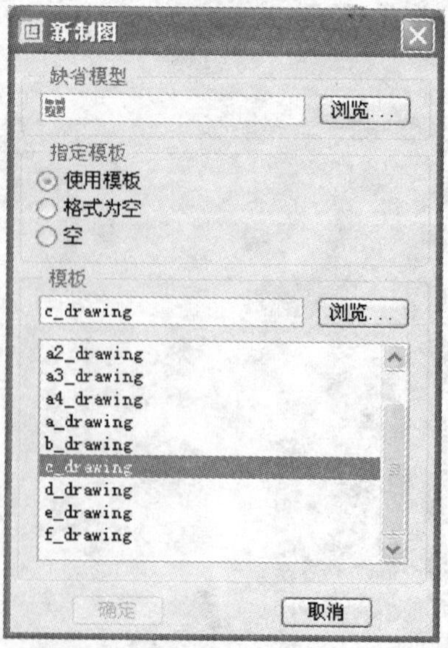

图 10-1　“新制图”对话框

(2) 设置图纸的大小

Pro/ENGINEER Wildfire 4.0 在“指定模板”选区中提供了三种定义工程图纸的方式，分别为“使用模板”、“格式为空”和“空”。选取不同的定义方式，“新制图”对话框将显示不同的内容。

①使用模板

该方式表示使用系统自定义的模板作为工程图模

板，"新制图"对话框如图 10-1 所示。系统列出可以使用的所有工程图模板文件，用户可根据要求选择适合的模板文件。单击其右侧的"浏览"按钮，系统将弹出"打开"对话框，此时用户可以选择以前建立的工程图文件，从而调用此工程图文件的模板。

模板中包含图纸的格式大小，对于视图的类型也有设定。使用该方式创建工程图，只需在图形区指定视图放置位置，系统将按第三角投影方式自动生成各基本视图。

②格式为空

该方式表示不使用模板，而用现有的格式设置图纸大小，"新制图"对话框如图 10-2 所示。此时单击其右侧的"浏览"按钮，可浏览选择系统中存在的图纸格式。之后单击"确定"按钮，进入工程图绘制界面，所选图纸格式确定了图纸的格式和大小，用户在此基础上进行工程图的创建。用户也可自行创建图纸格式保存后供选择使用。

③空

该方式表示由用户设置图纸的大小和方向，"新制图"对话框如图 10-3 所示。

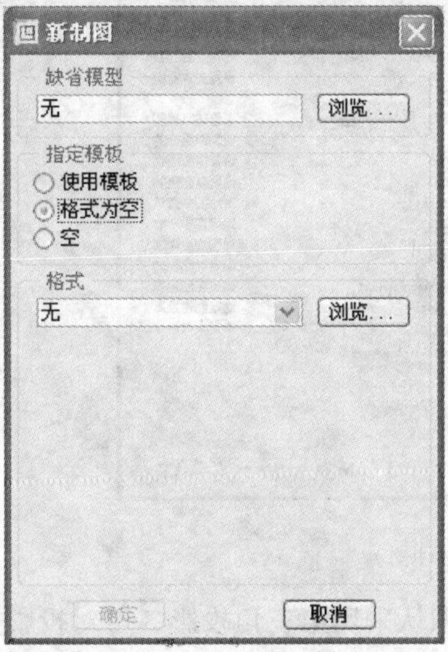

图 10-2　"格式为空"新制图对话框

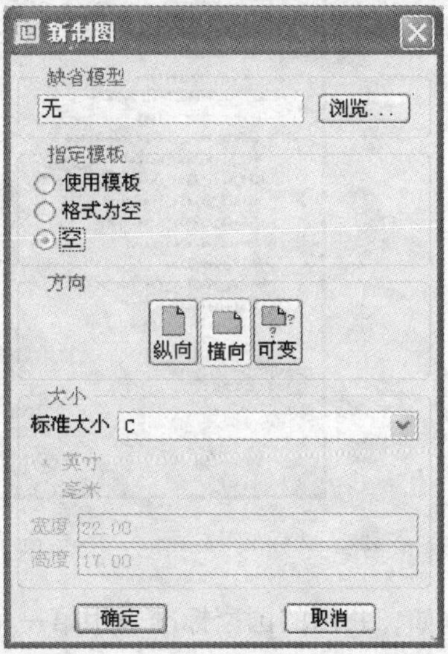

图 10-3　"空"新制图对话框

若选择标准图纸，则可在"方向"选区中单击"纵向"或"横向"按钮。单击"纵向"按钮，将图纸设置为竖放；单击"横向"按钮，则将图纸设置为横放。然后在"标准大小"下拉列表中选择标准图纸规格，其中各种图纸的大小不能修改。

若自定义图纸大小，则可在"方向"选区中单击"可变"按钮，并在"宽度"数值框中设置图纸的宽度，在"高度"数值框中设置图纸的高度。选取"英寸"选项，则图纸大小的单位为英寸；选择"毫米"选项，则图纸大小的单位为毫米。

使用该方式并且选取了零件模型，单击"确定"按钮，系统将显示空白工程图界面。

10.1.2　工程图环境设置

在创建工程图时，用户可根据不同的要求对绘图环境进行相应设置。

在主菜单栏中单击"文件" > "属性"，将弹出如图 10-4 所示的"文件属性"菜单管理器。

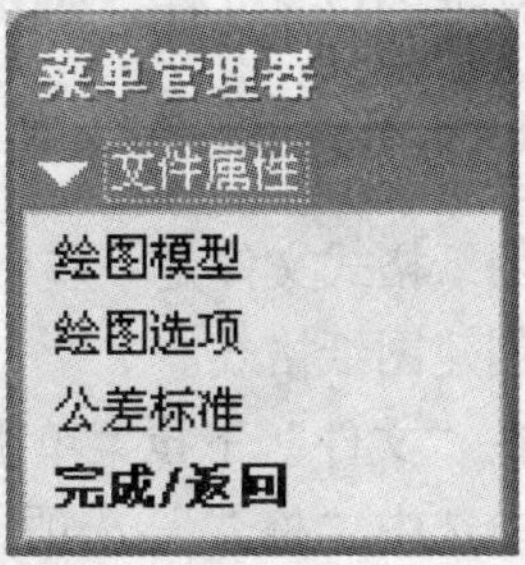

图 10-4　"文件属性"菜单管理器

(1) 绘图模型

添加、删除绘图模型或设置当前绘图模型。

(2) 绘图选项

设置绘图参数。

(3) 公差标准

设置公差标准。

在“文件属性”菜单管理器中选择“绘图选项”命令，系统将弹出如图 10-5 所示的“选项”对话框，可从中浏览修改各种绘图参数，配置新的绘图环境。

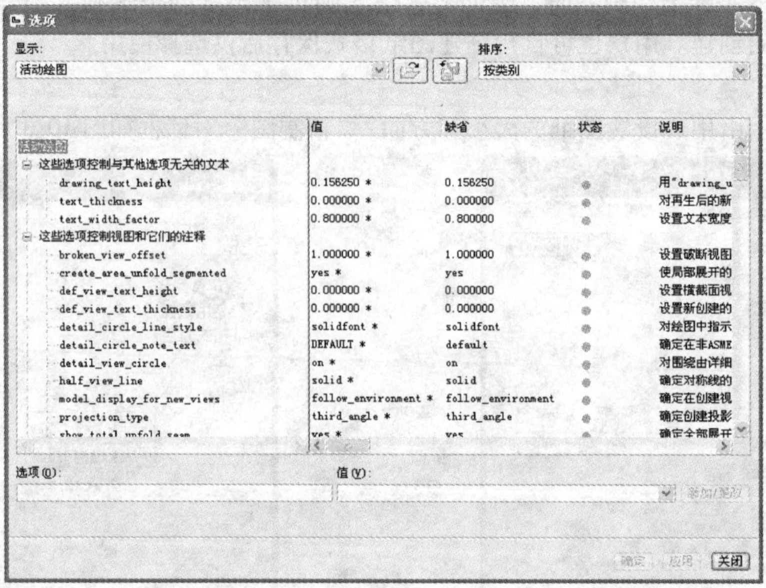

图 10-5 “选项”对话框

例如，我国的国家标准采用第一角投影，而系统默认采用第三角投影，可对投影方式进行修改，参数“projection-type”控制视图的投影方式。选取该参数，此时该参数将出现在“选项”文本框中，同时其值也出现在“值”文本框中。单击右侧的按钮，在下拉列表中选择第一角投影。此时“添加/更改”按钮变亮，单击该按钮则工程图的投影方式被更改，单击“应用”按钮将更改应用于工程图的创建过程。单击按钮，将此设置文件保存，以后可通过按钮检索并打开应用。这样制作的工程图将符合第一角投影。

此外，Pro/ENGINEER Wildfire 4.0 中提供了几种工程图标注标准可供使用，如 JIS、ANSI、ISO、DIN 等。用户可以在 Pro/ENGINEER Wildfire 4.0 安装目录下的 text 目录中找到这些标准的设置文件，如 jis. dtl、din. dtl、iso. dtl、dwgform. dtl、prodetail. dtl 等。

10.1.3 图纸格式

图纸格式文件是一些后缀为“. frm”的文件，除了系统提供的图纸格式外，用户还可以自行创建图纸格式。

在“文件”下拉菜单中选择“新建”命令，系统将弹出“新建”对话框。在“类型”选区中选中“格式”选项，在“名称”文本框中输入格式文件名称，单击“确定”按钮，将弹出如图 10-6 所示的“新格式”对话框，内容与“新制图”对话框相似，确定相应内容后，进入图纸格式文件，使用绘图命令绘制内、外框及标题栏等，完成后保存并退出，则该格式文件可在创建二维工程图时使用。

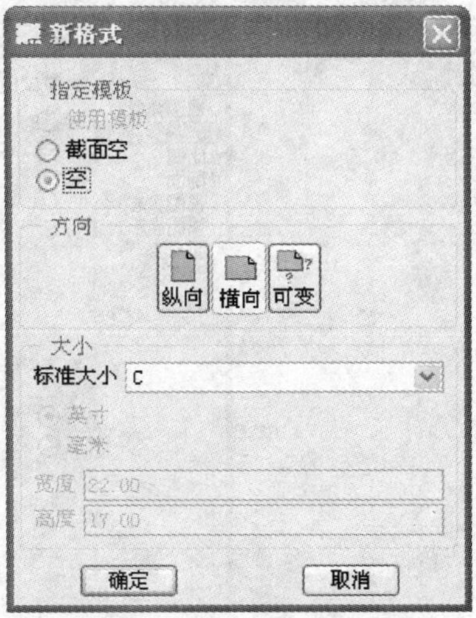

图 10-6　“新格式”对话框

10.2　视图的创建

新建一个工程图文件之后，在主菜单栏“插入”菜单下选取“绘图视图”选项，弹出如图 10-7 所示级联菜单，在其中选择相应选项即可进行各种视图的创建。

10.2.1　一般视图

一般视图是由模型直接生成的视图。工程图中创建的第一个视图必须是一般视图，此时其他视图选项为灰色不可用。选择“一般”选项后，信息区提示选择视图中心位置，用鼠标左键在绘图窗口中适当位置单击以确定视图的中心位置，此时系统将弹出如图 10-8 所示“绘图视图”对话框。

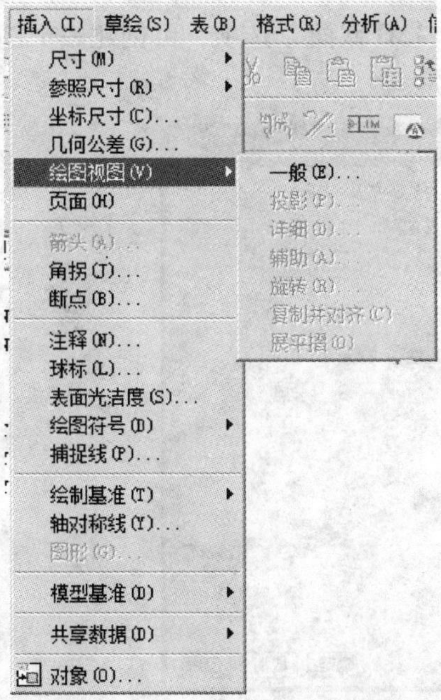

图 10-7　“绘图视图”级联菜单

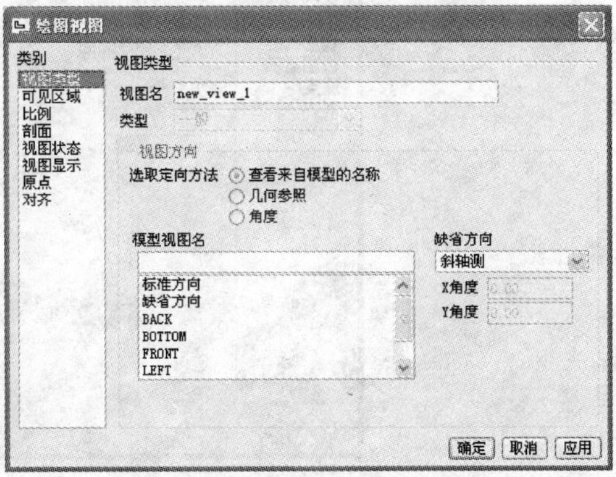

图 10-8　“绘图视图”对话框

在“绘图视图”对话框中，用户可对视图类型、可见区域、比例、剖面、视图状态、视图显示、原点、对齐等视图选项进行设置。在“视图类型”中，可定义视图名称、更改视图类型（第一个一般视图不可更改）、设置视图方向。其他的视图选项如下：

(1) 可见区域

设置视图的可见性，如图 10-9 所示，可选择“全视图”、“半视图”、“局部视图”或“破断视图”。勾选“在 Z 方向上修剪视图”可使用参照沿 Z 轴方向修剪视图，删除特定平面后的图形，简化视图的显示。

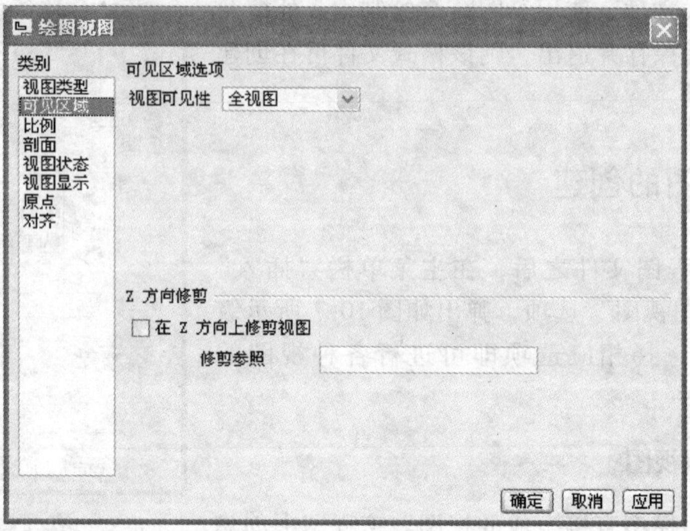

图 10-9 “可见区域”标签页

(2) 比例

设置视图的比例。

(3) 剖面

设置视图是否为剖视图，如图 10-10 所示。选择“2D 截面”选项，可创建一个剖视图。剖视图又分为完全剖视图、半剖视图、局部剖视图等形式。

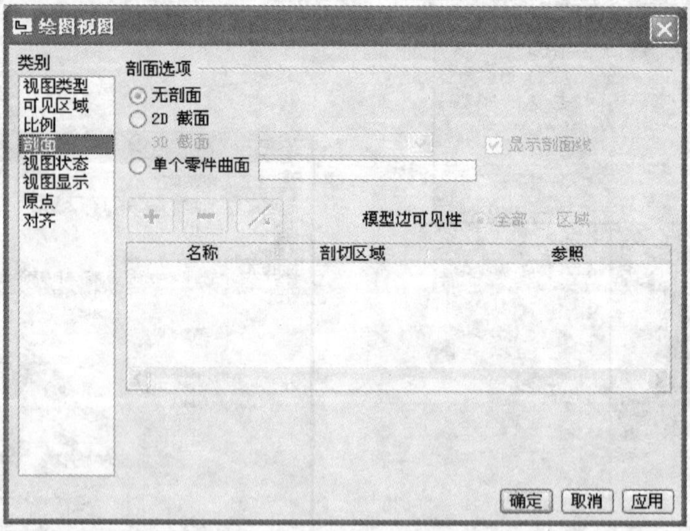

图 10-10 “剖面”标签页

(4) 视图状态

设置装配工程图中的组合和分解状态。

(5) 视图显示

设置视图的显示方式，如图 10-11 所示。其中，“相切边显示样式”选项可对视图中相切曲线的显示方式进行设置，我国国家标准规定相切表面之间无交线，因此该选项一般设置为“无”。如果“显示线型”设置为“隐藏线”，则“面组隐藏线移除”、“骨架模型显示”

两选项变亮，可分别设置面组显示方式、装配图中骨架线的显示方式。此外，“颜色自”可设置视图的图线显示颜色，“绘图”表示以系统默认的绘图颜色显示，“模型”表示以实体模型的颜色显示。

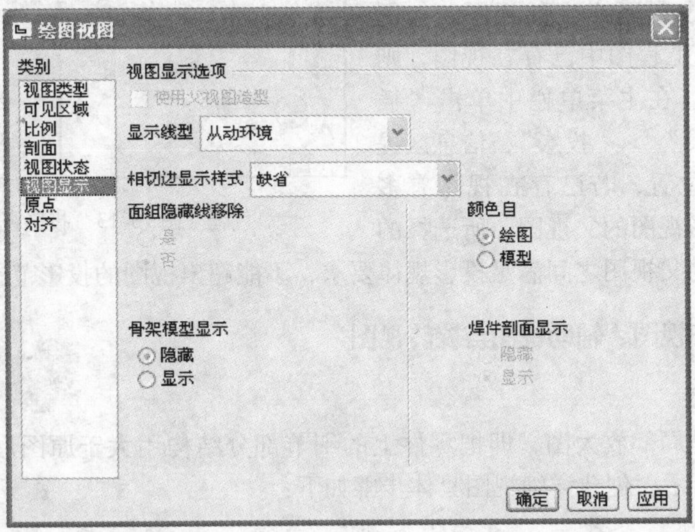

图10-11　“视图显示”标签页

(6) 原点

设置视图原点位置。

(7) 对齐

对齐对话框如图10-12所示，设置该视图与其他视图的位置关系，可分别在两个视图上选取点作为对齐参照。

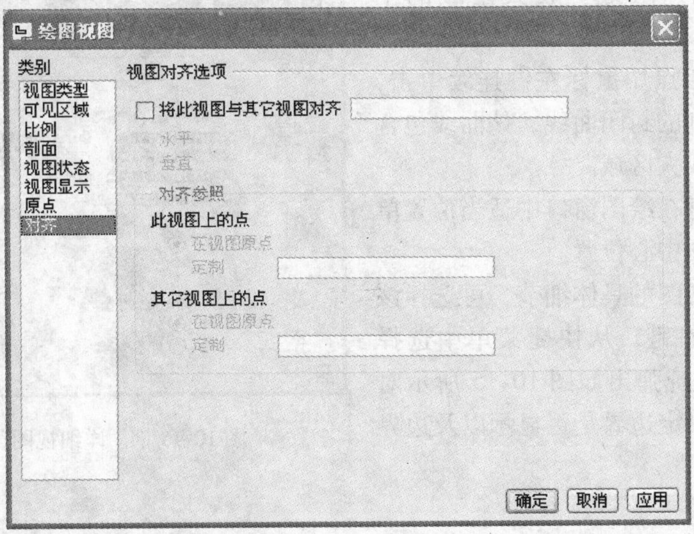

图10-12　“对齐”标签页

完成设置后，单击“确定”按钮，绘图窗口将显示出一般视图，通常将其作为主视图，可在此基础上创建其他视图。若不设置以上选项，直接单击“确定”按钮，则一般视图显示为模型立体图，无法创建其投影视图。

10.2.2 投影视图

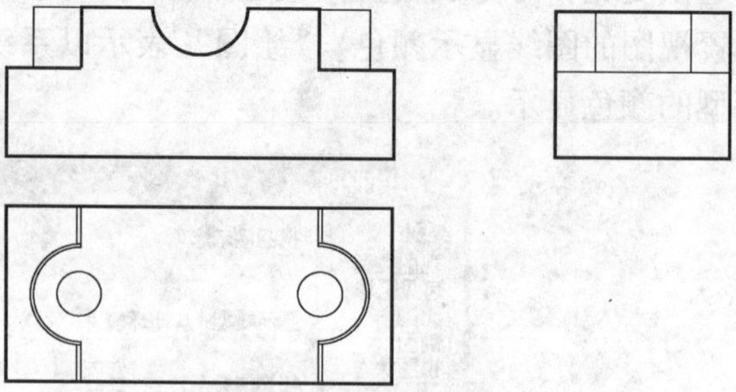

图 10-13 投影视图

投影视图是由一般视图或其他视图按正投影的方法进行投影而产生的视图，如图 10-13 所示。如果工程图中已存在视图，则可创建投影视图。在主菜单栏中单击“插入”>“绘图视图”>“投影”，信息区提示选择视图中心位置，若已存在视图有多个，还需确定投影视图的父视图。所选择的中心点应和已有的父视图之间满足投影规律要求，不能超出视图的投影范围。

10.2.3 详细视图、辅助视图与旋转视图

（1）详细视图

详细视图就是局部放大图，即把零件上的细节部分结构用大于原图形所采用的比例显示，如图 10-14 所示。创建详细视图具体步骤如下：

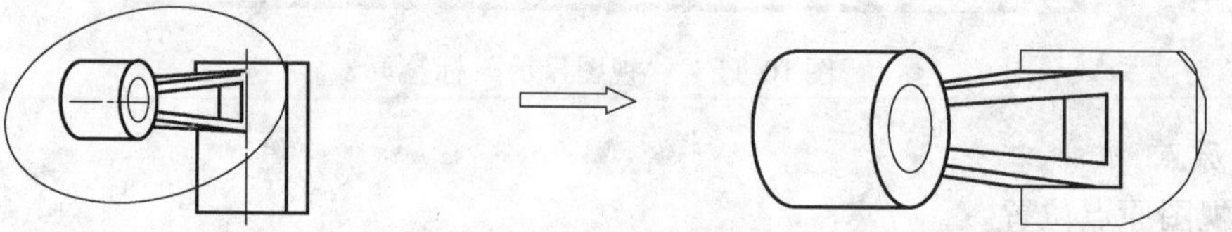

图 10-14 详细视图

①在主菜单栏中单击“插入”>“绘图视图”>“详细”，在已有视图中选取要放大的视图上某一点，作为要放大区域的中心点。

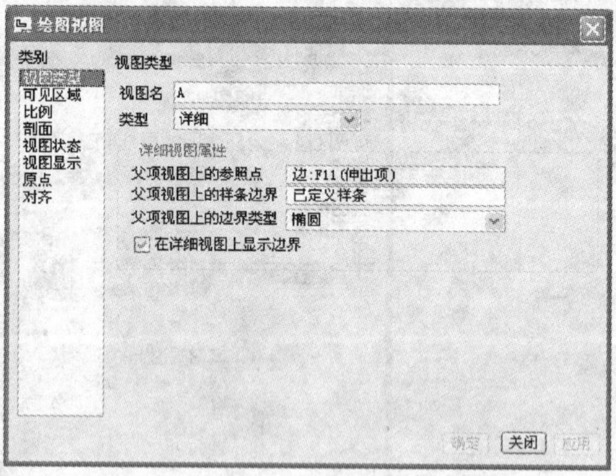

图 10-15 “详细视图”对话框

②围绕着中心点用鼠标左键连续单击，绘制出一条不规则的封闭曲线，该曲线包含的范围确定了要放大区域。

③用鼠标左键在绘图窗口中适当位置单击以确定详细视图中心位置。

要修改详细视图的具体细节，可选择该视图并单击鼠标右键，从快捷菜单中选择“属性”选项，系统弹出如图 10-15 所示对话框，从中可以决定边界是否显示以及边界的类型。

（2）辅助视图

辅助视图是零件向不平行于基本投影面的平面投影所得的视图，如图 10-16 所示。辅助视图的创建通过指定参照确定投影方向，投影参照可以是模型的实体边、基准轴线、基准平面等。

在主菜单栏中单击“插入”>“绘图视图”>“辅助”，在已存在的视图上选择投影参照，然后确定辅助视图在图纸上的位置。

可将视图进一步修改为详细视图，确定详细视图显示中心，绘制详细视图的边界。

(3) 旋转视图

旋转视图是剖切平面旋转到与屏幕平行时展开所形成的视图，如图 10-17 所示。创建该类视图时，应选择包含截面视图。

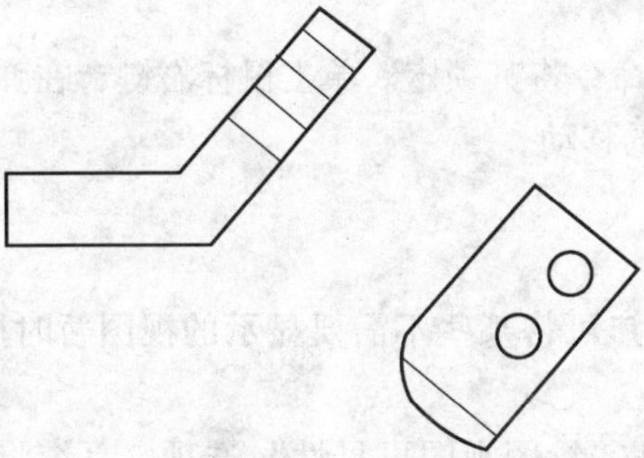

图 10-16　辅助视图

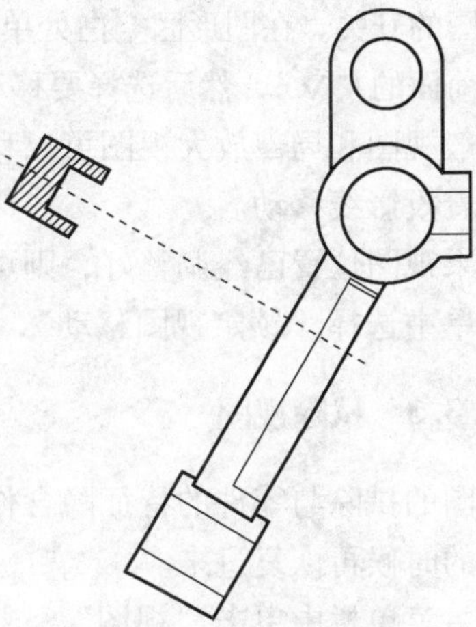

图 10-17　旋转视图

在主菜单栏中单击“插入” > “绘图视图” > “旋转”，再选择要进行剖切的视图，然后选择旋转视图放置中心，最后建立或选择剖切平面。

10.2.4　剖视图

Pro/ENGINEER Wildfire 4.0 中的剖视图包括四种基本类型，它们分别为全视图、半视图、局部视图、破断视图，这些可以在“绘图视图”对话框的“可见区域”中设置。

要对已存在视图建立剖视时，选中视图后单击鼠标右键，在弹出菜单中选择“属性”选项，然后在弹出的对话框中输入一个名称作为剖视图名，并选择“添加投影箭头”复选项。

在左侧列表框内选择“剖面”选项，在“剖面选项”选区中选取“2D 截面”选项。单击“添加剖面”图标定义剖面。

选择“平面” > “完成”选项，为截面输入一个描述名称，如“A”，选取一个基准平面或特征表面来定义剖面即可。

10.3　视图的修改

10.3.1　重定义视图

要对某个视图进行重定义，先选中该视图，然后在主菜单栏的“编辑”下拉菜单中选取“属性”命令，在系统弹出的“绘图视图”对话框中，可对各相关选项重新定义。

选中视图后单击鼠标右键，在弹出的快捷菜单中选择“属性”命令，也可打开视图修改菜单；直接双击视图也可弹出该视图的“绘图视图”对话框。

此外，修改视图比例时，还可在设计窗口左下角的“比例”处双击鼠标左键，信息区将出现文本编辑框，提示用户输入视图的比例值，输入新的比例值可修改视图比例。

10.3.2 移动视图与锁定视图

当某视图的位置不符合设计要求时，可以对视图位置进行调整。

在 Pro/ENGINEER Wildfire 4.0 中，视图默认状态为锁定状态，要移动视图，必须先关闭锁定视图的开关。在图形区空白处单击鼠标右键，在弹出的快捷菜单中选择“锁定视图移动”，去掉其前面的“√”，然后选择要移动的视图，按住鼠标左键并拖动，可调整视图位置。

一般视图和局部放大视图可以移动到图纸的任意处，而投影视图、辅助视图和旋转视图只能沿着投影线移动。

如果视图位置已经调整好，则可通过锁定视图命令将其锁定。单击鼠标右键，在弹出的快捷菜单中选择“锁定视图移动”，即可锁定视图的移动。

10.3.3 拭除视图

视图的拭除与零件的特征隐含作用类似，即用户可将某些不需要显示的视图暂时擦除，等需要的时候再恢复过来。

在主菜单栏中单击“视图” > “绘图显示” > “绘图视图可见性”选项，系统将弹出“视图”菜单管理器，选取该菜单中的“拭除视图”命令选项，然后选取要拭除的视图即可。

10.3.4 恢复视图

该操作主要与拭除视图的操作配对使用，将拭除的视图恢复显示。与拭除视图的操作类似，选取“绘图视图可见性”选项，在弹出的“视图”菜单管理器中选取“恢复视图”选项，然后在系统显示的“视图名”菜单中选取要恢复的视图名称，单击“完成选取”选项，即可恢复显示选取的视图。

“视图名”菜单中的“选取全部”用于恢复所有被拭除的视图；“取消选取全部”选项用于取消选择的所有视图。

10.3.5 删除视图

删除视图是将选中的视图彻底删除，被删除的视图不能通过恢复视图的操作来恢复显示。要删除某个视图，先选取该视图，然后单击鼠标右键，在弹出的快捷菜单中选择“删除”命令，或在主菜单栏的“编辑”下拉菜单中选取“删除”命令，或按键盘上的“Delete”键，即可删除选中的视图。若该视图含有子视图，则子视图也同时被删除。

10.4 尺寸标注

图形只表示了零件的形状，必须通过标注尺寸表示大小。Pro/ENGINEER Wildfire 4.0 提供了强大的尺寸标注功能，可以自动也可以手动标注视图尺寸，还可以对尺寸编辑。

10.4.1 尺寸的显示与拭除

在主菜单栏中单击“视图” > “显示及拭除”，系统将弹出如图 10-18 所示“显示/拭除”对话框，该对话框用于尺寸标注。其中，“显示”界面显示尺寸，而“拭除”界面取消尺寸显示。单击“显示”按钮，当该按钮凹下去时，表示已经选中该选项，此时开始在视图中显示尺寸、标注等。如果单击“拭除”按钮，则表示要拭除视图中已经存在的尺寸、标注等信息。

（1）显示/拭除的信息类型

按钮	功能	按钮	功能
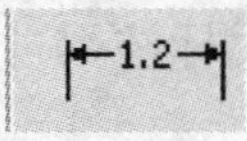	显示/拭除尺寸		显示/拭除焊接符号
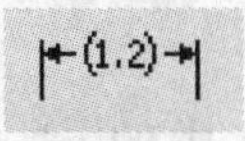	显示/拭除参考尺寸		显示/拭除表面粗糙度
	显示/拭除形位公差		显示/拭除基准平面
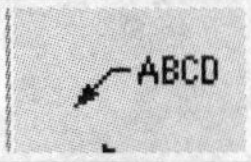	显示/拭除注释	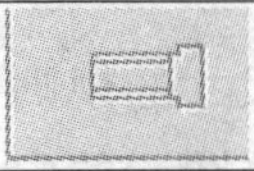	显示/拭除装饰特征
	显示/拭除球标	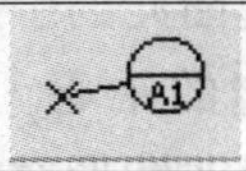	显示/拭除基准目标
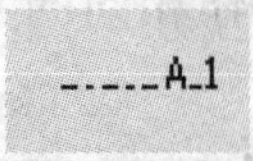	显示/拭除轴线		

（2）显示方式

①“特征”用于显示所选特征的尺寸。

②“零件”用于显示所选零件的尺寸。

③“视图”用于在所选视图上显示尺寸。

④“特征和视图”用于在所选视图上显示所选特征的尺寸。

⑤“零件和视图”用于在所选视图上显示所选零件的尺寸。

⑥“显示全部”用于显示全部尺寸。

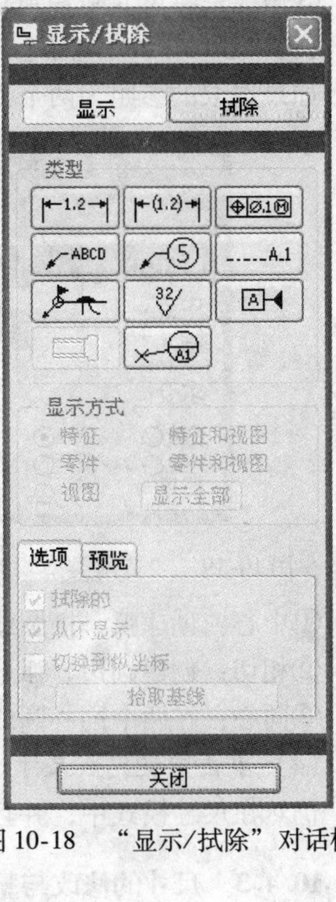

图 10-18　“显示/拭除”对话框

（3）拭除方式

①“所选项目”用于拭除所选项目。

②“特征”用于拭除所选特征的尺寸。

③“特征和视图”用于在所选视图上拭除所选特征的尺寸。

④“零件”用于拭除所选零件的尺寸。

⑤“零件和视图”用于在所选视图上拭除所选零件的尺寸。

⑥“视图”用于拭除所选视图上尺寸。

⑦“拭除全部”用于拭除全部尺寸。

（4）选项与预览

①“拭除的”用于显示在前面操作中从工程图中拭除的项目。

②“从不显示”用于显示从未在工程图中显示的项目。

③“切换到纵坐标”用于将尺寸通过现有基线显示为纵坐标尺寸。选择此项后，“拾取基线”变为可用。

单击“预览”选项后，在打开的对话框中选择需要显示的标注类型后，单击相应的按钮确认所选标注类型是否合适。

10.4.2 手动创建尺寸

在 Pro/ENGINEER Wildfire 4.0 中也可以手动标注视图尺寸。可对某图元标注尺寸，或在两个选取的对象间添加尺寸。

(1) 激活命令

单击主菜单栏的“插入” >“尺寸” >“新参照”，或直接单击工具栏中的按钮。系统弹出“依附类型”菜单管理器，如图 10-19 所示。

(2) 选择依附类型

①图元上：根据创建常规尺寸的规则，将该尺寸附着在图元的拾取点处。

②中点：将尺寸附着到所选图元的中点。

③中心：将尺寸附着到圆边的中心。圆边包括圆几何（孔、倒圆角、曲线、曲面等）和圆形草绘图元。如果选择的是非圆形图元，则采用与选择“图元上”的操作相同的方式，将尺寸附着在该图元上。

④求交：将尺寸附着到所选两个图元的最近交点处。

⑤做线：将尺寸附着到新创建的引出线上。

(3) 选择尺寸的起始和结束参照

如果选取的参照为两个弧或圆，系统弹出“弧/点类型”菜单，如图 10-20 所示。

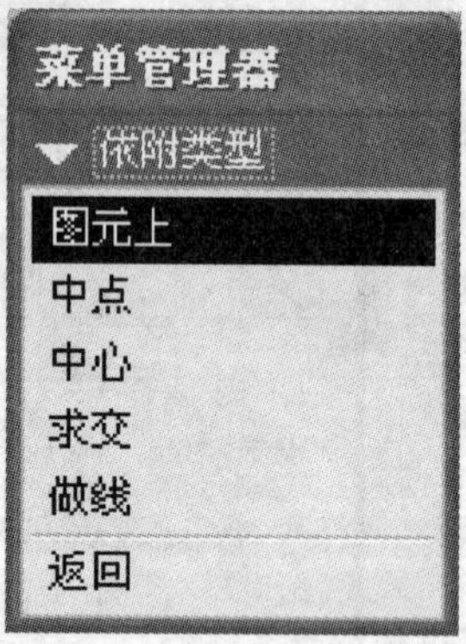

图 10-19 “依附类型”菜单管理器

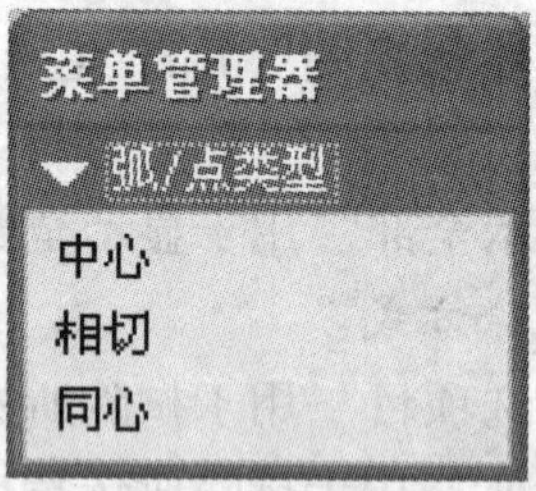

图 10-20 “弧/点类型”菜单

①中心：创建弧、椭圆或圆中心之间的尺寸。

②相切：创建圆边、弧边或椭圆边之间的尺寸，在最靠近选择点的地方相切。

③同心：在两个同心圆或弧之间创建尺寸。

(4) 单击中键完成尺寸

仍然在尺寸模式中，并且可创建另一尺寸。

10.4.3 尺寸的修改与整理

(1) 移动尺寸位置

选中要移动的尺寸并拖动，将其移动到新位置后释放，即可完成移动尺寸的操作。

若要将尺寸在视图之间移动，可选中要移动的尺寸，并在主菜单栏中单击“编辑” > “将项目移动到视图”，然后在设计窗口中选取另外一个视图，即可将选中的尺寸标注从一个视图移动到另外一个视图中。

（2）编辑尺寸

选择要编辑的尺寸，当尺寸变为红色高亮显示后，按下鼠标右键，在弹出的快捷菜单中选择编辑命令。根据按下鼠标位置的不同，弹出的快捷菜单也不同。

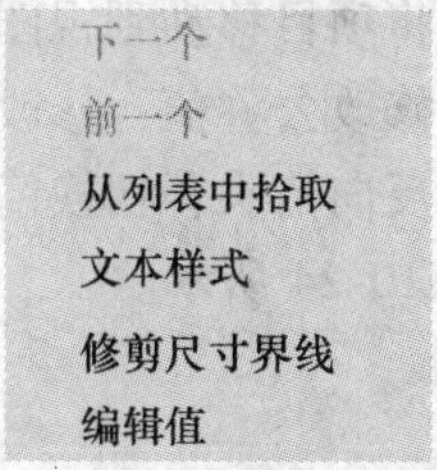

图 10-21　尺寸文本快捷菜单

①如果在尺寸文本上按下鼠标右键，此时弹出如图 10-21 所示的尺寸文本快捷菜单。

从列表中拾取：单击该命令则打开列表，从中选择尺寸文本。

文本样式：该选项用来设置文本样式。单击该命令，系统弹出如图 10-22 所示的“文本样式”对话框。单击“样式名称”后面的下拉箭头可以选择文本样式。在“字符”组合框中，去掉“缺省”选项前面的钩后，可以更改尺寸文本的字体、字体高度、字体宽度。“注释/尺寸”组合框可以调整注释文本的水平和竖直方向的对齐特性以及尺寸文本的行间距。

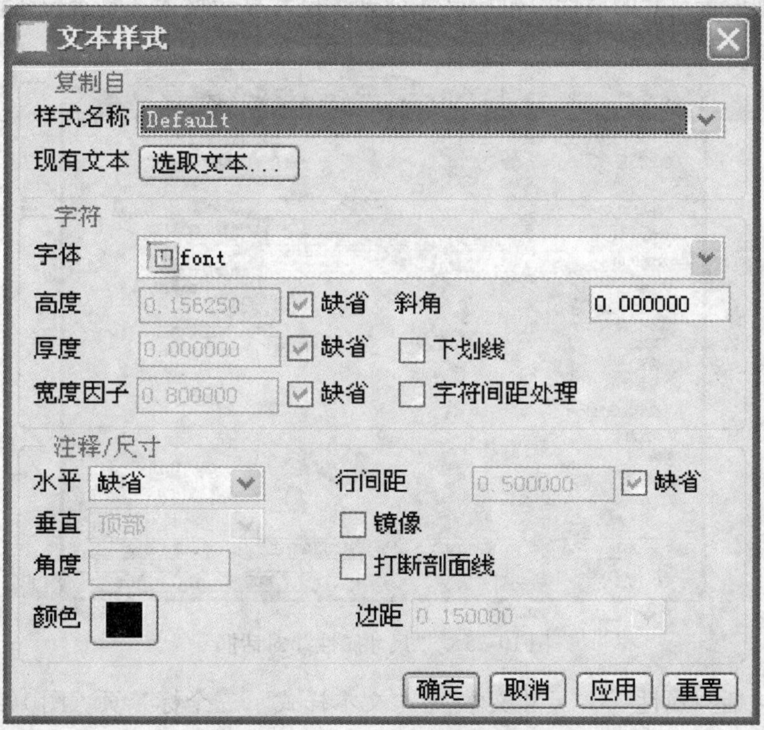

图 10-22　“文本样式”对话框

修剪尺寸界线：可以修改尺寸界线的起点及终点。

编辑值：使用该选项可以修改尺寸值的大小，该数值的变化在重新生成之后会影响三维实体特征模型。

②如果在尺寸线上按下鼠标，则弹出如图 10-23 所示的尺寸线快捷菜单。

从列表中拾取：单击该命令则打开列表，从中选尺寸线格式。

拭除：拭除选择的尺寸，包括尺寸界限、尺寸线以及尺寸文本。

修剪尺寸界线：可以修改尺寸界线的起点及终点。

将项目移动到视图：将该尺寸移动到另外视图中。

修改公称值：修改工程图中的尺寸值。

反向箭头：切换箭头的指示方向。常用在空间较小，不能够完全显示尺寸数值的地方，如图 10-24 所示。

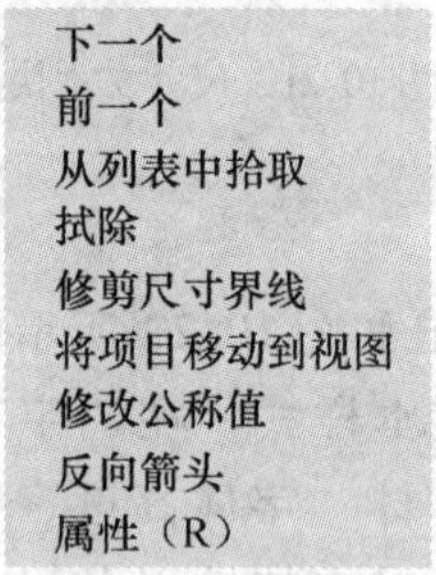

图 10-23 尺寸线快捷菜单

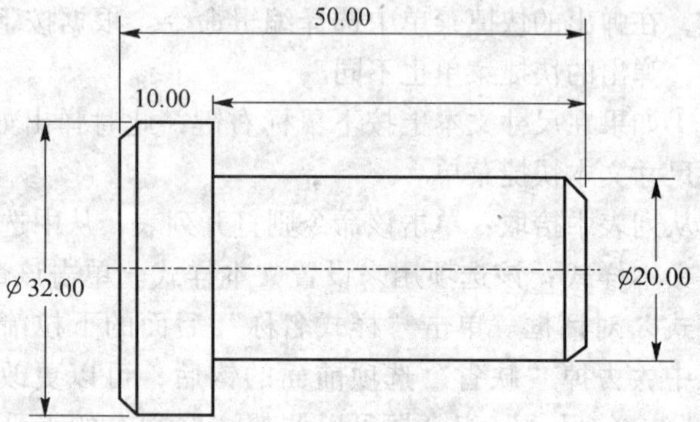

图 10-24 反向箭头

属性：详细设置尺寸的属性，包括尺寸公差、尺寸显示格式、是否包含前缀和后缀等。单击该命令，系统弹出如图 10-25 所示的“尺寸属性”对话框。

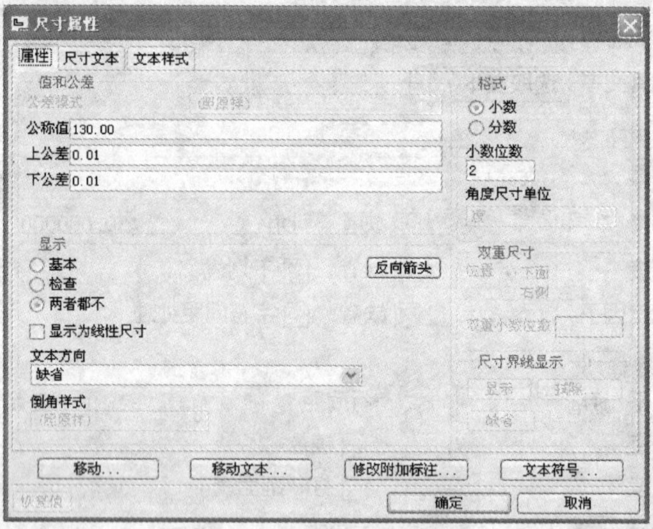

图 10-25 “尺寸属性”对话框

该对话框包括“属性”、“尺寸文本”、“文本样式”三个标签页。图 10-25 为“属性”标签页。“值和公差”组合框设置选择尺寸的公差，包括公差显示模式、上下公差值。“格式”组合框选择尺寸显示的格式，即尺寸是以小数形式还是以分数形式显示，保留几位小数，角度单位是度还是弧度。

对话框下部的“移动”、“移动文本”、“修改附加标注”、“文本符号”按钮分别用来实现移动尺寸、移动尺寸文本、修改尺寸附件和特殊字符。

单击“尺寸文本”标签页属性对话框显示内容如图 10-26 所示。

该标签页可以为尺寸增加前缀和后缀，例如可以在尺寸“ϕ16”前加上前缀 2，成为“2 -ϕ16”，同样也可以增加后缀。

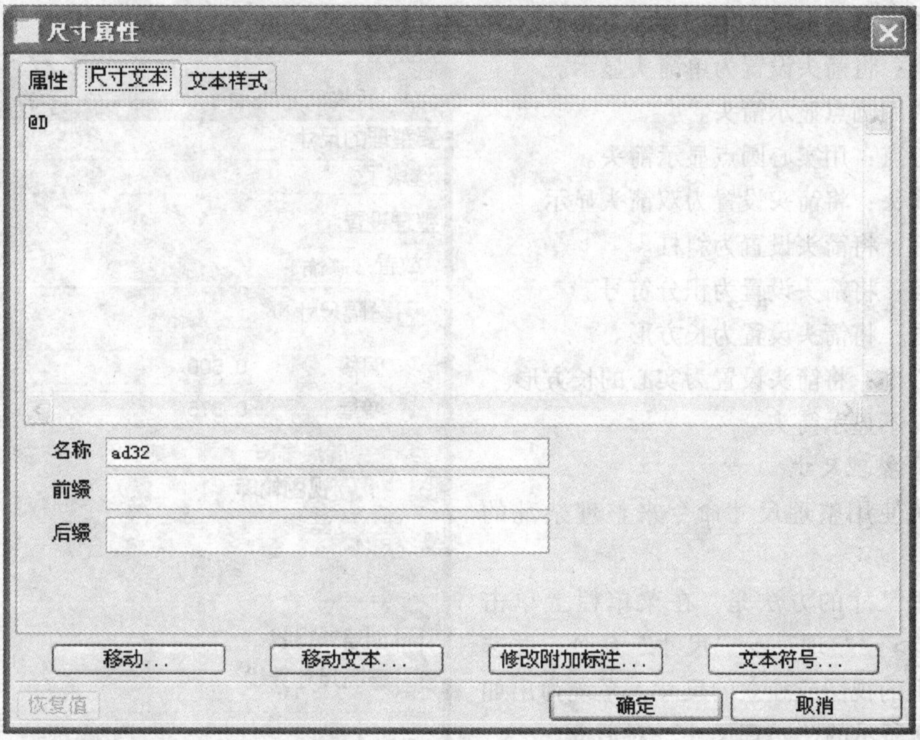

图 10-26　尺寸文本对话框

单击“文本样式”，可以打开文本样式标签页。该标签页的详细内容与图 10-22 相同。可以实现对文本样式的修改。

③如果在尺寸界线上按下鼠标右键，则系统弹出如图 10-27 所示的尺寸界线快捷菜单。

从列表中拾取：单击该命令则打开列表，从中选择尺寸界线。

拭除：该选项只能拭除尺寸界线。

修剪尺寸界线：可以修改尺寸界线的起点及终点。

插入角拐：在尺寸边线处创建角拐。

④如果在箭头上按下鼠标右键，则系统弹出箭头快捷菜单。单击其中的“箭头样式”命令系统弹出“箭头样式”菜单，如图 10-28 所示。

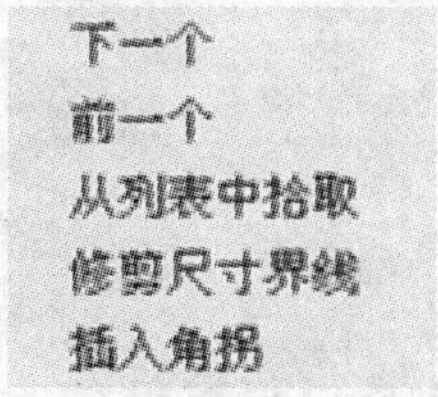

图 10-27　尺寸界线的快捷菜单

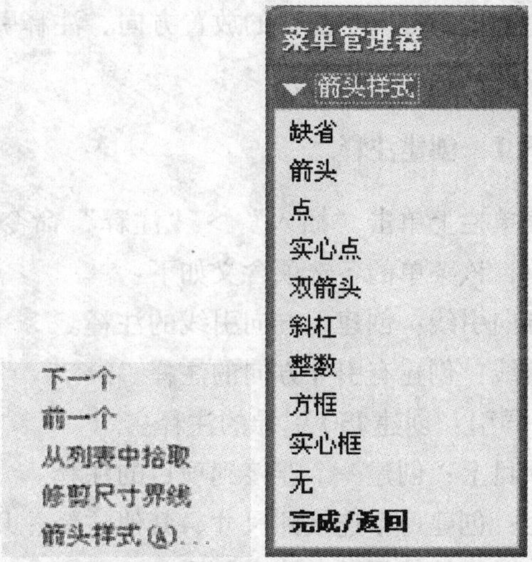

图 10-28　“箭头快捷”菜单和箭头样式菜单

缺省：将箭头设置为正常的箭头显示。

箭头：将箭头设置为单箭头显示。

点：用圆点显示箭头。

实心点：用实心圆点显示箭头。

双箭头：将箭头设置为双箭头显示。

斜杠：将箭头设置为斜杠。

整数：将箭头设置为积分符号。

方框：将箭头设置为长方形。

实心框：将箭头设置为实心的长方形。

无：不显示箭头。

(3) 整理尺寸

系统使用整理尺寸命令来整理杂乱的尺寸。

整理尺寸的方法是，在菜单栏上单击“编辑” > “整理” > “尺寸”命令，并选择要整理的视图或独立的尺寸，系统弹出如图 10-29 所示的“整理尺寸”对话框。

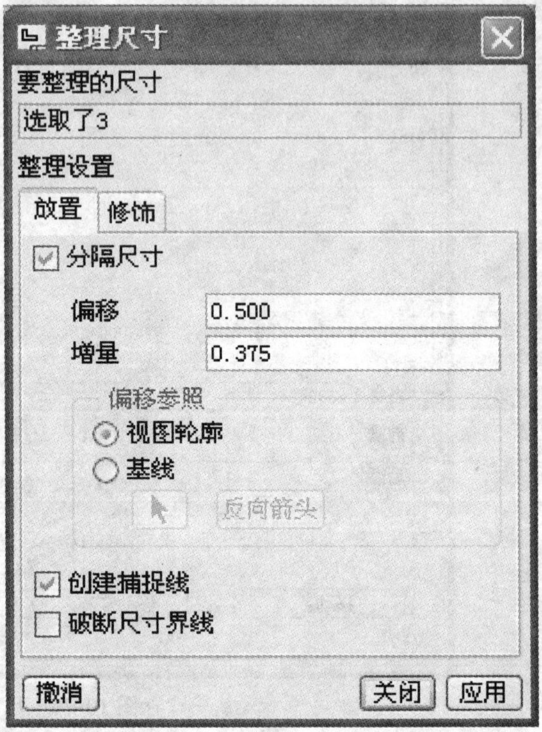

图 10-29 “整理尺寸”对话框

使用该对话框可以自动调整尺寸的各项属性，例如让尺寸居中显示；当尺寸界线与视图或尺寸文本相交时，在尺寸界线上自动创建断点；自动实现箭头反向等。其中“偏移”为视图轮廓与最近的尺寸的距离，“增量”设置相邻的平行尺寸之间的距离。“偏移参照”设置偏移参照。

10.5 注释文本

注释是指在工程图中进行说明的文字、绘图标签、标注尺寸等。创建注释主要包括该注释是否包括指引方向、注释的放置方向、注释引导线与图元的相对位置、注释的对齐方式等内容。

10.5.1 创建注释

在菜单栏上单击“插入” > “注释”命令，系统弹出如图 10-30 所示的“注释类型”命令菜单，该菜单的各选项含义如下：

无方向引线：创建无方向引线的注释。

带引线：创建有引导方向的注释。

ISO 导引：创建 ISO 引导的注释。

在项目上：创建一个连接到项目的注释。

偏距：创建一个连接到尺寸、其他注释、几何公差上的注释。

输入：直接使用键盘输入注释。

文件：调入文件作为注释。Pro/ENGINEER 可以识别的文件是 ASCII 码的文件。

水平：创建的注释水平放置。

竖直：创建的注释竖直放置。

角度：创建的注释倾斜放置。

标准：创建的注释按照标准形式引出。

法向引线：创建的注释的引导线垂直于图元。

切向引线：创建的注释的引导线相切于图元。

左、居中、右：注释文本与选择的位置点左对齐、中心对齐、右对齐。

缺省：注释的起始点由系统默认确定。

样式库：创建和修改注释文本的型值，包括字体、字高、字的粗细等。

当前样式：设置当前文本的型值。

选择所要创建注释文本的属性，并单击“制作注释”命令，系统要求在工程图中选择一点作为注释的放置点，然后在信息行中的文本框中输入要键入的注释，便可以创建一个注释，也可以创建多行文字的注释。

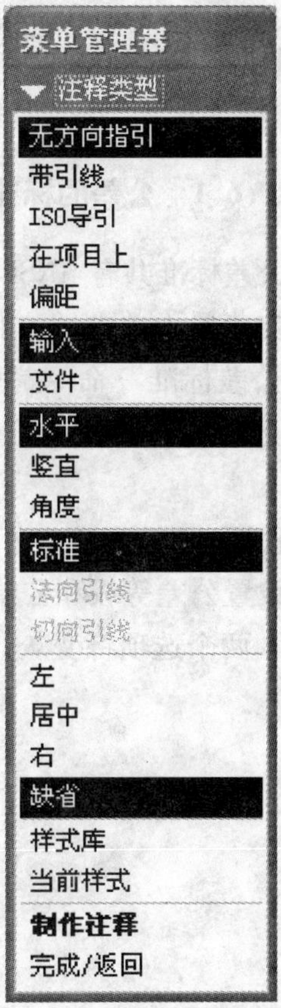

图 10-30　“注释类型”命令菜单

10.5.2　编辑注释

在工程图中选择要编辑的注释，并按下鼠标右键，在弹出菜单中选择“属性”命令，系统弹出如图 10-31 所示的“注释属性”对话框。该对话框的“文本”标签页可以修改注释文本的内容，“文本样式”标签页（图 10-32）可以修改文本的字体、字高等属性。

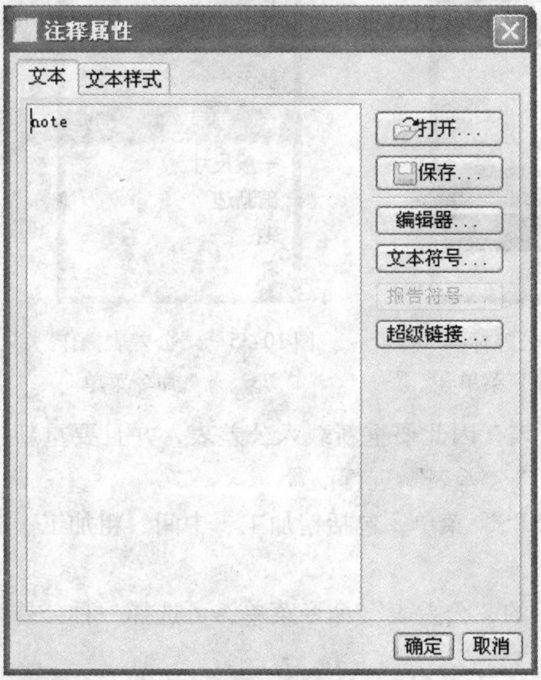

图 10-31　“注释属性”对话框

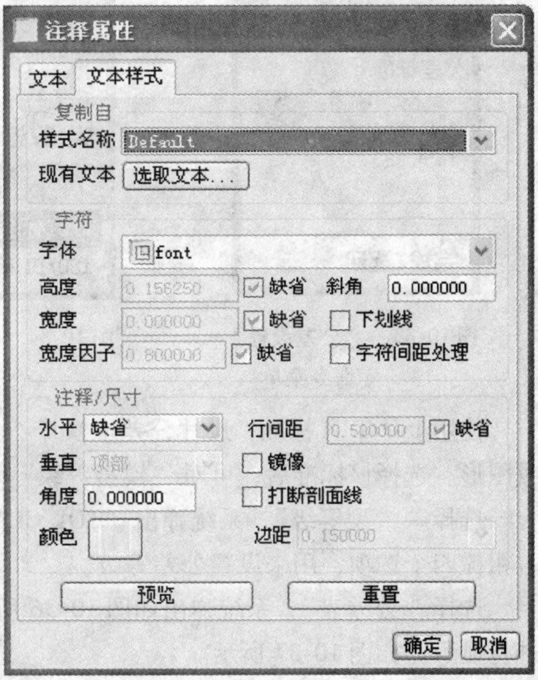

图 10-32　“文本样式”标签页

10.6 公差标注

10.6.1 公差的标准

公差标准共有 ANSI 和 ISO/DIN 两种，系统默认状态为 ANSI 标准。

在菜单中单击“文件” > “属性” 命令，并在弹出的“文件属性” 菜单管理器中选择“公差标准”命令，则系统弹出如图 10-33 所示的“公差设置” 命令菜单，单击“标准”选项，则系统弹出“公差标准” 命令菜单，如图 10-34 所示，可对公差标准进行修改。

使用 ANSI 标准，公差值取决于配置文件中 tLinear_tol 和 angular_tol 选项的设置值，不需要设置公差等级和公差表。因此当选择了该标准后，图 10-35 中的“模型等级” 和 “公差表” 两个选项将变灰，不可使用。

图 10-33 “公差设置” 命令菜单

图 10-34 “公差标准” 命令菜单

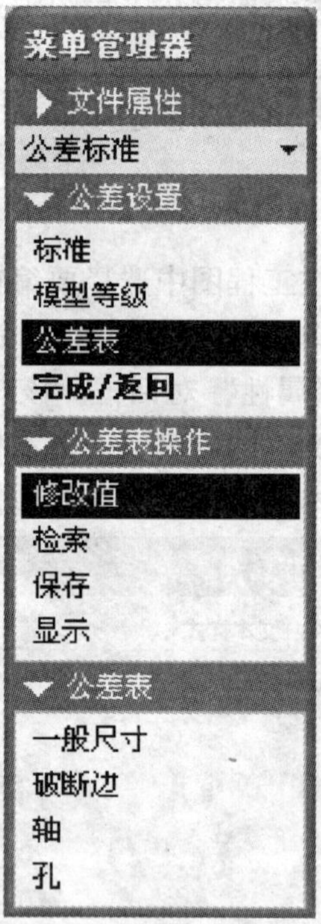

图 10-35 “公差表操作” 命令菜单

使用 ISO/DIN 标准，尺寸公差取决于公差表，因此要重新载入公差表，并且要重新生成图形。选择该标准后，可对“模型等级” 和“公差表” 进行设置。

选择“模型等级”，系统弹出“TOL CLASSES”菜单，包括精加工、中间、粗加工、非常粗糙四个选项，用来设置公差等级。

选择“公差表”，系统弹出如图 10-36 所示的“公差表” 命令菜单，可选择一种公差表进行显示，如图 10-37 所示。

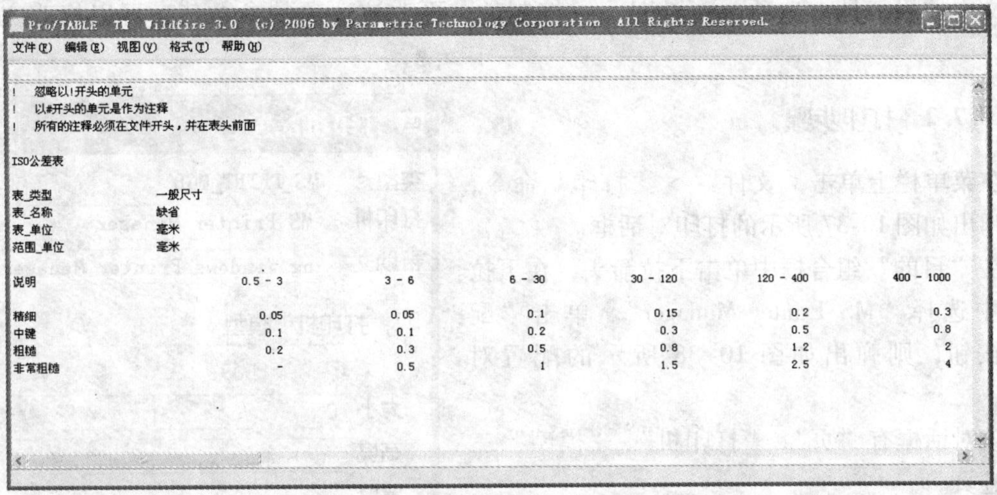

图 10-36　公差表

系统中有以下几种公差表：

一般尺寸：一般尺寸类型的公差表，每个模型中有一个该类型的公差表。

破断边：破断边类型的公差表，每个模型中有一个该类型的公差表。

轴：轴类型的公差表，每个模型中有多个该类型的公差表。

孔：孔类型的公差表，每个模型中有多个该类型的公差表。

10.6.2　公差的显示

如果要显示尺寸公差，必须在工程图配置文件中设置 tol_display 选项的值为 yes。同时还要对 tol_mode 选项进行设置，该选项用来控制公差的显示形式，四个值分别是：

图 10-37　“打印”对话框

Nominal：只显示名义值，不显示公差值。

Limits：显示公差尺寸的上限和下限。

Plusminus：使用正、负值显示公差，正、负值相互独立。

Plusminussym：使用正、负值显示公差，正、负值用同一个值表示。

10.7　打印

10.7.1　打印设置

在打印之前，通常要进行打印设置，包括笔的宽度和文本粗细。这两项都可在配置文件 config. pro 中设置。文件中的 Penl_line_weight 选项可以设置 1 号笔的宽度。Pro/ENGINEER Wildfire 4.0 共设置了 6 支笔，分别代表 6 种不同的颜色，更改笔号即是改变相应颜色的选项。文本的粗细是由选项 text_thickness 控制的，更改该选项的参数值，可以修改文本的粗细。

10.7.2 打印步骤

在菜单栏上单击“文件” > “打印”命令，系统弹出如图 10-37 所示的打印对话框。

在“目的”组合框中单击下拉箭头，在下拉菜单中选择“MS Printer Manager”。单击“配置”按钮，则弹出如图 10-38 所示的配置对话框。

该对话框有“页”、“打印机”、“模型”三个标签页。

“页”标签用来定义图纸幅面的大小；“偏移”值可以设置工程图在图中相对于中心的偏移距离。

“打印机”标签页中“表文件”可以选择使用的笔的参数文件；“页面类型”选择使用的纸的类型；“旋转”可以选择图纸旋转的角度。

“模型”标签页设置打印类型、打印比例和打印质量。一般采用默认值即可满足打印要求。

设置完这三项内容后，单击“确定”按钮，系统启动系统打印机，按照常用的方式进行设置即可进行打印。

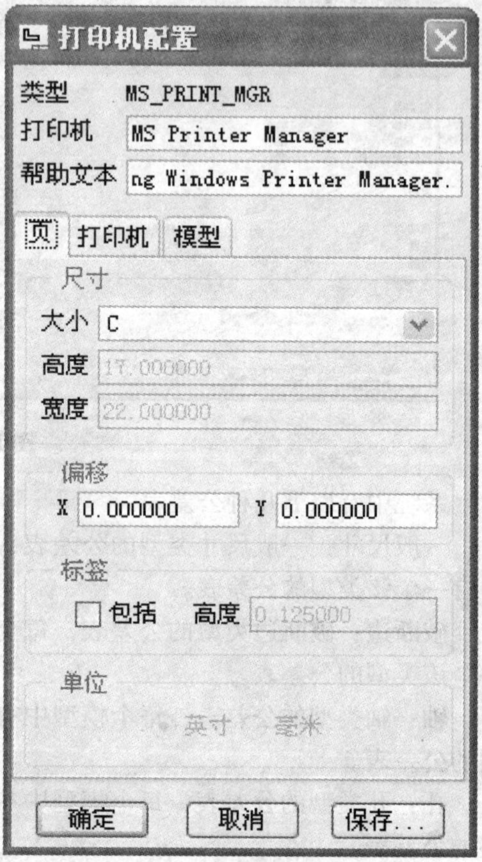

图 10-38 “配置”对话框

10.7.3 应用示例

例题：创建一个 A3 工程图格式文件。本例采用的方法是：首先，在草绘中将工程图的图纸幅面格式绘制好；然后，在工程图格式文件中进行修改。步骤如下：

（1）建立截面文件

单击“文件” > “新建”命令，在弹出的对话框中，选择文件类型为“草绘”，输入文件名为 A3-SEC，单击“确定”按钮。

（2）草绘 A3 图纸格式

使用绘图命令，按照 A3 图纸格式，结合标准，绘制 A3 图纸的边框和标题栏，并保存截面图形。绘制好的 A3 图纸格式如图 10-39 所示。

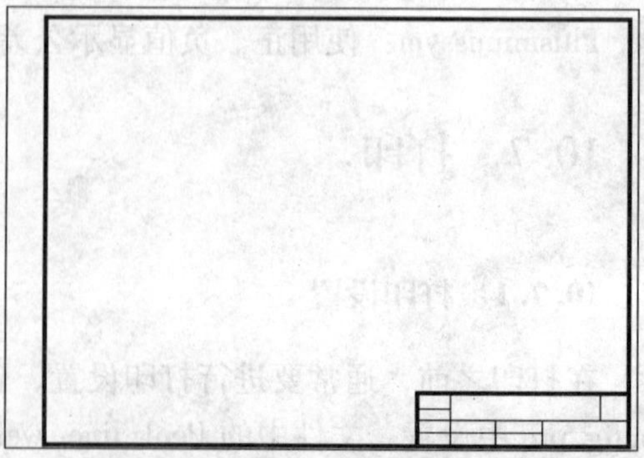
图 10-39 A3 图纸格式

（3）创建工程图格式文件

①单击 按钮，在弹出的“新建”对话框中选择“格式”类型，并在“名称”文本框中输入文件名称 A3，单击“确定”按钮。

②在弹出的“新格式”对话框中，选择“指定模板”区域，选择“截面空”选项，并

使用“浏览”按钮检索本节（2）中绘制好的 A3-SEC. sec 文件，单击“确定”按钮，进入工程图格式文件。

(4) 定义边框宽度

①选取外边框，单击鼠标右键，在弹出的菜单中选择“线型”命令。系统弹出“修改线型”对话框，选择“线型”为“实线”，在宽度栏输入线宽为 0.2。

②选取内边框，按上一节方法，设置“线型”为“实线”，线条宽度为 0.8。

(5) 填写标题栏

在菜单栏上单击“插入”>“注释”命令，系统要求指定注释的放置点，在标题栏中选择点，并在文本框中输入注释的内容。完成后的标题栏如图 10-40 所示。

No.			
制图			青岛理工大学
审核			

图 10-40　填写标题栏

(6) 特别提示

如果要修改注释内容及属性，可选中注释内容，单击鼠标右键，在弹出的快捷菜单中选择“属性”命令，打开“注释属性”对话框，修改相应内容。

10.8　上机指导（带轮工程图）

本例将对如图 10-41 所示的模型创建二维工程图，并标注主要尺寸。

(1) 建立新文件

单击按钮，在“新建”对话框“类型”选区中选中“绘图”选项，在“名称”文本框中输入工程图名称 wheel（零件 wheel 的工程图），单击“确定”按钮，在“新制图”对话框中选择使用模板，选择示例中创建的格式文件 A3. frm，进入工程图环境。

(2) 修改投影方式

①在主菜单栏中单击“文件”>“属性”，在“文件属性”菜单管理器中选择“绘图选项”命令，系统弹出“选项”对话框。

②在“选项”对话框中选取参数“projection-type”，在“值”文本框中单击右侧的按钮，在下拉列表中选择“first_angle”。单击“添加/更改”并单击

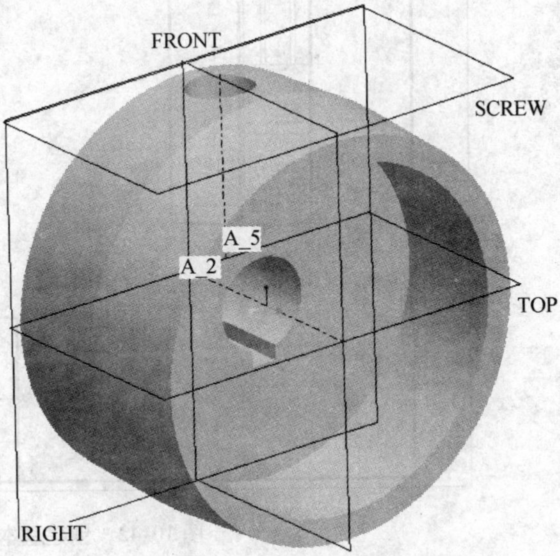

图 10-41　要创建工程图的模型

“应用”按钮，这样工程图按第一角投影方式投影。

（3）创建主视图

①在主菜单栏中单击“插入”>“绘图视图”>“一般”，再用鼠标左键在绘图窗口中适当位置单击以确定一般视图的中心位置。

②系统弹出“绘图视图”对话框，在“视图类型”页面，输入名称为“front view”。

③选择定向方式为“几何参照”，设置“参照1”为“前”，并在零件模型中选择FRONT平面，设置“参照2”为“右”，并在零件模型中选择RIGHT平面。

④单击左侧列表中的“比例”，打开“比例”页面，选择“定制比例”，输入比例值为2。

⑤单击左侧列表中的“视图显示”，打开“视图显示”页面。设置“显示线型”为“隐藏线”，“相切边显示样式”为“无”。

⑥单击“确定”按钮，完成主视图的创建。

（4）创建左视图

①在主菜单栏中单击“插入”>“绘图视图”>“投影”，在主视图右侧选择一点作为左视图放置中心，系统自动生成左视图。注意所选择的中心点不能超出主视图的投影范围。

②选取左视图，单击鼠标右键，选择快捷菜单中“属性”命令，打开“绘图视图”对话框，也可双击“左视图”，打开“绘图视图”对话框，更改视图名称为“left view”。

③单击左侧列表中的“视图显示”，打开“视图显示”页面。设置“显示线型”为“隐藏线”，“相切边显示样式”为“无”。

④单击“确定”按钮，完成左视图的修改。

创建基本视图后的效果如图10-42所示。

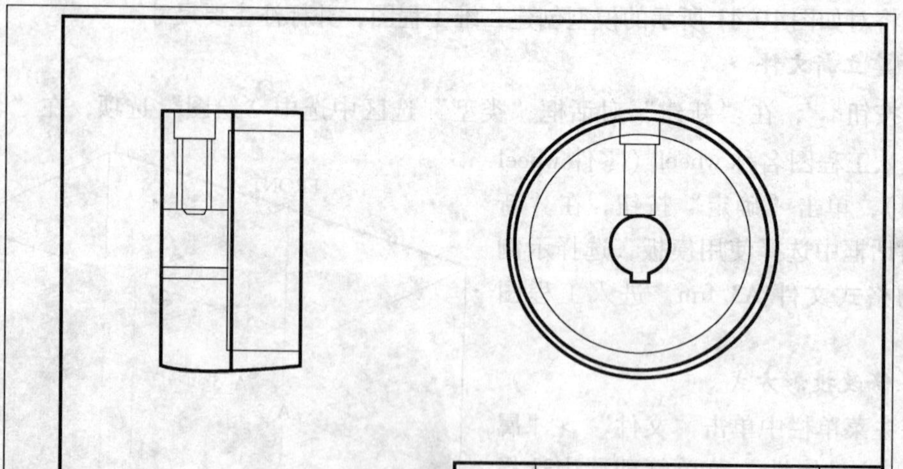

图10-42 创建基本视图后的效果

(5) 将主视图修改为剖视图

①双击主视图打开“绘图视图”对话框。

②单击左侧列表中的“剖面”，打开“剖面”页面。

③在剖面选项中选择“2D 截面”，单击“+”，系统弹出如图 10-43 所示的创建剖截面的菜单，接受系统默认的创建方式，单击“完成”。

④在系统提示行文本框中输入剖面名称“A”，并按“Enter”键，在左视图上选择 FRONT 平面作为剖截面。单击“应用”将设置应用到视图中，剖面页面如图 10-44 所示。

⑤单击左侧列表中的“视图显示”，打开“视图显示”页面。设置“显示线型”为“隐藏线”，“相切边显示样式”为“无”。

⑥单击“确定”按钮，完成主视图的修改，系统自动显示剖面线，并在主视图下方显示“剖面 A-A”字样。

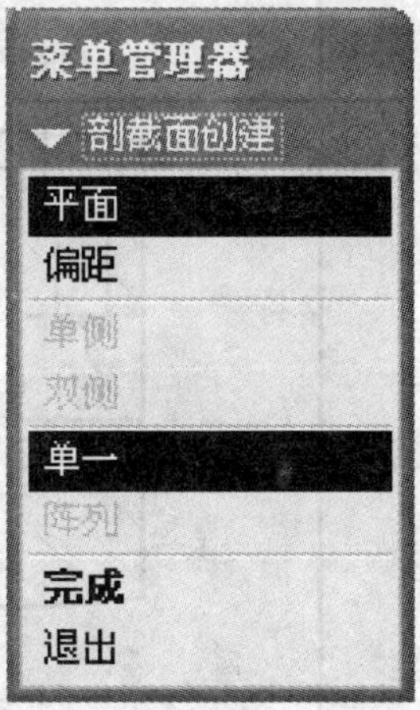

图 10-43　“剖截面创建”菜单

⑦将“剖面 A-A”字样移动到主视图上方，并可通过快捷菜单中的“文本样式”选项修改文本大小到合适状态。

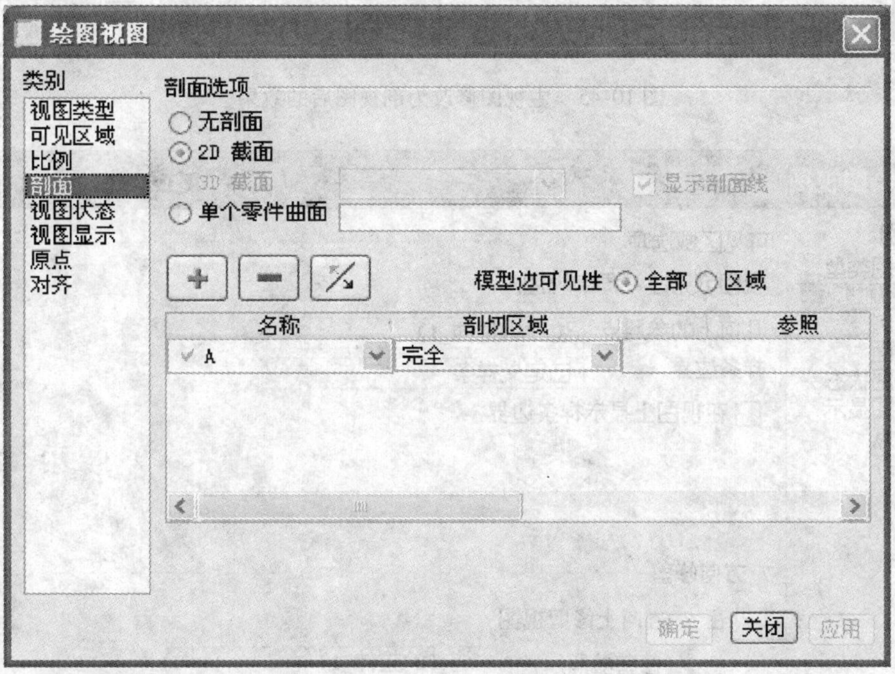

图 10-44　剖面页面

⑧选取主视图，单击鼠标右键，打开快捷菜单，选择“添加箭头”，根据系统提示选取左视图。修改后的效果如图 10-45 所示。

(6) 将左视图修改为局部视图

①双击左视图，打开“绘图视图”对话框。

②单击左侧列表中的“可见区域”，打开“可见区域”页面。

③设置视图可见性为“局部视图”，根据系统提示在左视图上内圆弧处选择一个参照点。

④根据系统提示，在左视图内圆弧和键槽外侧绘制样条曲线，定义外部边界。

⑤去掉“在视图上显示样条边界”前的钩号。“可见区域”页面如图 10-46 所示。

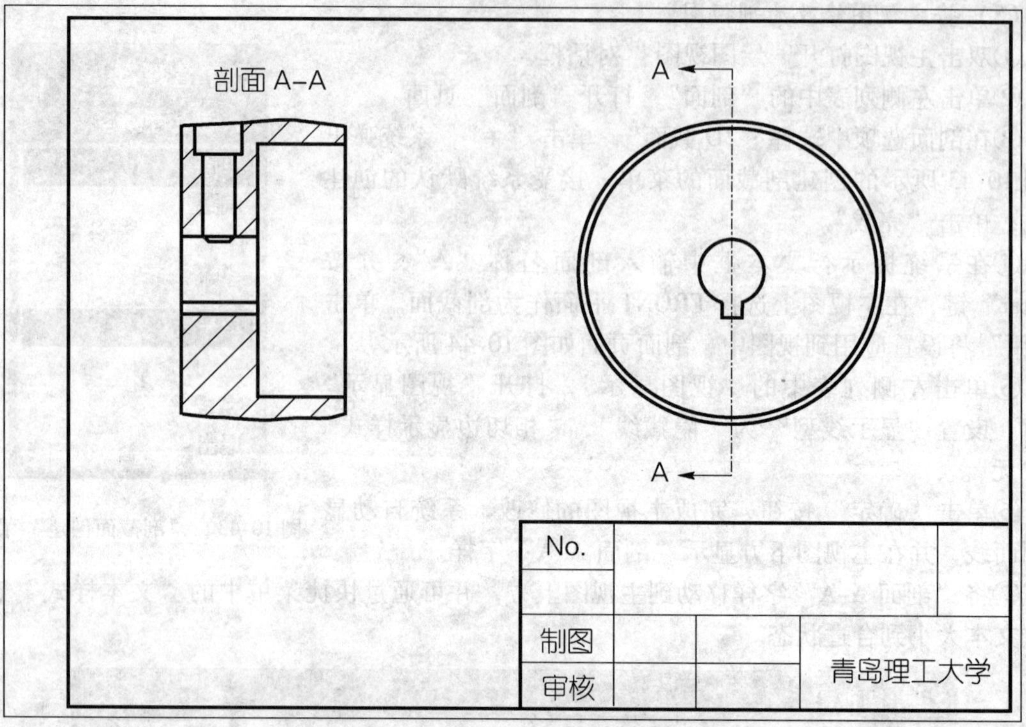

图 10-45 主视图修改为剖视图后的效果

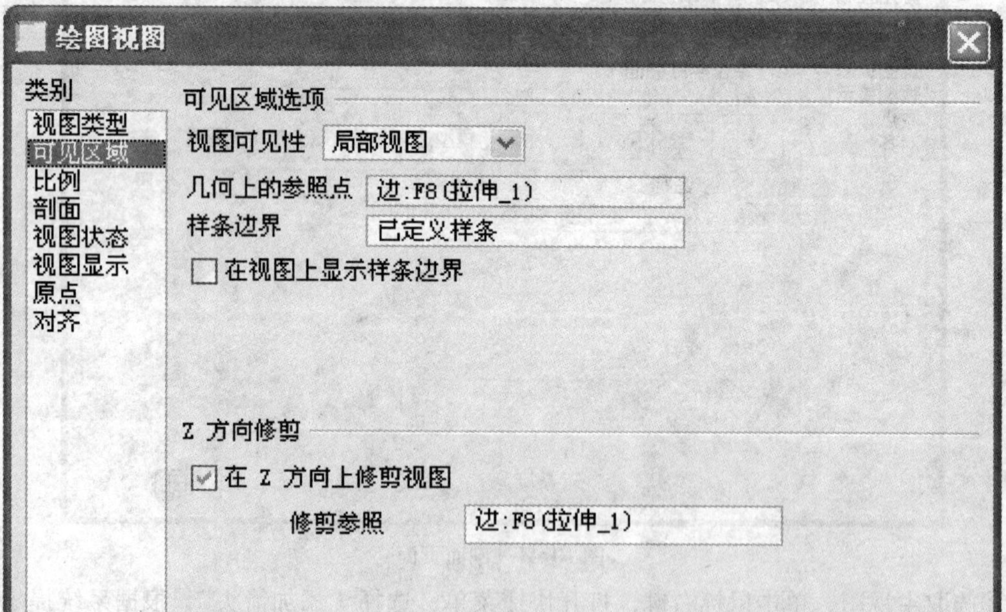

图 10-46 “可见区域”页面

⑥选取左视图上的箭头，通过右键快捷菜单删除，并删除主视图上方的“剖面 A- A”字样。

⑦双击绘图区左下方的比例，在提示行中输入新的比例值 3。

⑧移动视图到适当位置。移动视图时，注意去掉右键快捷菜单中选项“锁定视图移动”前的钩号。

⑨单击“视图” > “显示及拭除”，打开“显示/拭除”对话框，选择“显示”标签页。

⑩单击 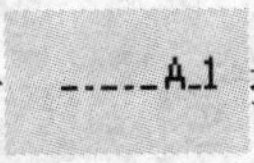

按钮，在显示方式中选择“显示全部”，并单击“接受全部”，图中将显示轴线。修改后的效果如图 10-47 所示。

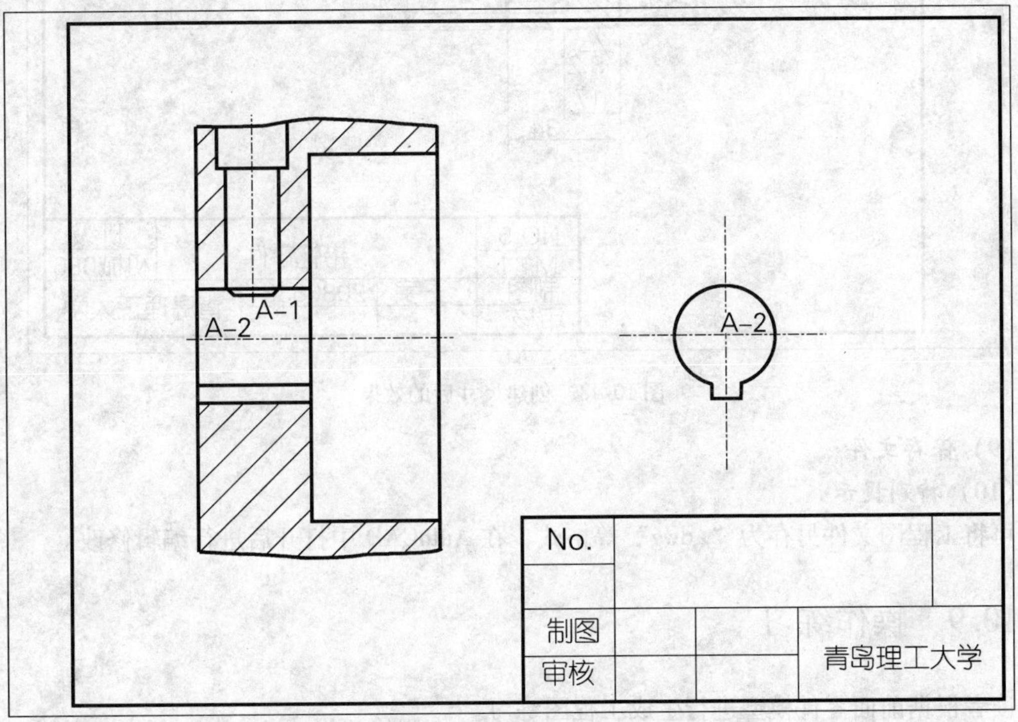

图 10-47　左视图修改为局部视图后的效果

(7) 更改工程图属性

按本节（2）中方法打开“选项”对话框，修改以下选项的属性值：

allow_3d_dimensions　　YES

chamfer_45deg_leader_style　_STD_ISO

text orientation　PARALLEL_DIAM_HORIZ

(8) 标注尺寸

①单击“视图” > “显示及拭除”，打开“显示/拭除”对话框，选择“显示”标签页。

②单击 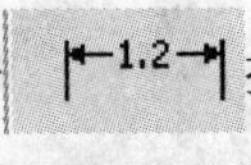

按钮，选择按照视图进行标注，并选择主视图和左视图，单击“关闭”按钮，即可在视图中加入相应尺寸。

③按照 10. 4. 3 中的修改尺寸方法，对标注的尺寸进行修改和位置的调整，调整好的视图如图 10-48 所示。

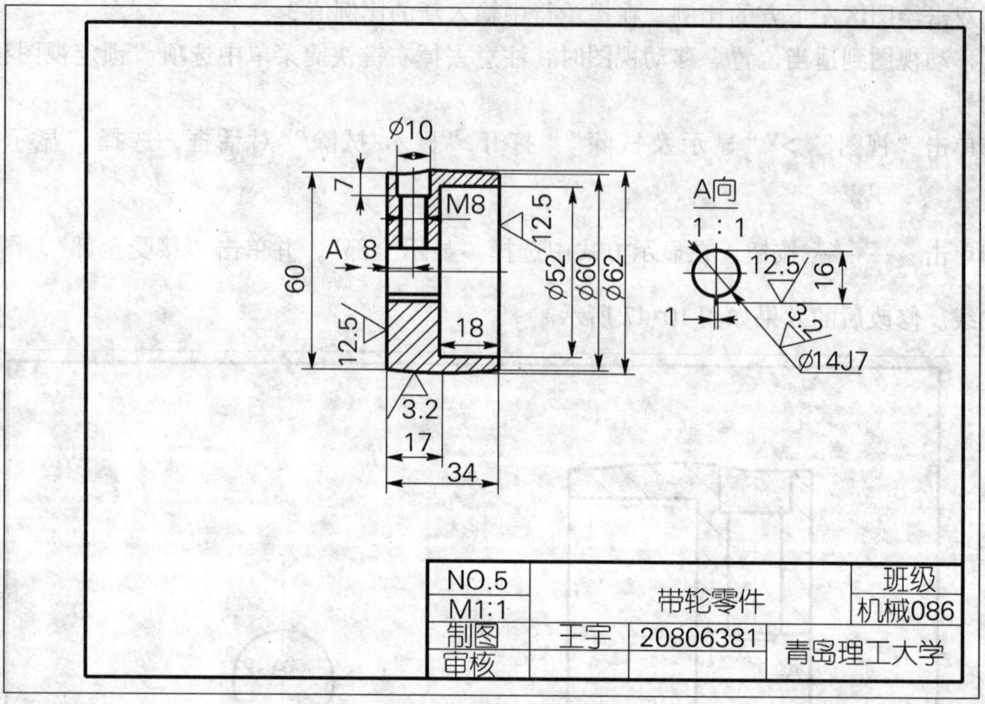

图 10-48　创建尺寸后的效果

(9) 保存文件

(10) 特别提示

可将工程图文件另存为“. dwg”等格式，在 AutoCAD 中打开后进行编辑修改。

10.9　操作练习

读者根据前面零件模型进行生成工程图练习。

参考文献

1. 童秉枢，李学志，吴志军等．机械 CAD 技术基础［M］．北京：清华大学出版社，2003.
2. 孙江宏．精通 Pro/ENGINEER Wildfire 3.0——典型实例、专业精讲［M］．北京：电子工业出版社，2006.
3. 伊启中．Pro/ENGINEER 2001 实用教程［M］．北京：机械工业出版社，2004.
4. 李军．Pro/ENGINEER 2001 实例教程［M］．北京：北京理工大学出版社，2002.
5. 郭圣路，杨歧明．巧学巧用 Pro/ENGINEER Wildfire 3.0 典型设计实例［M］．北京：电子工业出版社，2007.
6. 林清安．Pro/ENGINEER Wildfire 2.0 钣金设计［M］．北京：电子工业出版社，2005.
7. 原彬，路慧彬，邹玉堂等．Pro/ENGINEER Wildfire 3.0 实用教程（第 2 版）［M］．北京：机械工业出版社，2007.
8. 周四新．Pro/ENGINEER Wildfire 实用设计百例［M］．北京：清华大学出版社，2005.
9. 葛正浩，胡志刚．Pro/ENGINEER 三维机械设计实例教程［M］．北京：化学工业出版社，2007.